传统工艺的秘密——榫卯

乔 宇 著

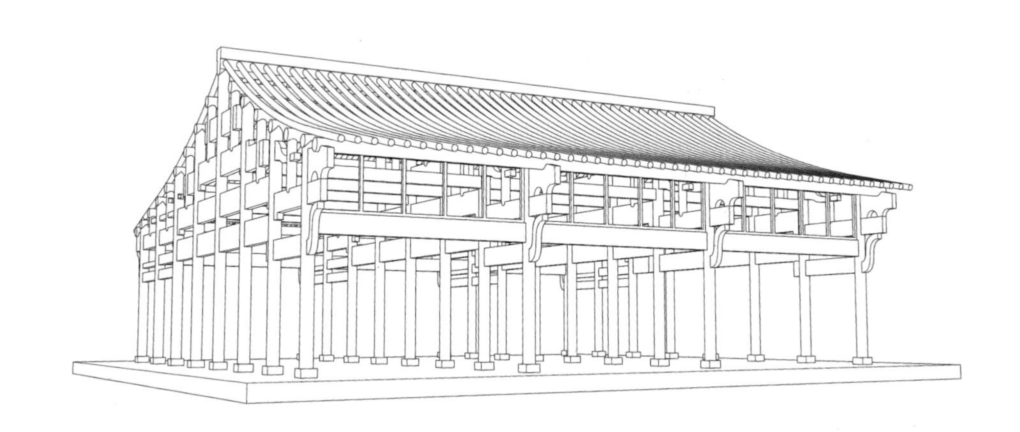

机械工业出版社
CHINA MACHINE PRESS

本书介绍了我国传统工艺榫卯的发展历程、特点、所用材料等，以“经典小木作”和“经典大木作”为例，分别介绍了榫卯结构的应用。书中以图文结合的形式，使晦涩枯燥的学术知识变得清晰易懂。为传统文化爱好者和相关领域从业者，提供了参考。

图书在版编目（CIP）数据

传统工艺的秘密：榫卯 / 乔宇著. —北京：机械工业出版社，2023.3（2024.4重印）

ISBN 978-7-111-73210-5

Ⅰ.①传…　Ⅱ.①乔…　Ⅲ.①木家具-木结构-研究-中国
Ⅳ.①TS664.103

中国国家版本馆CIP数据核字（2023）第090349号

机械工业出版社（北京市百万庄大街22号　邮政编码100037）
策划编辑：闫云霞　　　　责任编辑：闫云霞　张大勇
责任校对：宋　安　陈　越　　封面设计：张　静
责任印制：单爱军
北京联兴盛业印刷股份有限公司印刷
2024年4月第1版第3次印刷
250mm×260mm・18.67印张・2插页・201千字
标准书号：ISBN 978-7-111-73210-5
定价：138.00元

电话服务
客服电话：010-88361066
　　　　　010-88379833
　　　　　010-68326294

网络服务
机　工　官　网：www. cmpbook. com
机　工　官　博：weibo. com/cmp1952
金　　书　　网：www. golden-book. com
机工教育服务网：www. cmpedu. com

乔宇，北京人，博士毕业于北京理工大学，现任教于北京理工大学设计与艺术学院，从事设计艺术研究、设计教育及传统文化设计研究等工作。

现任北京理工大学生活设计研究中心副主任，中国室内装饰协会家具设计研究学会会务委员。曾先后主持国家艺术基金传播与交流推广项目《枘凿万端——榫卯活性传承展》、北京市社会科学基金青年项目《榫卯工艺与设计传承研究》，设计作品曾获得中国设计红星奖，著有《中国饮食器具设计研究》，并在国内重要期刊发表论文十余篇。

项目支持：

國家藝術基金
CHINA NATIONAL ARTS FUND

北京市社会科学基金

序 FOREWORD

传统榫卯工艺代表了中国历史上巅峰的设计水平，研究探索中国传统家具的艺术风格，挖掘榫卯工艺的艺术本质，有利于为中国本土现代设计提供启迪。近年来，我国本土设计师在设计中不断融入传统工艺，试图将中国传统文化与现代设计融合起来，探寻中式设计的创新之路。艺术研究者把榫卯作为艺术品来进行艺术创作、设计从业者把榫卯工艺与现代工艺结合，运用到现代家具设计当中，这些都为榫卯工艺在当下的活性传承提供了方向与启迪。对传统榫卯工艺的活性传承研究，既是回归，又是开拓传统与现代、工艺与审美的融合过程。传统的榫卯工艺是古人留下的艺术的印记，也是今人揣摩传统文化并与之对话的媒介。当代艺术家在榫卯方面的新尝试，既延续了古人开榫凿卯的传统工艺，也是对自身文化的觉醒与回归。

本书从榫卯传统工艺与现代设计审美的双重视角，审视当下传统工艺的历史传承问题，为传统文化的传承与中国设计创新产业提供了新的灵感和启迪，也为当今文化艺术的发展提供了重要的参照。通过“榫卯”这一特殊工艺角度，使富有中国传统文化底蕴和内涵的工艺技术得以“昭彰”，这不仅是一次针对传统工艺的回顾，更是一次对中国当代传统文化与工匠精神的活性传承与思考过程。

韩乃仁

北京设计学会名誉会长

北京设计学会明式家具专委会主任

世界汉字文化与设计学会会长

前言

据《集韻》记载：榫，剡木入窍也。榫卯，是在两个木构件上所采用的一种凹凸结合的连接方式，包括榫头和卯眼。凸出部分叫“榫”或“榫头”，凹进去部分叫“卯”或“卯眼”。榫卯结构集力学、数学、美学和哲学的智慧，被公认为中国古典木工艺的灵魂，其结构工艺之精确，扣合严密，间不容发，有“天衣无缝”之感，完美展现了我国传统工匠精神，对其发展及其活性传承的研究，可以为传统文化在现代的创新性发展提供理论依据。

十九世纪末、二十世纪初，中国的学者开始关注、研究传统家具与工艺，并对中国榫卯工艺进行研究，其中尤以北京的研究者最为突出。1986 年传统家具研究专家杨耀先生的著作《明式家具研究》和 1985 年传统家具研究专家王世襄先生的著作《明式家具珍赏》中，对传统榫卯工艺进行了门类划分与研究绘制。

西方对中式家具及榫卯工艺的关注和研究始于二十世纪二三十年代，最著名的研究学者是德籍学者古斯塔夫·艾克（Gustav Ecke）教授。艾克和杨耀于 1944 年，合作出版了世界上第一本研究中国明式

家具的著作《中国花梨家具图考》(*Chinese Domestic Furniture*)，开辟了中国古代工艺文化的全新研究领域。乔治·柯慈于 1948 年出版了《中国民用家具》(*Chinese Household Furniture*)一书，收录了中国家具 112 件，对每件家具的制作工艺等进行了详细而深入的描述，并提出自己的学术论点。1971 年，美国人安思远出版了研究黄花梨家具的著作《中国家具：明代与清早期的硬木实例》(*Chinese Furniture: Hardwood Examples of the Ming and Early Ching Dynasties*)。以上著作都对中国传统榫卯工艺进行了分析与研究。

由“榫卯”工艺的当代文化价值诠释传统工艺与现代审美的融合，在文化活性传承领域是独树一帜的。榫卯工艺体现了民族文化的传承特征，同时也承载了传统文化遗产最典型的工匠精神。在全球多元文化交融共存的时代背景下，如何继承与发展中国传统文化，如何通过艺术作品体现中国当下设计艺术的审美品质，值得我们思考。

2022 年夏·于北京

C O N T

目录

榫卯

传统工艺的秘密

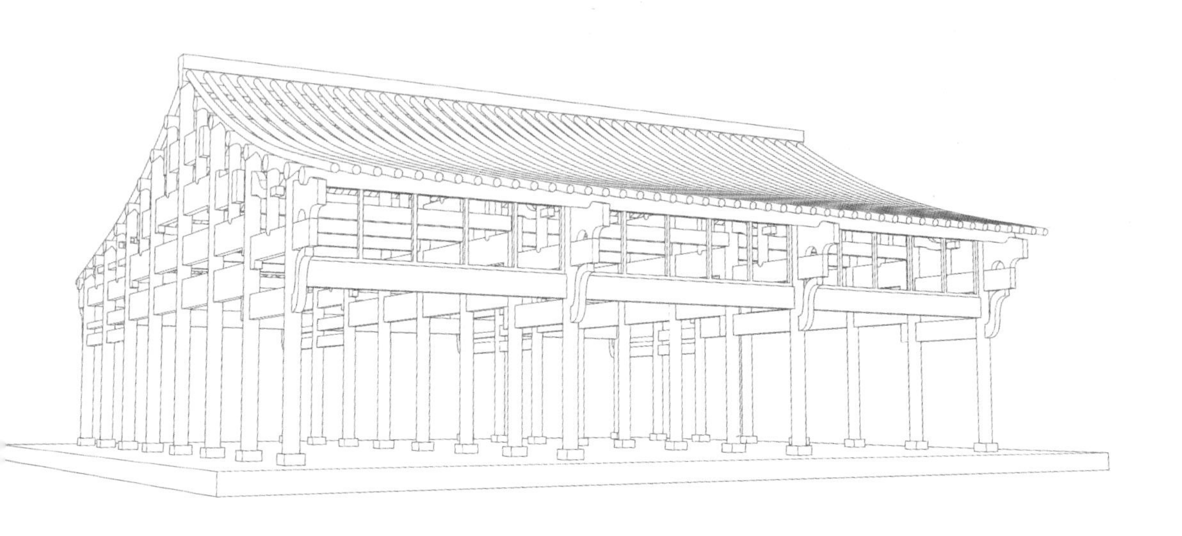

第一章

话说榫卯

榫卯，古人将木构件上凸出的部分称为『榫头』，凹进去的部分称为『卯眼』，那么榫卯这一结构是从何而来呢？它们的故事要从『榫』遇到『卯』的那一刻说起。

何为榫卯

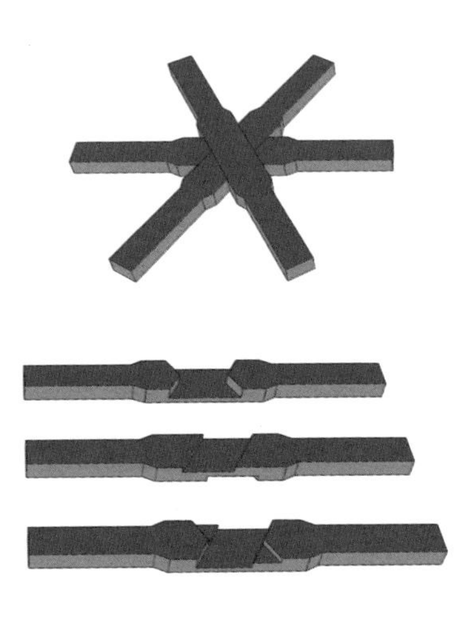

据《集韻》记载：榫，剡木入窍也。榫卯，是在两个木构件上所采用的一种凹凸结合的连接方式，包括榫头和卯眼，凸出部分叫“榫”或“榫头”，凹进去部分叫“卯”或“卯眼”。

那么榫卯这一名称是从何而来？它们的故事要从“榫”遇到“卯”的那一刻说起。

“榫”字可拆分为两个部分：木和隼（sǔn），木字旁代表了榫的材质，而隼则表示了榫的结构与功能。

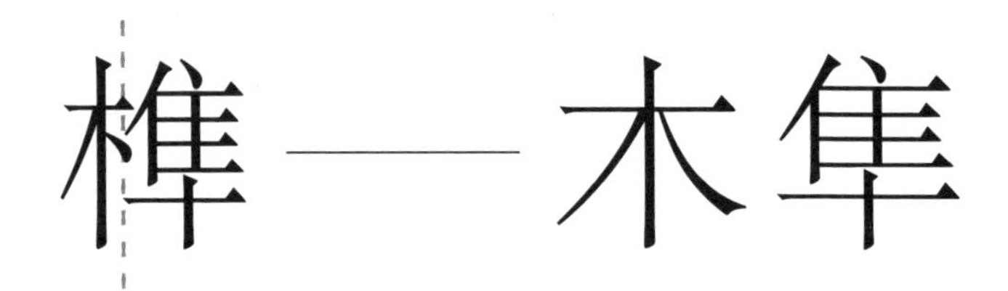

“有隼集于陈侯之庭而死。”《国语 · 鲁语》

若将隼字中间横切，又能拆分为两个字“隹”（zhuī）与“十”。隹是一个象形文字，从其金文的字形上不难看出造型像一只小鸟，并且是一只短尾巴的小鸟。所以在《说文解字》中：“隹”被解释为短尾鸟的总称。

隼——十隹

“隼”字则是在“隹”下面设置了一个“十”字，十字同样也可以被拆分成一横一竖。“一横”代表了天际线，“一竖”代表了隹（鸟）飞行的路径：从天空上面，飞到天空下面，而后自下而上飞出天际。

隹（鸟）的飞上、飞下，轨迹会形成一个尖角，所以“隼”有削尖、凸出之意。

“榫”字解释到现在其字义就非常清晰了，“木”加“隼”而成的“榫”代表了木构件凹凸相接方式中的凸出部分。

《说文解字》是中国东汉时期由学者许慎编著的一部文字工具书，在四库全书中属于经部，是中国现存最早的字典。

再说说卯字，《说文解字》解释为：“冒”也。为何为“冒”之意？因其用以纪月，即农历二月。二月为万物冒地而出的时刻，“卯”有开门之形，故可代指器物接榫凹入的部分。

“榫卯”一词代表了器物上的凹凸之形，榫卯工艺的契合也构造了世间器物。

古人起初称榫卯为“枘凿”。《新唐书·高适传》中这样写道：“而言利者，枘凿万端。”枘，木内为枘，其动词含义为“楔入”，专指插入卯眼的木栓。《说文解字》中写道：“凿（鑿），穿木者也。”故凡穿物使通都称之为凿，凿可作动词使用，有开通挖掘之义；也可作名词使用，代指打通物体的工具。《楚辞》有语：“方枘圆凿。”意思是人们在用木料制作器具时，凿出的卯眼叫作凿，削成的榫头叫作枘，凿和枘的大小、形状如果不完全一致就不能合适地装配起来，后用来比喻双方意见不合，不能相容。

在战国墓葬出土的木棺椁中已出现较为精细的榫卯结构，代表这一时期木工水平有了很大的提高，表现木质器物依赖榫卯成型，且已发展出比较稳定的榫卯连接方式，如搭边榫、细腰嵌榫、燕尾榫、割肩透榫等。

从宋代开始“榫卯”一词开始被使用并逐渐替代了“枘凿”的称呼，在家具鼎盛时期的明代，“榫卯”成为家具上凹凸连接方式的总称。明代周祈专门在《名义考·地部·榫卯》一书中解释了“枘凿”与“榫卯”的关系：“枘凿者榫卯也……今俗犹云公母榫。”说明当时榫卯已经取代了枘凿的地位。

古人将天干和地支搭配纪月（以当年的天干为甲或己为例）：

一月：丙寅	二月：丁卯
三月：戊辰	四月：己巳
五月：庚午	六月：辛未
七月：壬申	八月：癸酉
九月：甲戌	十月：乙亥
十一月：丙子	十二月：丁丑

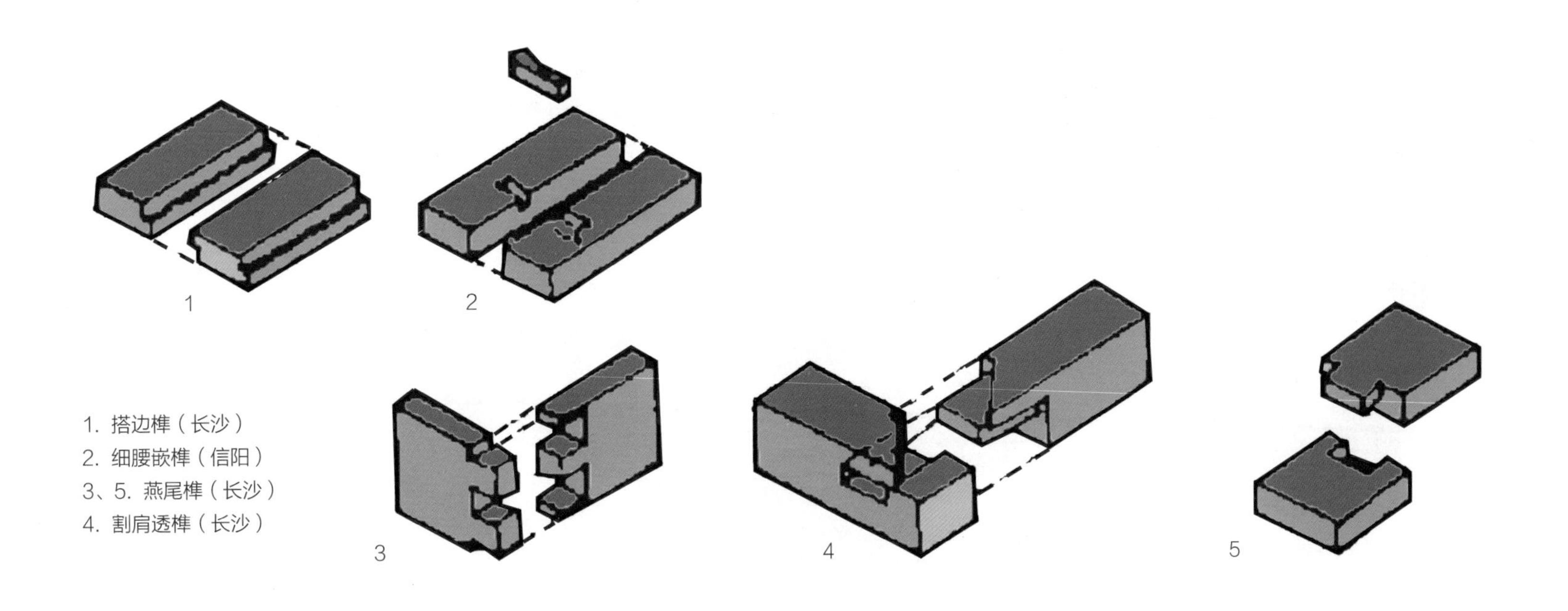

1. 搭边榫（长沙）
2. 细腰嵌榫（信阳）
3、5. 燕尾榫（长沙）
4. 割肩透榫（长沙）

榫卯的出现

中国古建筑以木材、砖瓦为主要建筑材料，以木构架结构为主要结构形式。因此在古代，建筑被称为“大木作”，涉及非承重的木构件，如门、窗、隔断、栏杆和家具等被称为“小木作”。宋代《营造法式》中将大木作和小木作分置描述。

中国的榫卯结构就是起源于大木作：“建筑”，由于实木具有“活性”，会受到环境的冷热潮干影响而发生变化，如热胀冷缩，潮胀干缩等，而使用相同的材料（木材）进行连接，则连接部分会与主体同收缩，共进退，从而达到建筑结构的整体坚固与稳定，不会出现明显的抽胀裂分。榫卯仅靠木头之间的拼插，就可以实现坚固的连接。

榫卯的起源其实比汉字还要早。据考古证实，在距今 7000 多年前的新石器时代，榫卯技术就已经被运用在原始先民们居住的木结构房屋当中。考古学家在浙江余姚河姆渡文化遗址中发掘出的大量结合完好的榫卯结构样式，是迄今为止发现最早的榫卯结构。

北宋 · 苏汉臣《妆靓仕女图》

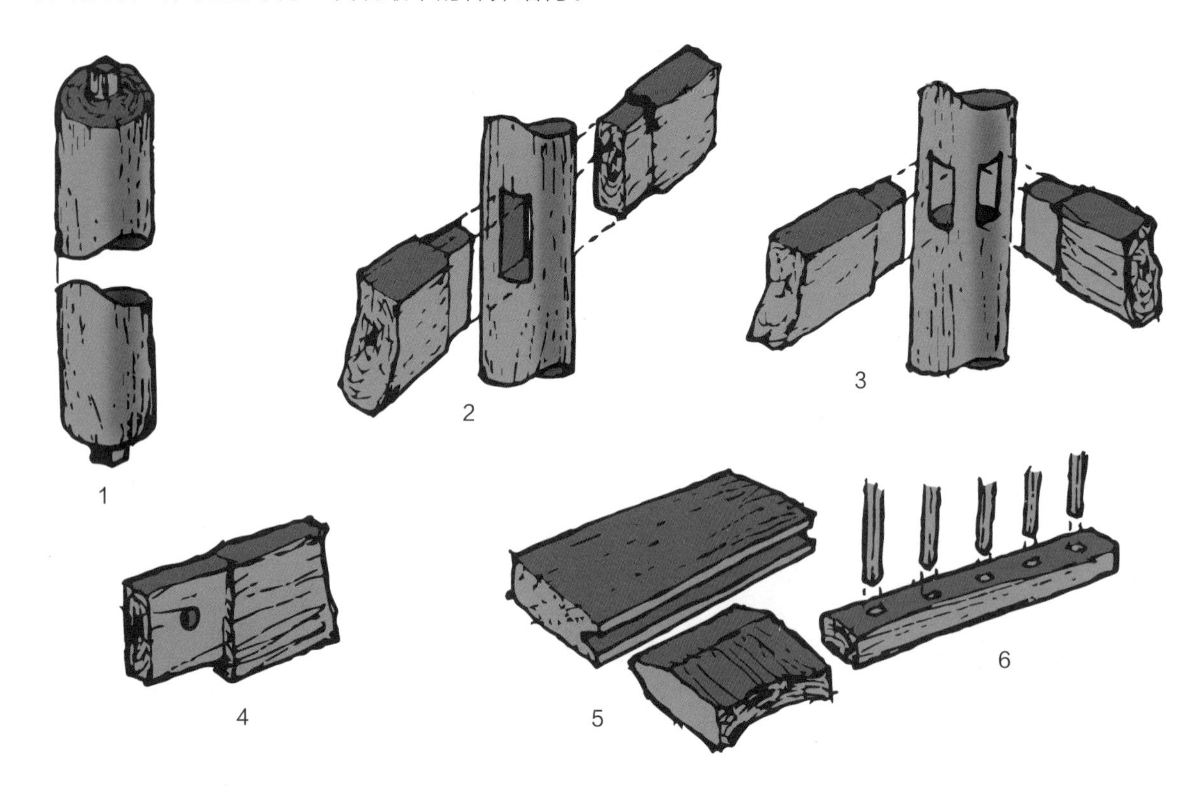

1. 柱头和柱脚榫
2. 梁头榫
3. 转角柱的卯
4. 带销钉孔的榫
5. 企口板
6. 插入栏杆的直棂方木（河姆渡遗址第一期发掘报告：浙江省文物管理委员会）

河姆渡遗址中发现的榫卯构件

（河姆渡遗址第一期发掘报告：浙江省文物管理委员会）

河姆渡文化遗址是新石器时代文化遗存，遗址中发现不少木构建筑遗迹，残存的木构件中有榫卯结构，如梁头榫和平身柱、转角柱上的卯，柱头和柱脚榫，带销钉孔的榫以及企口板。其中企口板是密接拼板的一种较高工艺，直到明清时期的中国古典家具中，依然在使用这种密接拼板的方法。

河姆渡遗址发现的木制建筑构件中，榫卯已显示出相当完整的制作技术，这些带有原始审美的榫卯构件，虽在现代看来不足为奇，但在距今7000多年前的史前文明能够创造出这样的制作方式，应属于高科技的范畴了。

除木耜、小铲、杵、矛、桨、槌、纺轮、木刀等工具外，河姆渡遗址出土的许多建筑木构件上都凿卯带榫，尤其是燕尾榫、带销钉孔的榫和企口板，这是迄今为止发现的最早的榫卯结构，标志着当时木作技术的突出成就。

中式哲学主张“因势就利，物尽其用”。如古人以树木建屋，树干为栋梁，弯料为月梁，梢枝充作椽子铺顶，小料打造门窗户扇、桌椅板凳，

明 · 仇英《汉宫春晓图》

而木屑也会当作燃料使用，可以说树木浑身都是宝。或许正因为古人对于木的喜爱，所以造字时也常将“木”字嵌进汉字当中，据统计，《康熙字典》里“木”部的字就有 1413 个。

两块木头，一凹一凸，变化万千，一阴一阳，互补共生。体现出古人“天人合一，虚实相生”的哲学思想。随着榫卯结构发展成熟，家具造型不再受到结构的限制，家具匠人可以更多地考虑造型外观的艺术处理。

中国传统家具的榫卯结构在明代达到高峰。明嘉靖时期，新推行的“以银代役”制度替代了过去的“轮班制”与“住坐制”[1]，工匠获得了更多的自由。海禁开放后，随着郑和船队几下西洋，对外贸易频繁，商品经济有了较大发展，大城市日益繁荣，市镇迅速兴起，这些都为榫卯工艺的发展提供了必要的条件。

北京故宫博物院
漱芳斋内景照片

[1] 轮班制：洪武十九年，朱元璋法令颁布，全国各地被划入匠籍的工匠分为若干班，轮流到京师服役，每次服役时间定为三个月，这些班匠提供的是无偿劳动，就连往返京师的盘缠也是自筹。住坐制：住坐工匠是附籍于京师或京师附近（大兴、宛平）的工匠，一般是就地服役。这些苛刻的服役制度极大地影响了工匠的劳动积极性。

榫卯的用途

榫卯结构“以木制木”，利用木材自身拥有的活性应力，从而连接两个木质构件。其用途主要是作为“大木作”（建筑）与“小木作”（家具等）的连接固定结构。依靠榫卯结构连接的建筑物与家具可历经百年而不倒。

中国传统建筑是以木材为主要材料的木构架建筑，木构件之间连接依靠木材本身穿凿出的榫卯，以木制木，充分考虑并善于引导木材的活性应力，使中国传统木建筑更加坚固耐用，愈百年而岿然屹立。中国传统建筑的结构主要有梁柱式结构和围栏式结构，梁柱式结构使用非常广泛，其中柱、梁、枋、檩等是主要的结构构件。中国传统家具受其影响，有一类家具呈现明显的中国传统建筑的梁柱式结构，柱、梁、枋隐现其间，如家具的圆腿相当于中国传统建筑的柱子，家具的横枨相当于中国传统建筑的梁，家具的牙子相当于中国传统建筑的枋和雀替。家具构件之间也因袭中国传统建筑的榫卯，只是比传统建筑的榫卯更精细，更巧妙。

榫卯

传统工艺的秘密

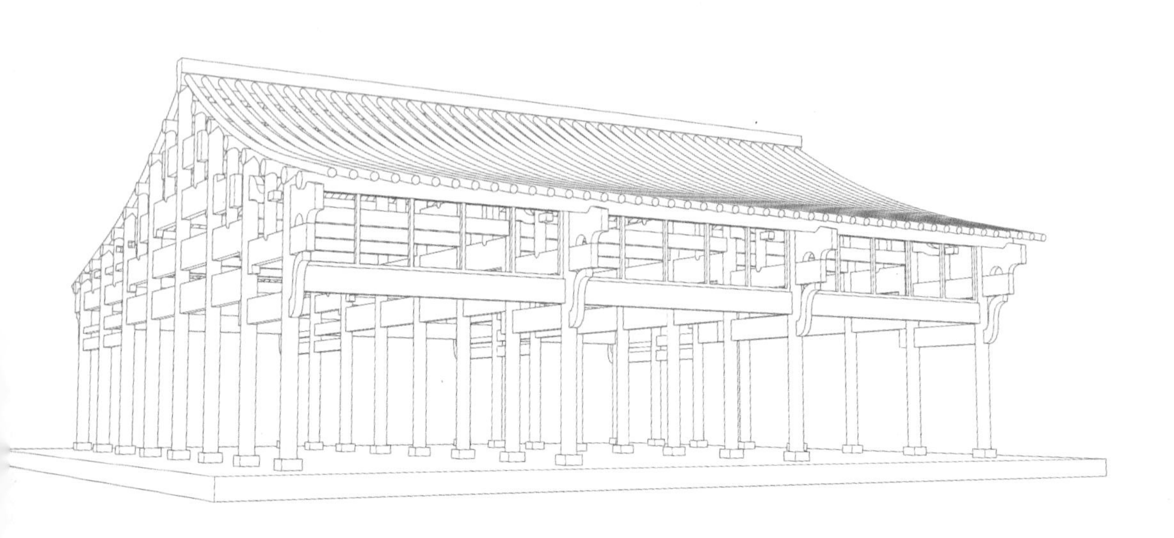

第二章 大木作

由《考工记》所载『攻木之工七』，可知周代木工已分工很细，以后各代分工不同。古人将建造房屋木构架的称为『大木作』，如柱、梁、枋、檩等。此类的制作匠人称为『大木匠』。

何为大木作

古人将建造房屋的木构架称为“大木作”，如柱、梁、枋、檩等。此类的制作匠人称为“大木匠”。

木构架房屋建筑的设计、施工以大木作为主。由《考工记》所载“攻木之工七”，可知周代木工已分工很细，以后各代分工不同。宋代房屋的附属物平綦、藻井、钩阑、搏风板、垂鱼等的制作，归小木作，明清时则归大木作。宋代大木作以外另有锯作，明清也归大木作。

中国建筑在世界建筑群体中可谓是自成一派，是最古老的建筑体系之一。从距今 7000 多年前新石器时代的半坡村遗址到明清时期的皇家宫殿，中国古代建筑在数千年的发展过程中融合各民族特征，形成了具有东方特色的建筑体系。

我们的祖先酷爱木材，“伐木丁丁，鸟鸣嘤嘤”，只要是能应用在木头上的技术大部分都会使用在建筑结构中，反之亦然。中国建筑体系在建筑结构上以木构造为主，在木构造结构体系中的传统大木作结构展现了中国古代建筑各个时期的风格特征。大木作技术从秦汉开始经过隋唐、宋辽及明清等历史阶段的发展不断完善，使得技术结构与设计艺术相互融合，在中式建筑中充分体现了木质结构的东方美感。

在距今 7000 多年前的河姆渡文化遗址（新石器时代）中就发现榫卯结构已被用于木质干栏式建筑构件之间的连接。此后作为“大木作”的中国传统建筑各构件之间一直沿用榫卯进行连接。从古至今，榫卯技术在我国的木构建筑中一直被广泛使用。

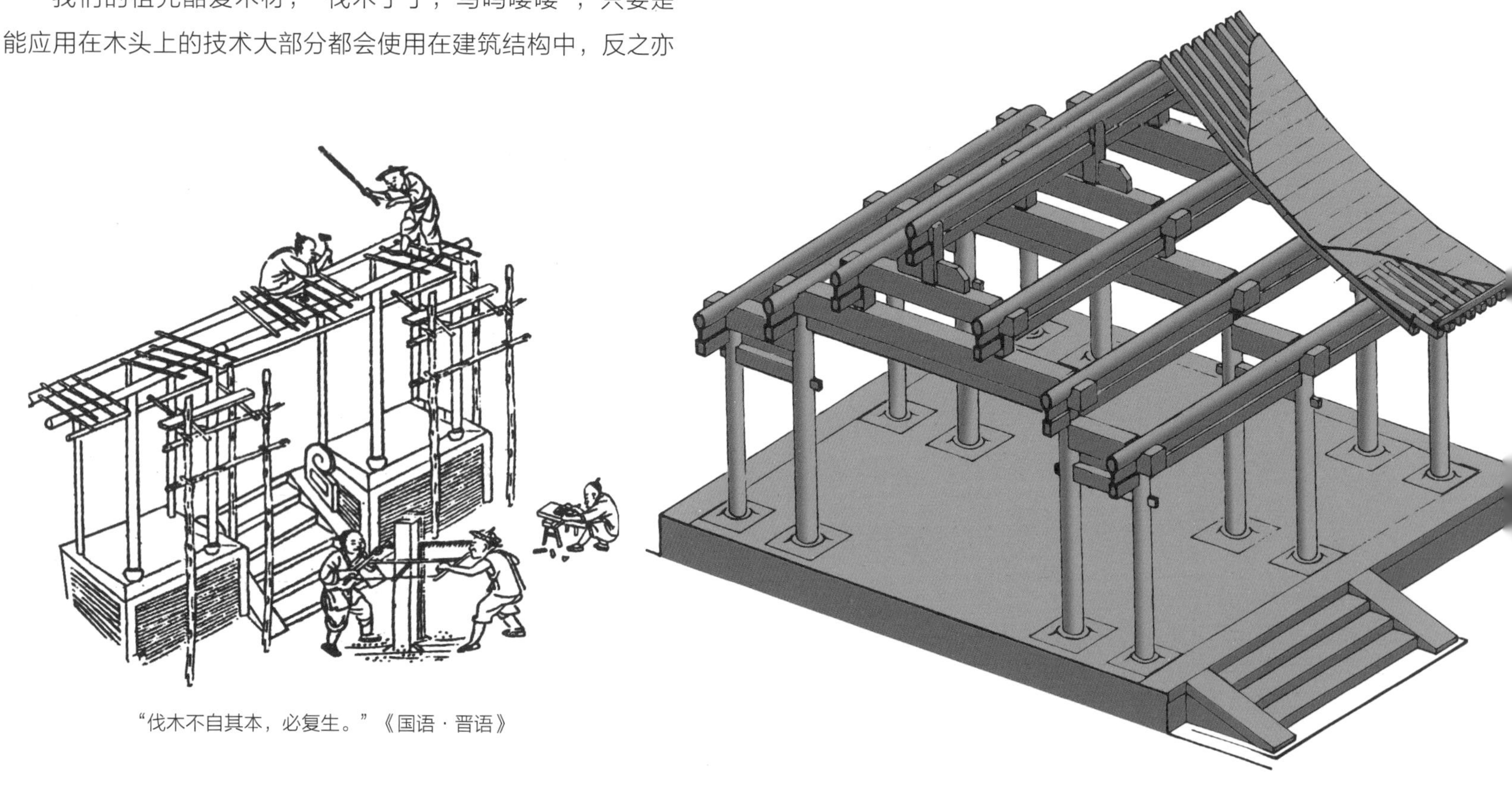

“伐木不自其本，必复生。”《国语·晋语》

干栏式建筑

干栏式建筑，也称巢居，即是一种为适应低洼潮湿的沼泽地而设计的栽桩架板建筑形式，其目的是抬高居住面，使潮湿的地面和居住面相隔离，主要流行于长江流域及其以南地区，在东南亚、俄罗斯和日本等地也都有发现。

上古时期人类通过对自然界的观察，学习了鸟类的筑巢方式，发明了“巢居”。《礼记·礼运》上记载：“昔者先王未有宫室，冬则居营窟，夏则居橧巢。”

巢居的原始形态，可推测为在单株大树上架巢。即在分枝开阔的树杈间铺设枝干、茎叶，构成居住面，其后再用枝干相交构成避雨的棚架。因其造型与鸟巢相近，故古文献将其称为“橧巢”。

独木橧巢
（在一棵树上构巢）

巢居在躲避湿热环境、远离虫兽侵袭以及就地取材等方面有着明显的优势。这种居住形态巧妙地利用垂直空间距离作为边界，是人类在适应环境过程中的一种创造。与北部流行的穴居方式不同，南方湿热多雨的气候特点和多山密林的地理条件自然孕育出云贵、华南等地区“构木为巢”的居住模式。

一般文献上所说的栅居、巢居等，大体所指的是干栏式建筑，这种模仿巢居的“高台式土木建筑”，就是早期的“干栏式建筑”。目前考古发现最早的干栏式建筑在河姆渡遗址中，流行于南方百越部落的居住区。干栏式建筑在中国古代史书记载中又有干兰、高栏、阁栏和葛栏等名，可能是由古越语言转译而来的音

多木橧巢
（在相邻的几棵树上架屋）

架空橧巢
（地面聚柴薪造的巢形屋）

干栏式建筑
（下立桩柱，上置地板，板上立柱安梁，芦席围墙的架空式建筑）

变。现代日本语则称为高床，或认为考古学和民族志中所见的水上居址或栅栏居，均属干栏式建筑的范畴。

竖立的木桩构成高出地面的底架，底架上有大小梁木承托悬空的地板，其上用竹木、茅草等建造住房。上面住人，下面饲养牲畜。单幢建筑纵向达六七间，跨距达 5~6m。长屋进深约 7m，前檐有宽约 1.1m 的走廊，外侧设直棂木栏杆。地板高出地面 0.8~1m，用木梯上下。其木构件按不同用途加工成桩、柱、梁、板，构件之间均采用榫卯进行连接。

可以说干栏式建筑是我们祖先在适应环境上的又一创造。也正是原始社会早期的“巢居”“穴居”等居住形式在长期历史环境的变迁中，受社会、自然、文化等多种因素的制约与影响，促进了天然材料与人工技术的完美融合，也逐渐拉开了大木作发展的序幕。

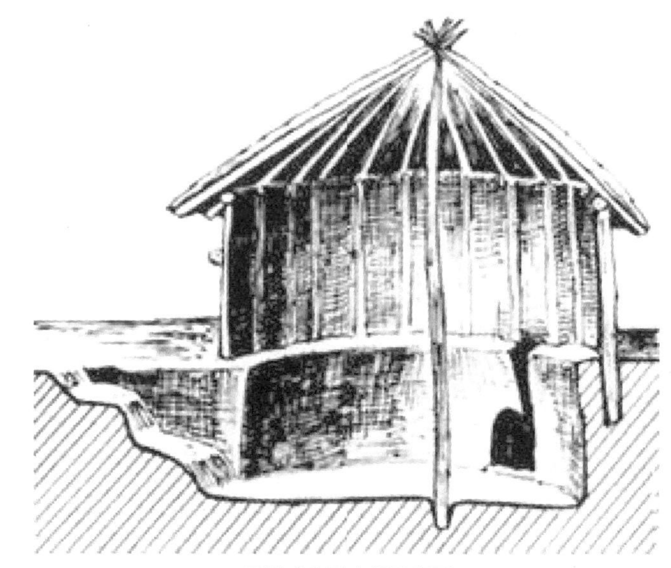

干栏式房屋内部示意图

中国传统建筑

西方人认为建筑不仅是遮蔽风雨的居住场所，还是遮蔽灵魂的场所，西方建筑往往高大空旷并赋予神性，传统建筑就以各种神庙为主。而在中国古代神权从来都是依附、从属于皇权的，这就决定了中国传统建筑是人的居所，而非神的居所。因此非神性是中国传统文化的基础，也是其核心之一。中国不同地域其建筑艺术风格等各有差异，但其传统建筑的组群布局、空间、结构、建筑材料及装饰艺术等方面却有着共同的特点。中国传统建筑的类型很多，主要有宫殿、坛庙、寺观、佛塔、民居和园林等。

尼古拉斯·霍克斯穆尔《圣保罗大教堂》

中国古人喜好将人和生活寄托于理想的现实世界。因此中国传统建筑会考虑“人”在其中的感受，且同时考量“材”本身的表现。例如，在西方传统建筑中喜好使用石头作为建筑主体材料，以追求人造物的永久性。而中国传统建筑则会选用木材，追求的是天人合一、顺其自然的思想，这也是由中国传统文化基础决定的。

中国木结构古建筑在数百年甚至上千年间，历经地震等灾害的考验，仍能巍然伫立，在于其结构构件之间使用了榫卯进行连接。传统建筑上的榫接节点除却自身连接的可靠性外，木材质自身的弹性，也恰好给予了建筑伸缩的余地，使其能在一定范围内减少地震等灾害带来的冲击危害。

唐代佛光寺大殿
（梁思成绘）

明清时期是中国传统建筑艺术与技术的巅峰时期，建筑上非常重视实用功能与造型艺术的结合，注重建筑个体在整体布局中的变化，同时考量整体布局与环境协调性的搭配变化，其主要建筑形制可以分为两种：一是穿斗式建筑，二是抬梁式建筑。

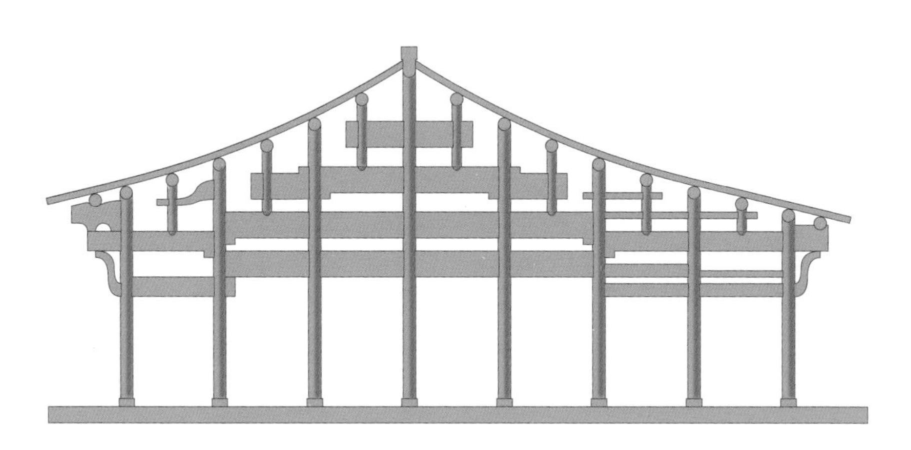

穿斗式建筑

穿斗式建筑直接以落地的木柱支撑屋顶的重量，柱径较小，柱间较密。为了解决屋宇的面积受到木材长度及力学的限制，于是利用插金梁或勾连搭（两个屋顶相连）的方式来加大建筑物的空间。

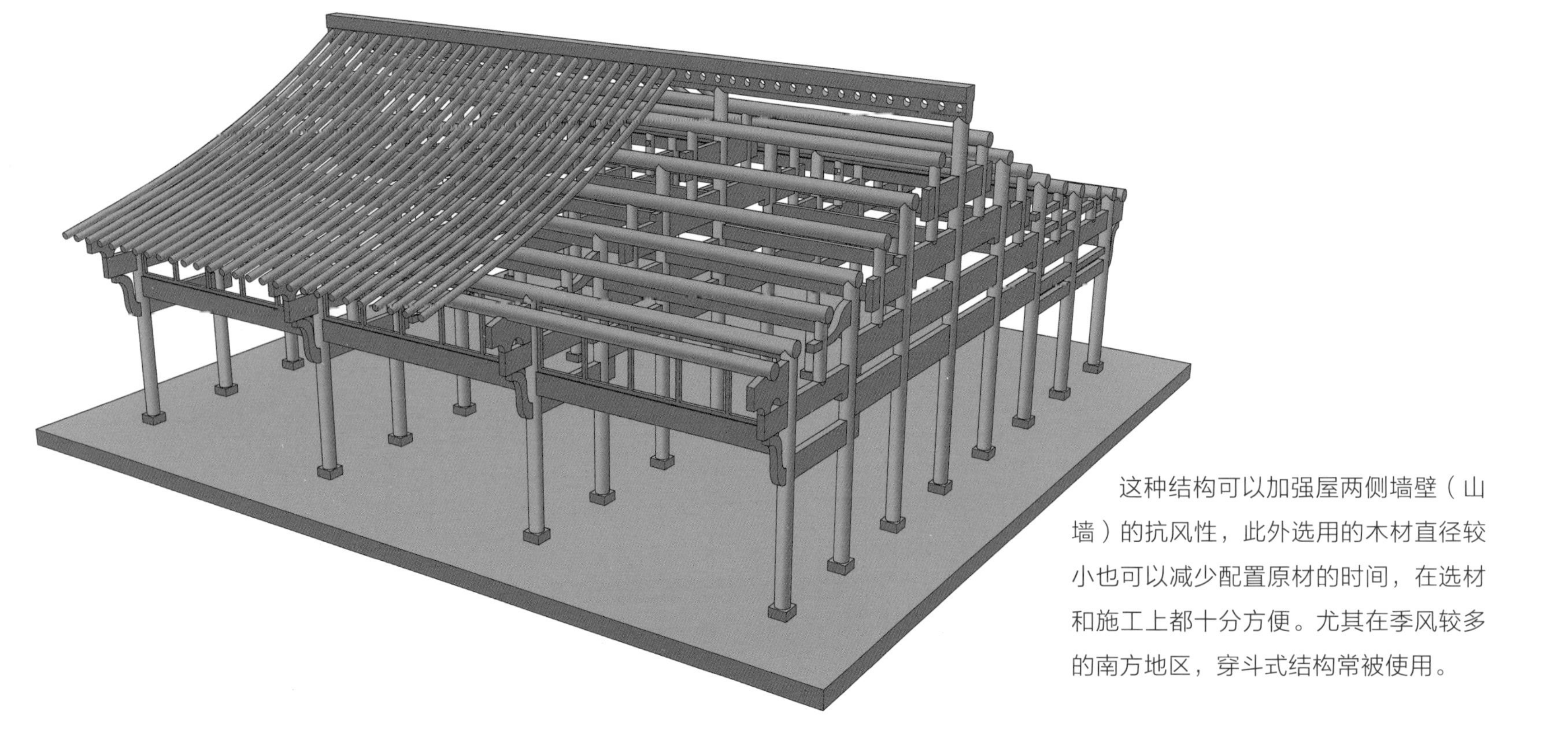

这种结构可以加强屋两侧墙壁（山墙）的抗风性，此外选用的木材直径较小也可以减少配置原材的时间，在选材和施工上都十分方便。尤其在季风较多的南方地区，穿斗式结构常被使用。

抬梁式建筑

抬梁式结构，是一种减省室内竖柱的方法，被认为是从穿斗式结构发展出来的。屋瓦铺设在椽上，椽架在檩上，檩承在梁上，梁架承受整个屋顶的重量再传到木柱之上，结构十分合理。

抬梁式建筑的优点在于减少了室内用柱、增加了使用空间，此外在结构上相较穿斗式建筑更为稳重，屋顶的重量可以分散在檩、梁上，最后经过主力柱传导到地面上。但是由于这种结构的用柱量减少，导致单根立柱受力增大，因此建筑的耗料程度及木料的直径加大，这种建筑结构常见于北方，大型的府邸及宫廷庙宇大多采用这种形式，此外有些时候穿斗式与抬梁式建筑会被同时使用在同一地区。

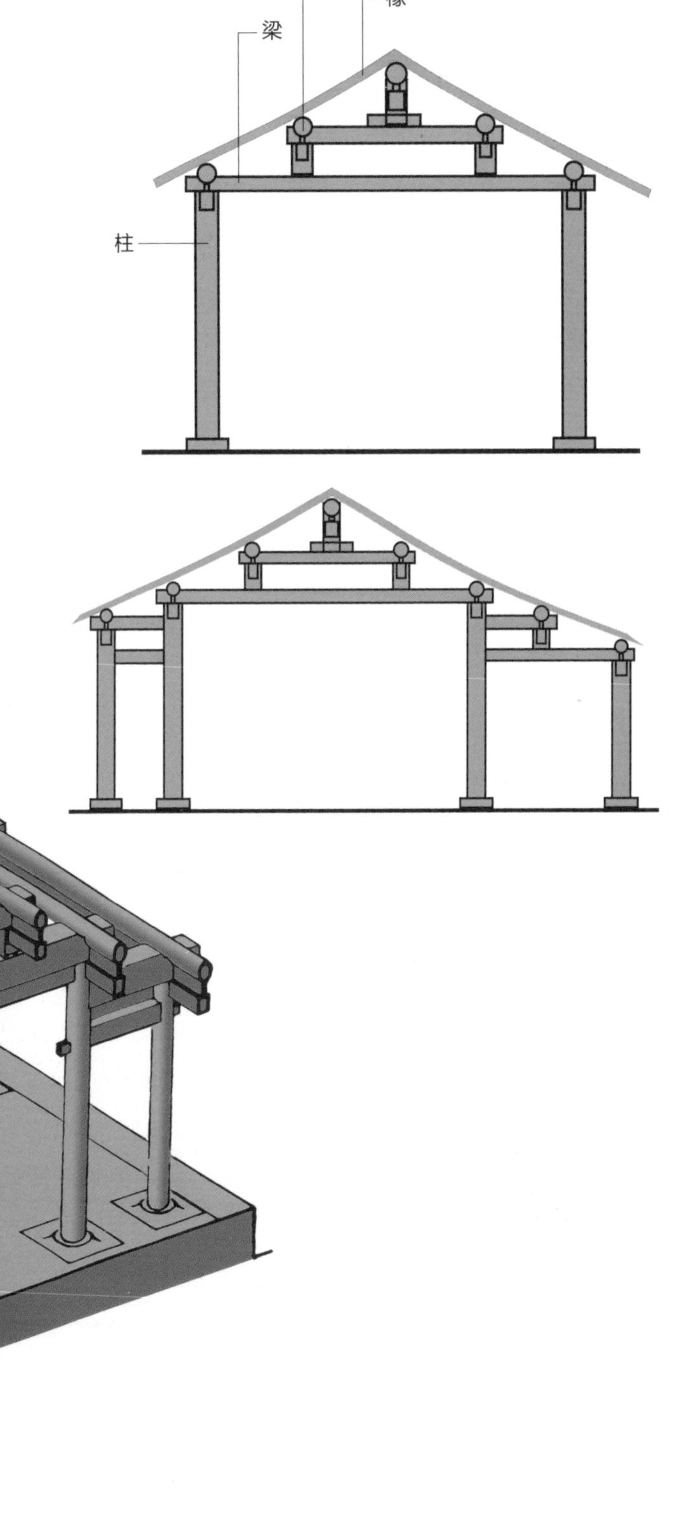

斗栱

斗栱亦作“斗拱”“枓拱”或“枓栱”。斗与栱，均为我国木结构建筑中的支承构件，在立柱和横梁交接处。从柱顶探出的弓形肘木称为栱，栱与栱之间的方形垫木称为斗。斗栱承重结构，可使屋檐较大程度外伸，形式优美，为我国传统建筑造型的一个主要特征。《山节藻棁》：“山节，谓刻柱头为斗栱，形如山也。”《明史·舆服志四》：“庶民庐舍，洪武二十六年定制，不过三间，五架，不许用斗栱，饰彩色。”

山东画像石墓建筑斗栱

斗栱是中国传统大木作上经典的木构件结构，也是最能体现大木作建筑上榫卯工艺作用的经典范例。斗栱的起源至今已无据可查，但根据出土的西周时期青铜器显示，斗栱的形象在当时就已出现。清代书籍《工程做法则例》中记载了斗栱的三十多种形式。

斗栱的英文解释是“Bracket System”（托架系统），斗栱在建筑中的作用就是支撑屋顶的结构承力件，古人在了解了木材的柔软特性以及掌握了榫卯工艺的应用后，创造了这一复杂的大木作结构。斗栱置于屋身柱网之上，屋檐之下，用于解决垂直和水平两种构件之间的重力过渡。木材的延展性加上斗栱的巧妙结构，好像现代的弹簧一样，可以承载房屋及木框架的重力。

榫卯结合是抗震的关键。这种结构和现代梁柱框架结构极为类似。构架的节点不是刚接，这就保证了建筑物的刚度协调。遇有强烈地震时，采用榫卯结合的空间结构虽会“松动”却不致“散架”，消耗地震传来的能量，使整个房屋的地震荷载大为降低，起到抗震的作用。中国古建筑屋顶挑檐采用斗栱形式的较之没有斗栱的，在同样的地震烈度下抗震能力要强得多。斗栱是榫卯结合的一种标准构件，是力传递的中介。过去人们一直认为斗栱是建筑装饰物，而研究证明，斗栱把屋檐重量均匀地托住，起到了平衡稳定作用。

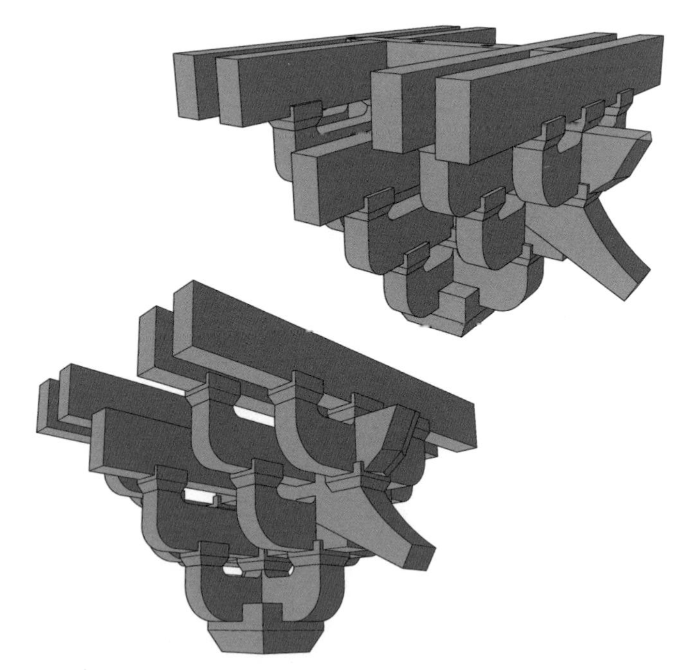
宋代斗栱结构图

斗栱拆解图

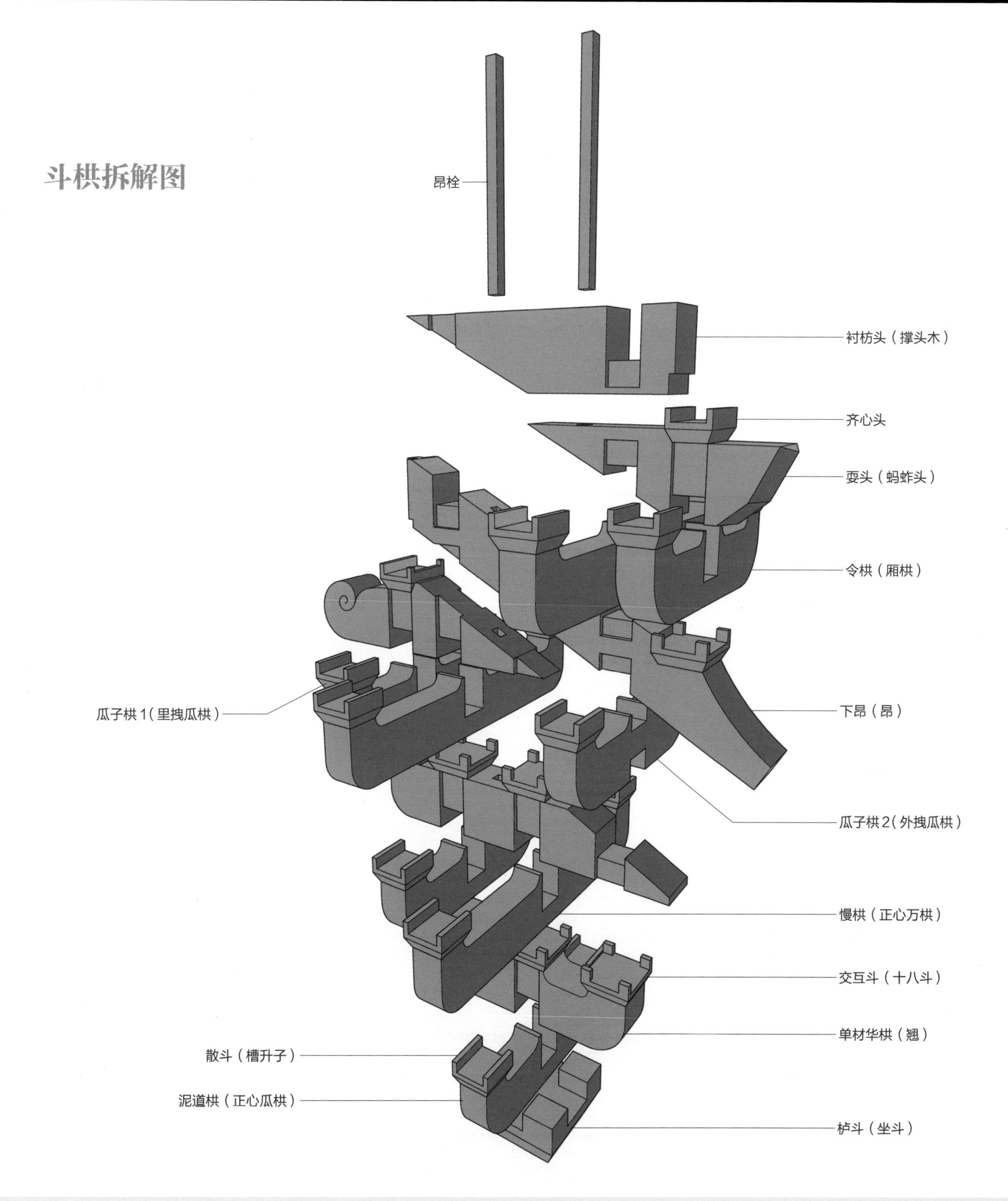
昂栓
衬枋头（撑头木）
齐心头
耍头（蚂蚱头）
令栱（厢栱）
瓜子栱 1（里拽瓜栱）
下昂（昂）
瓜子栱 2（外拽瓜栱）
慢栱（正心万栱）
交互斗（十八斗）
单材华栱（翘）
散斗（槽升子）
泥道栱（正心瓜栱）
栌斗（坐斗）

榫卯

传统工艺的秘密

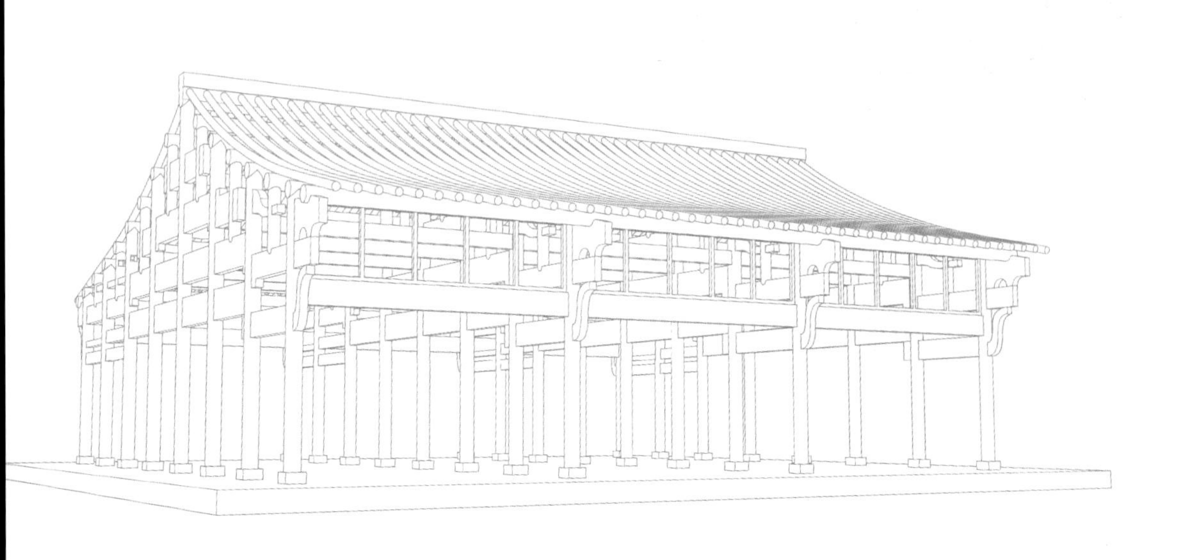

第三章

经典大木作

释迦塔全称佛宫寺释迦塔，位于山西省朔州市应县城西北佛宫寺内，俗称应县木塔，是中国现存最高、最古老的一座木构塔式建筑，与意大利比萨斜塔、巴黎埃菲尔铁塔并称『世界三大奇塔』。

应县木塔

释迦塔全称佛宫寺释迦塔，位于山西省朔州市应县城西北佛宫寺内，俗称应县木塔。建于辽清宁二年（1056 年），距今 960 余年，是中国现存最高、最古老的一座木构塔式建筑，与意大利比萨斜塔、巴黎埃菲尔铁塔并称“世界三大奇塔”。

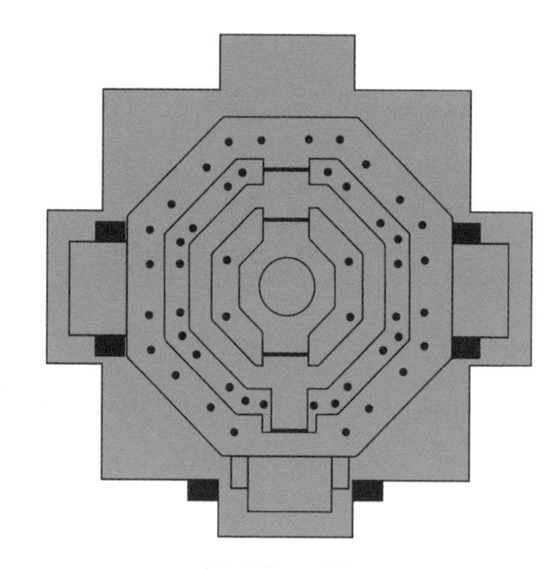
应县木塔顶视结构图

释迦塔位于寺南北中轴线上的山门与大殿之间，属于“前塔后殿”的布局。塔建造在 4m 高的台基上，塔高 67.31m，底层直径 30.27m，平面呈八角形，全塔耗用红松木料 3000m^3，2600 多吨，纯木结构、榫卯连接、无钉无铆。

从结构上看，一般古建筑都采取矩形、单层六角或八角形平面。而释迦塔采用的是两个内外相套的八角形，将木塔平面分为内外槽两部分。内槽供奉佛像，外槽供人员活动。内外槽之间又分别有地袱、阑额、普柏枋和梁、枋等纵向横向相连接，构成了一个刚性很强的双层套筒式结构，大大增强了木塔的抗倾覆性能。

释迦塔外观为五层，而实际为九层。每两层之间都设有一个暗层。这个暗层从外看是装饰性很强的斗栱平坐结构，从内看却是坚固的结构

应县木塔实景图
（《亚细亚大观》172 回第 3 张，
1938 年 9 月出版）

层，建筑处理极为巧妙。在历代的加固过程中，又在暗层内非常科学地增加了许多弦向和径向斜撑，组成了类似于现代的框架结构层。这个结构层具有较好的力学性能。有了这四道“圈梁”，木塔的强度和抗震性能也就大大增强了。因底层为重檐并有回廊，以上各层均为单檐，故塔的外观为五层六檐。各层均用内、外两圈木柱支撑，每层外有 24 根柱子，内有八根，木柱之间使用了许多斜撑、梁、枋和短柱，组成不同方向的复梁式木架。

该塔塔身底层南北各开一门，二层以上周设平坐栏杆，每层均装有木质楼梯，逐级攀登，可达顶端。二至五层每层有四门，均设木隔扇。塔内各层均塑佛像。一层为释迦牟尼，高 11m。内槽墙壁上画有六幅如来佛像，门洞两侧壁上也绘有金刚、天王、弟子等。二层坛座方形，上塑一佛二菩萨和二胁侍。塔顶作八角攒尖式，上立铁刹，塔每层檐下均装有风铃。

释迦塔的设计，大胆继承了汉、唐以来富有民族特点的重楼形式，充分利用传统建筑技巧，广泛采用斗栱结构，全塔共用斗栱 54 种，每个斗栱都有一定的组合形式，有的将梁、枋、柱结成一个整体，每层都形成了一个八边形中空结构层。

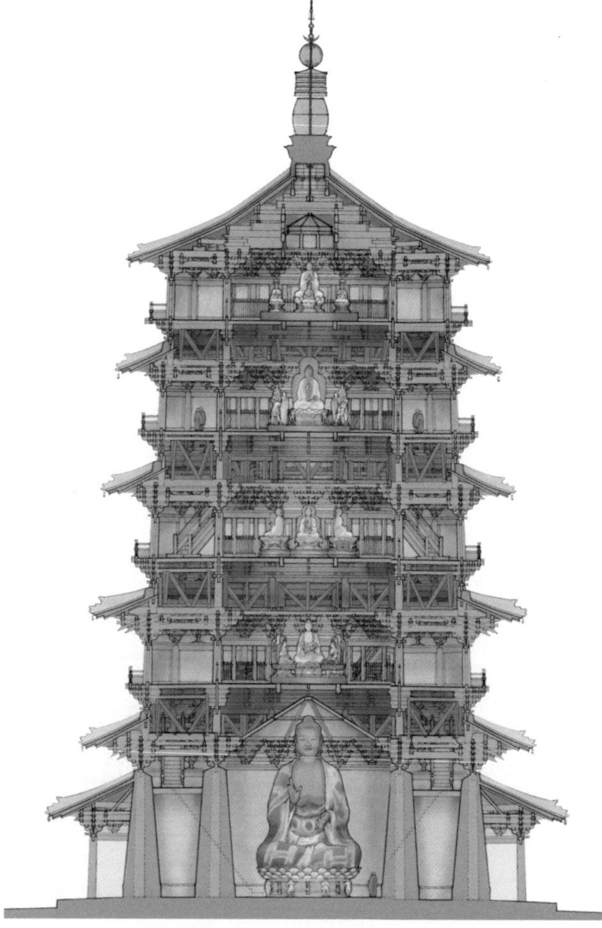

应县木塔图（梁思成绘）

佛光寺

山西省五台山佛光寺，地处五台县城东北 32 公里处的佛光山山腰，相传创建于北魏孝文帝时期（471—499 年），至今已有 1000 余年的历史，被列为佛教十大名寺之一。唐会昌五年（845 年）“灭法”时受到破坏，唐大中年间“复法”时被陆续重建，其中最古老的建筑是唐大中十一年（857 年）所建造的大殿。因坐东向西，称东大殿。

东大殿居高临下，雄伟古朴，气势壮观，是五台山最大佛殿之一，无论在构造做法上，还是在造型比例上，都集中地反映了唐代木结构建筑的特点，在我国乃至世界建筑史上都占有重要地位。

1937 年，梁思成与林徽因二人根据法国汉学家伯希和（Paul Pelliot）所著的《敦煌石窟图录》（*Les grottes de Touen-houang*）第 61 窟唐代壁画的五台山全景，见到图中不但有寺庙，且每座寺庙下均注有名称，佛光寺也是其一。他们于当年 6 月 20 日与中国营造学社的人员一同到山西五台山，找到佛光寺。林徽因于梁柱上发现纪年“唐大中十一年（857 年）”。

佛光寺大殿是现存有题记的中国最早木造建筑之一，被发现时这座大殿已经在山野丛林间静候了一千多年，梁柱间的榫卯结构依然像当初建造时一样相互扣合，没有丝毫松动。

《五台山图》（敦煌莫高窟第 61 窟西壁）

佛光寺牌匾

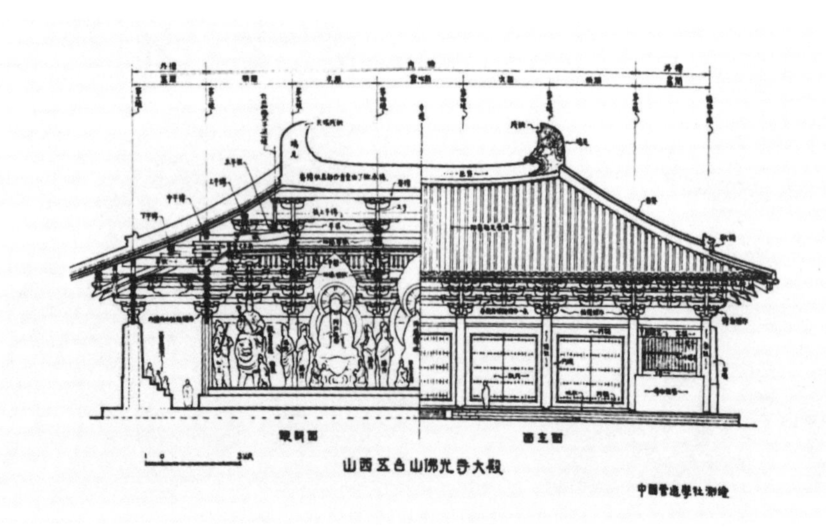

佛光寺东大殿正立面及纵剖面图
（梁思成、莫宗江绘）

佛光寺现为中国现存排名第三早的木结构建筑（仅次于在五台县的南禅寺和芮城县的广仁王庙）。

其实佛光寺大殿并不高大，貌似平常，但却被我国著名的建筑学家梁思成称为“中国第一国宝”，因为它打破了日本学者的断言：在中国大地上没有唐朝及其以前的木结构建筑。

东大殿采用梁柱木结构作为框架，以柱子承重，以榫卯固定接头。庑殿式屋顶，屋檐出挑近 4m，坡度平缓，显得舒展平稳。殿身与屋顶之间的斗栱硕大，在整个立面中的尺度感和重量感因而特别突出，具有很好的结构作用和装饰效果。柱子向内倾，倾斜度由里向外依次加大，起到了稳定大殿的作用。

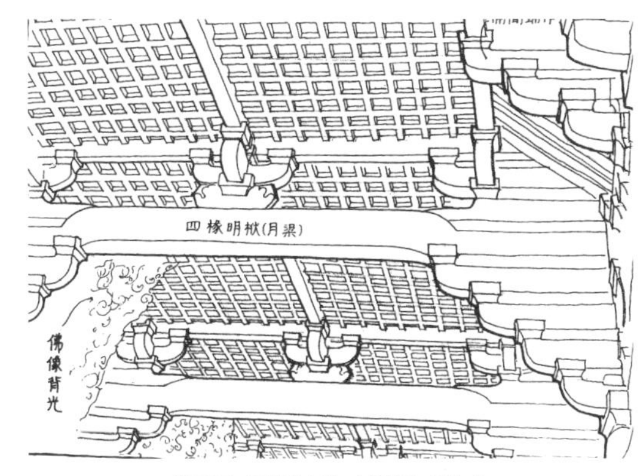

佛光寺屋顶结构（梁思成绘）

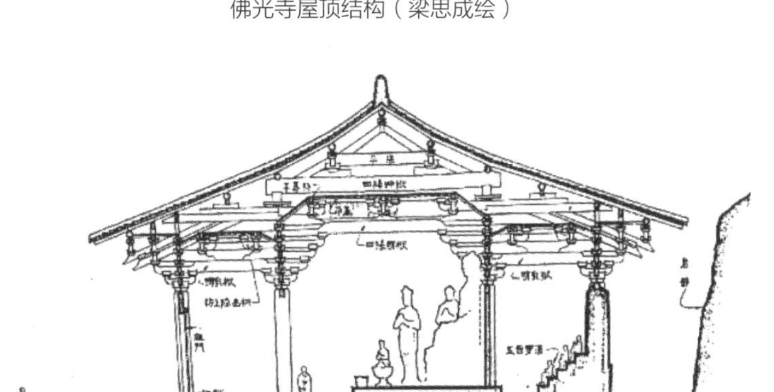

山西五台山佛光寺大殿　當心間橫斷面

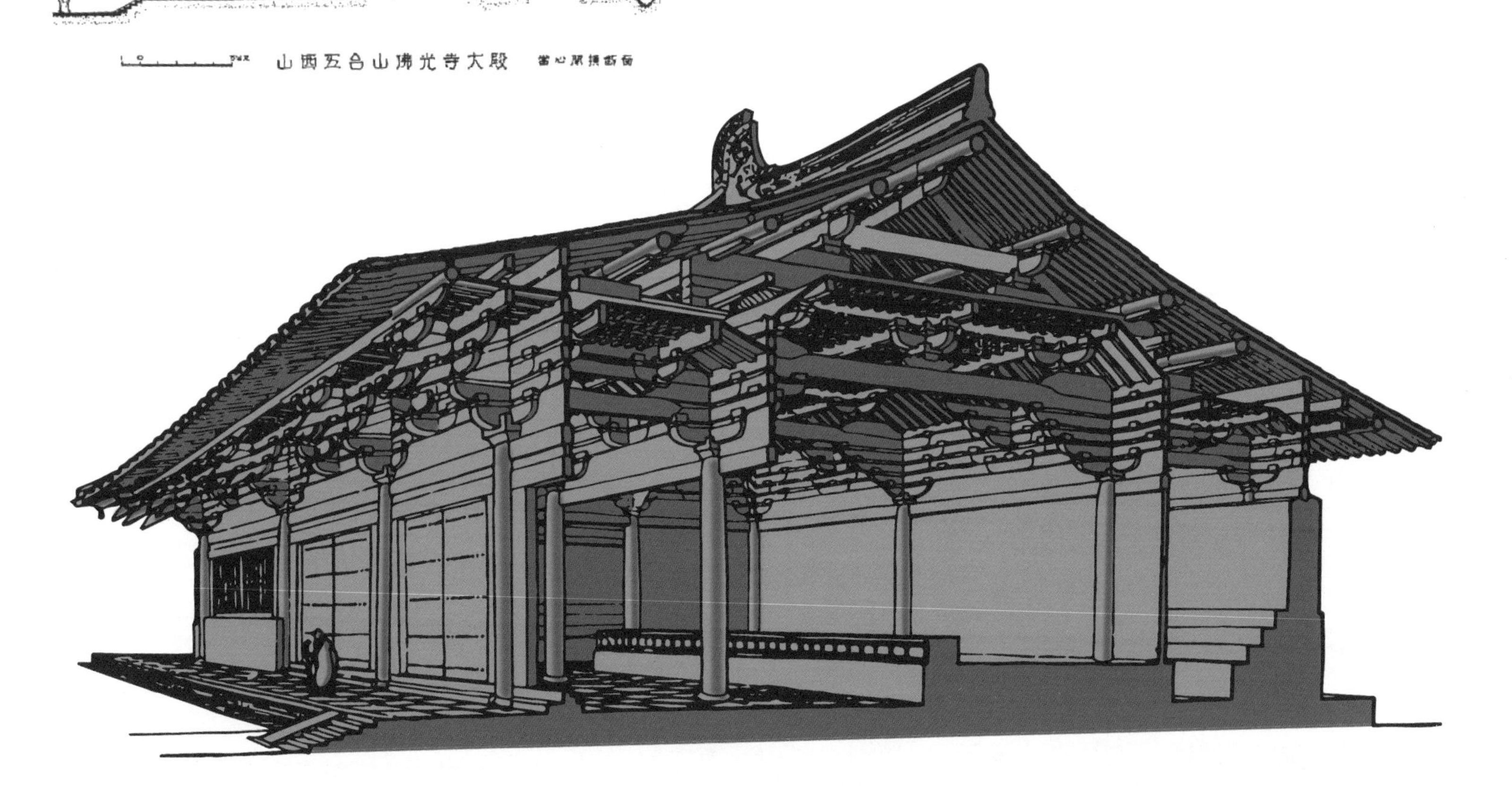

榫卯

传统工艺的秘密

第四章 大木作与榫卯

中国古代建筑多是以木材作为主材的大木榫卯框架的柔性结构，因为木材是有一定弹性与柔软性的材料。而榫卯结构可令大木作具有一定的柔性，起到缓解受力、增强结构安全稳定的作用。

大木作榫卯

木材因具有一定的弹性与柔软性，因此中国古代建筑多采用以木材作为主材的大木作榫卯框架结构。大木作榫卯框架结构具有很好的均衡整体性，同时构造中的节点普遍是榫卯结构结合，榫卯结构具有一定的柔性，在外力作用下大木作构造在一定程度内可以通过柔性反弹得以恢复原貌，起到缓解受力、增强结构安全稳定性的作用。

在古代建筑大木作中各种构件都是通过大木作构造上的节点衔接榫卯咬合锁扣，从而组成一个完整的大木作结构体系。有竖向支撑柱类构件，有横向水平拉接的各种枋类构件，有承托荷载的梁和枋类构件，有拉接分割内外上下层次及装饰性的各类辅助性构件。

大木作结构通过构造上的各种节点变化，利用节点榫卯的咬合、衔接、锁扣，充分发挥出木材材质的自身特点，体现出木质结构的弹性特征。当遇到外力冲击时，木构架通过这些榫卯节点的拉拽扣锁和自身的柔性变化起到缓冲作用，减缓了外力对建筑结构的冲击破坏，这也是我国古代建筑历经千年而至今屹立不倒的秘密。

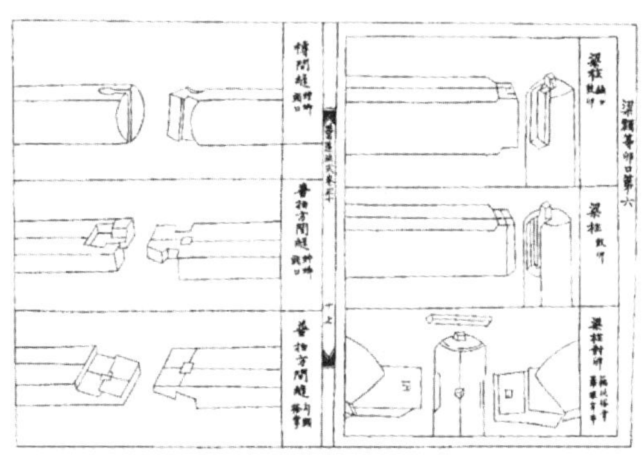

榫卯类型：梁柱等卯口（《营造法式》）

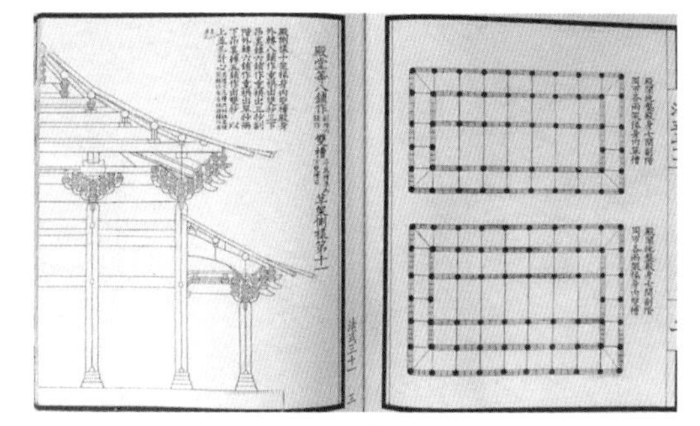

大木作制造图样之一（《营造法式》，陶本）

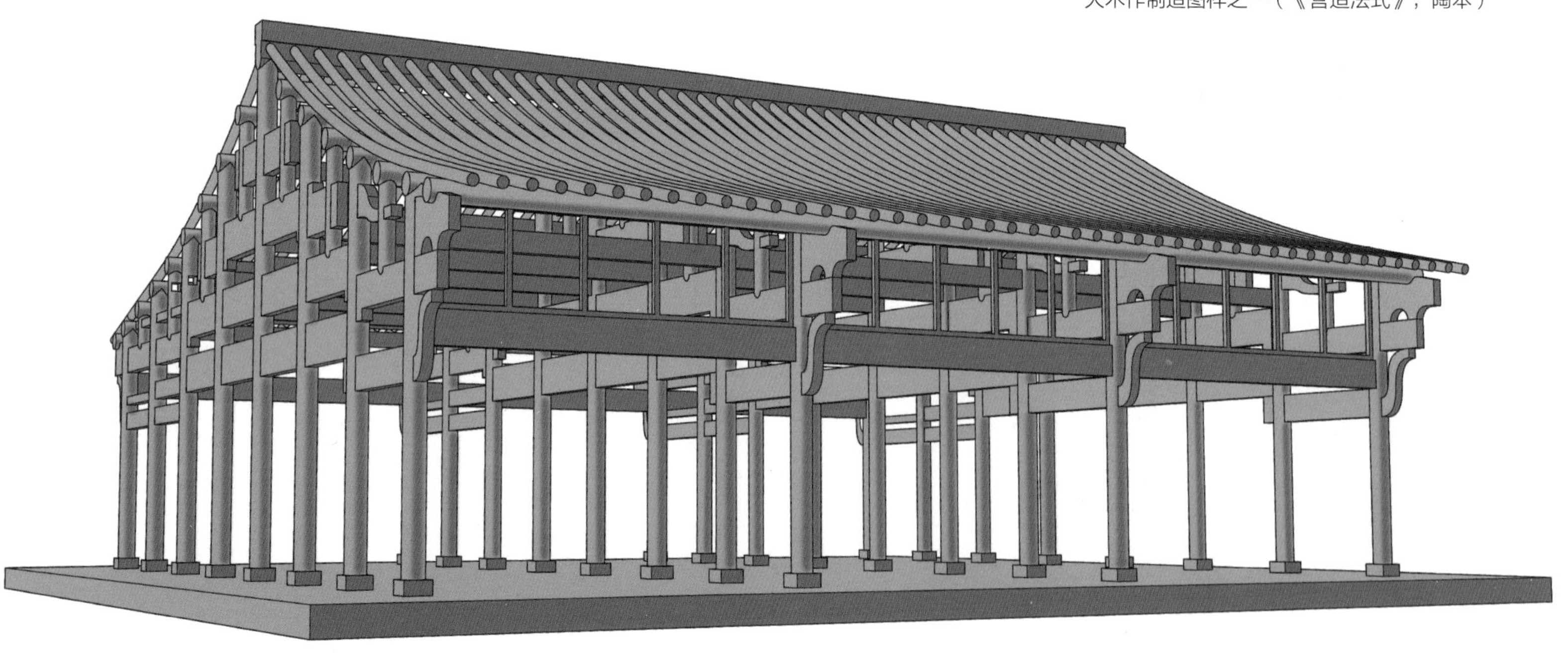

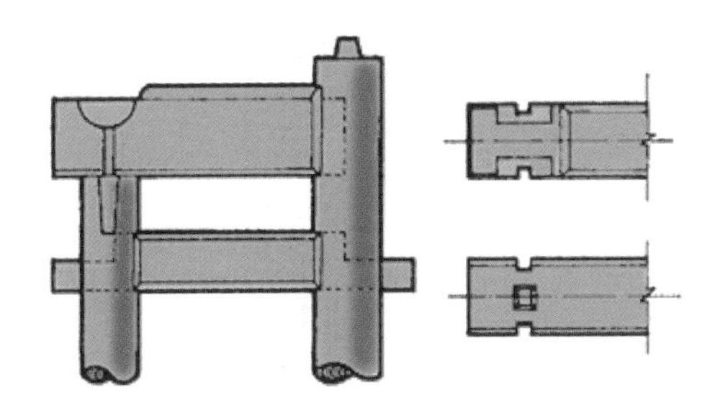

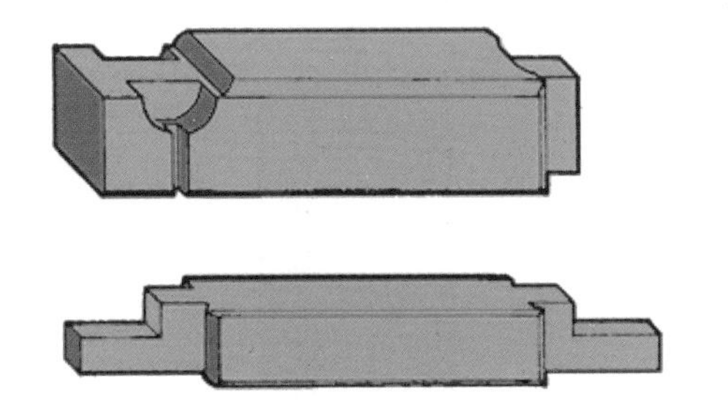

透榫结构

透榫

透榫的卯眼凿穿，直榫外露，也称为“通榫”。

穿销

受到木材自身材质的限制，在横纹一端做榫时易断，故不能使用，往往只能在木纹纵直的一端做榫。因此如果两个构件需要连接，又由于木纹的关系，都无法做榫时，那么只能另取木料做榫，将它们连接起来。这种方式被称为“穿销”。

银锭扣

银锭扣又名银锭榫，是指两头大、中腰细的榫，因其形状似银锭而得名。将它镶入两板缝之间，可以防止鳔胶年久失效后拼板松散开裂。多用于搏风板、挂檐板、山花板、接缝锁扣等。银锭扣外形为对称燕尾形，收乍比例与燕尾榫做法相同。银锭扣厚为板厚的三分之一至五分之二。

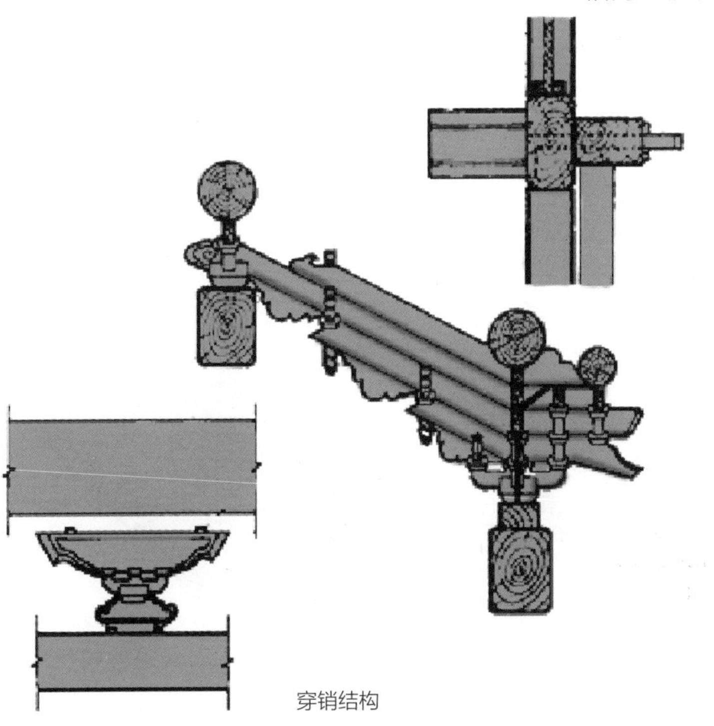

穿销结构

银锭扣结构

管脚榫

管脚榫顾名思义就是固定柱脚的榫，用于各种落地柱的根部，童柱与梁架或墩斗相交处也用管脚榫，它的作用是防止柱脚移位。管脚榫有透直榫、不透直榫（半榫）、明榫和暗榫之别，又有单榫和双榫之分。

馒头榫

馒头榫多用于柱头、瓜柱之上交于梁底海眼之内，榫形状见方。长、宽、厚均为柱径的四分之一到十分之三，榫头上收分十分之一呈梯形，榫头上角压楞。

套顶榫

套顶榫常使用在柱根部之下，穿过柱子顶部透眼与基础磉墩，相交于衬垫石之上，榫四棱见方，为柱径的二分之一，榫长度为柱高的五分之一到三分之一，根据实际的基础埋深也会有所改变。

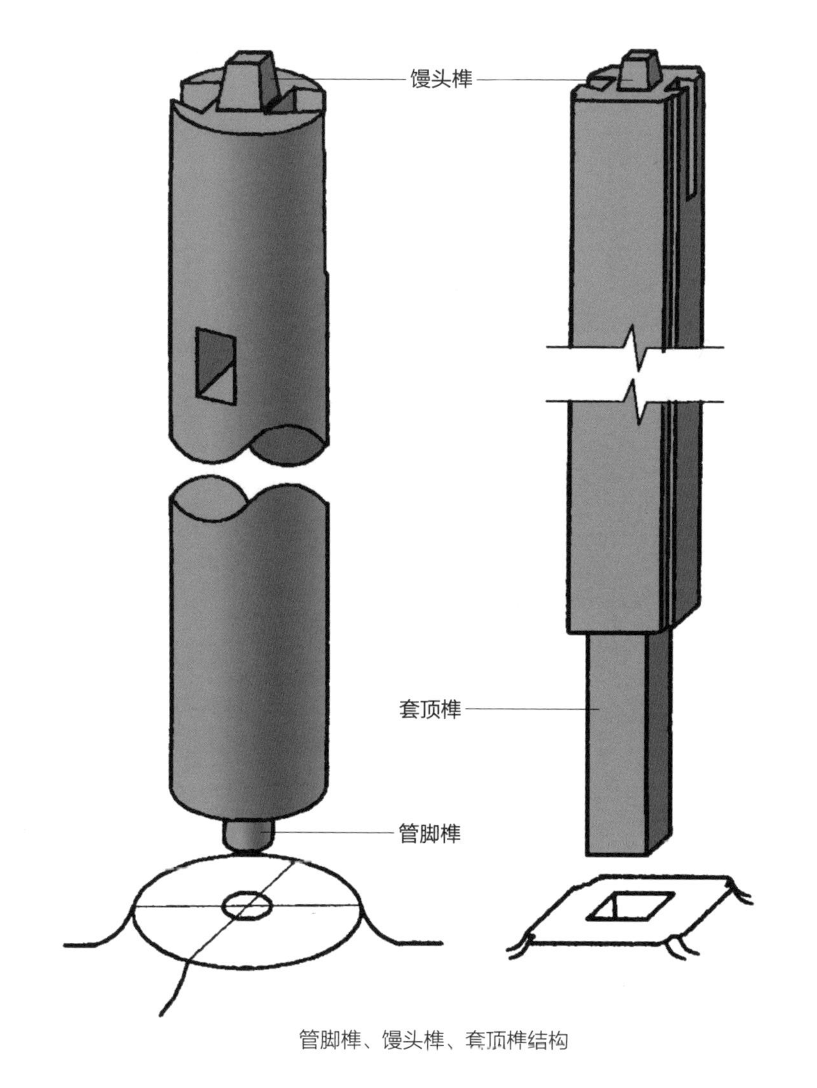

管脚榫、馒头榫、套顶榫结构

穿带

穿带通常称作“带”。“带”字在汉语中主要是指一类能够束紧物体的较扁宽的条状物，在古代木工术语中，则专指贯穿于木器平面部件内侧，对其变形起管束作用的一类横木。由于其大都设置在板材的中间部位，很像人的腰带，故俗称为“带”。

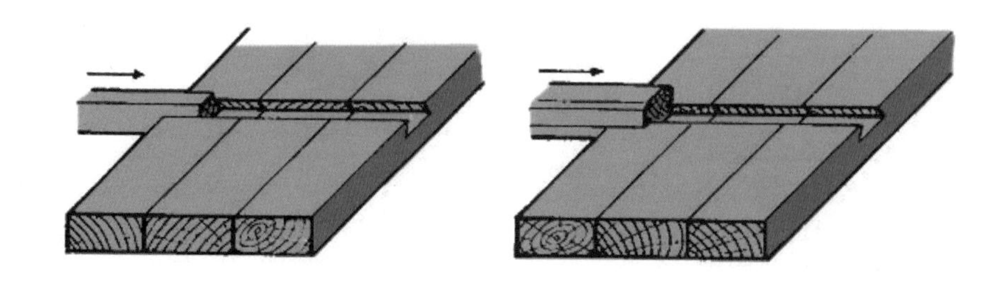

明穿带（泥鳅背穿带、燕尾子穿带）

明穿带多用于搏风板、挂檐板、窗榻板、门板、顶棚等很多黏合与拼攒板类，根据构件的不同变化有穿硬带、穿软带的区别。穿硬带板面穿带高起留梗，穿软带板面平齐。穿带多采用大小头抄手对穿做法，这种穿法板缝严紧不易开裂。一般穿带是按板宽的十五分之一至十四分之一定宽，小头燕尾槽出口按板宽的十六分之一至十五分之一定宽，燕尾槽深度一般为板厚的五分之二至二分之一（不得超过二分之一），两侧燕尾乍角为槽深的十分之一。

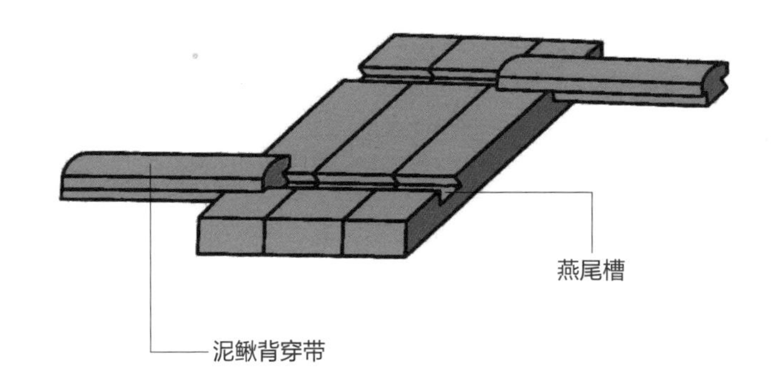

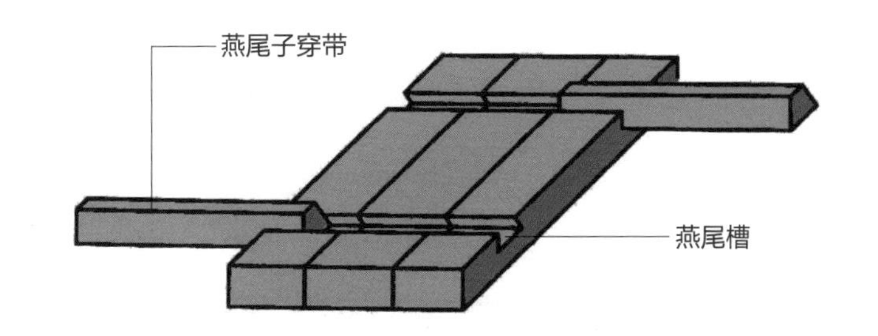

暗穿带

暗穿带多用于实榻门等很多拼攒板类，多采用大小头抄手对穿做法。一般穿带宽为板宽的十一分之一，厚为板厚的三分之一且不大于板厚的五分之二。抄手暗穿带大头为穿带宽度的五分之三，小头为五分之二。

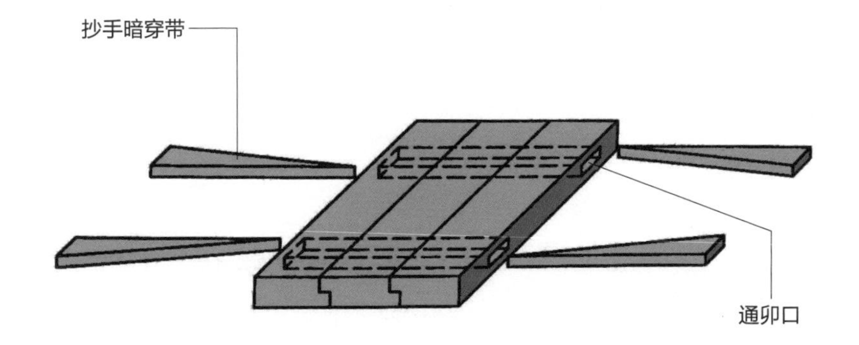

企口缝

企口缝（裁口缝）多用于象眼板、山花板、走马板等对缝接口，榫厚为板厚二分之一，榫长 3~4 分（10~12mm）。

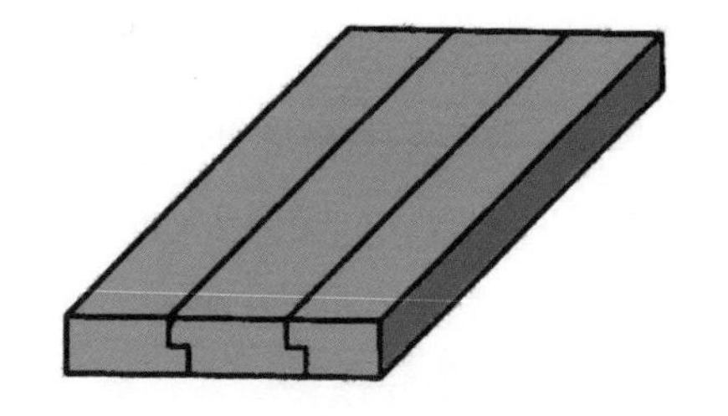

龙凤榫

龙凤榫多用于搏风板对头接口与挂檐板的接头，也常用于山花板、走马板、门板对缝接口。用于搏风板、挂檐板时，榫厚是板厚的三分之一且不小于四分之一，榫长 6~8 分（20~24mm），从板上皮向下榫宽为板宽的十分之九。用于比较薄的山花板、走马板、门板对缝接口时，榫厚为板厚三分之一，榫长 3 分（10mm）。

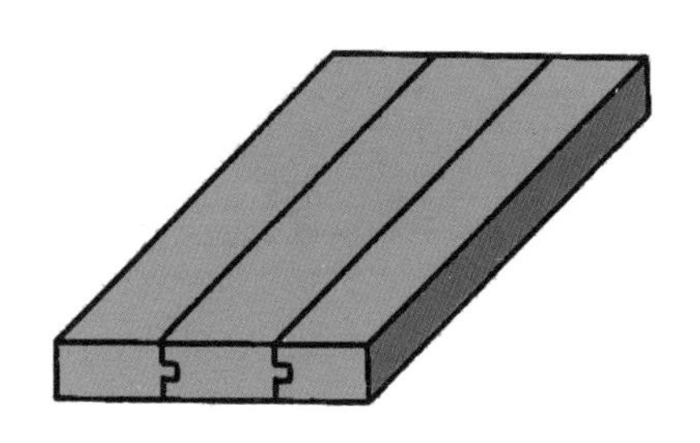

桁（檩）椀

桁（檩）椀在古建大木作中最为常见。水平或倾斜构件重叠稳固，需要用销子，而当构件按一定角度（90 度或其他需要的角度）叠交或半叠交时，则需采用桁（檩）椀、刻榫或压掌等榫卯来稳固。

梁头象鼻子桁（檩）椀

梁头象鼻子桁（檩）椀用于梁的端头，梁头长由柱中向外 1 檐柱径，梁头高 1.3~1.5 桁（檩）径，其中平水 0.8~1 桁（檩）径，桁（檩）椀 0.5 桁（檩）径，梁宽为 1.1 柱径，每一缝梁架上下之间通过瓜柱叠落组装，最上层梁宽不应小于 1.1 桁（檩）径，象鼻子不应小于四分之二桁（檩）径，剩余两侧为桁（檩）椀尺寸。

桁（檩）象鼻子刻半燕尾榫

桁（檩）头落于梁架端头桁（檩）椀之内，梁头有桁（檩）椀象鼻子卯口，桁（檩）头刻半与梁头象鼻子合槽，梁头象鼻子上留出的半桁（檩）做燕尾榫卯，燕尾榫抢中卯口退中，燕尾榫长、宽为桁（檩）自身直径的十分之三，榫高半桁（檩）径，按榫长的十分之一左右向榫根部收乍。

瓜柱双半榫

金瓜柱上端按截面厚度三分之一见方做馒头榫，脊瓜柱上端挖桁（檩）椀，下端按照角背二分之一高开出与角背相插的卯口做出刻袖，角背卯口以下瓜柱根部两侧做双直半榫垂直对应插于梁架雄背之上，瓜柱双直半榫长 1.5~2 寸（48~65mm），宽随自身瓜柱，榫厚应根据瓜柱大小控制在 1~1.2 寸（32~40mm），瓜柱榫的肩应随梁架上雄背弧度对应讨退做抱肩。

瓜柱角背榫卯

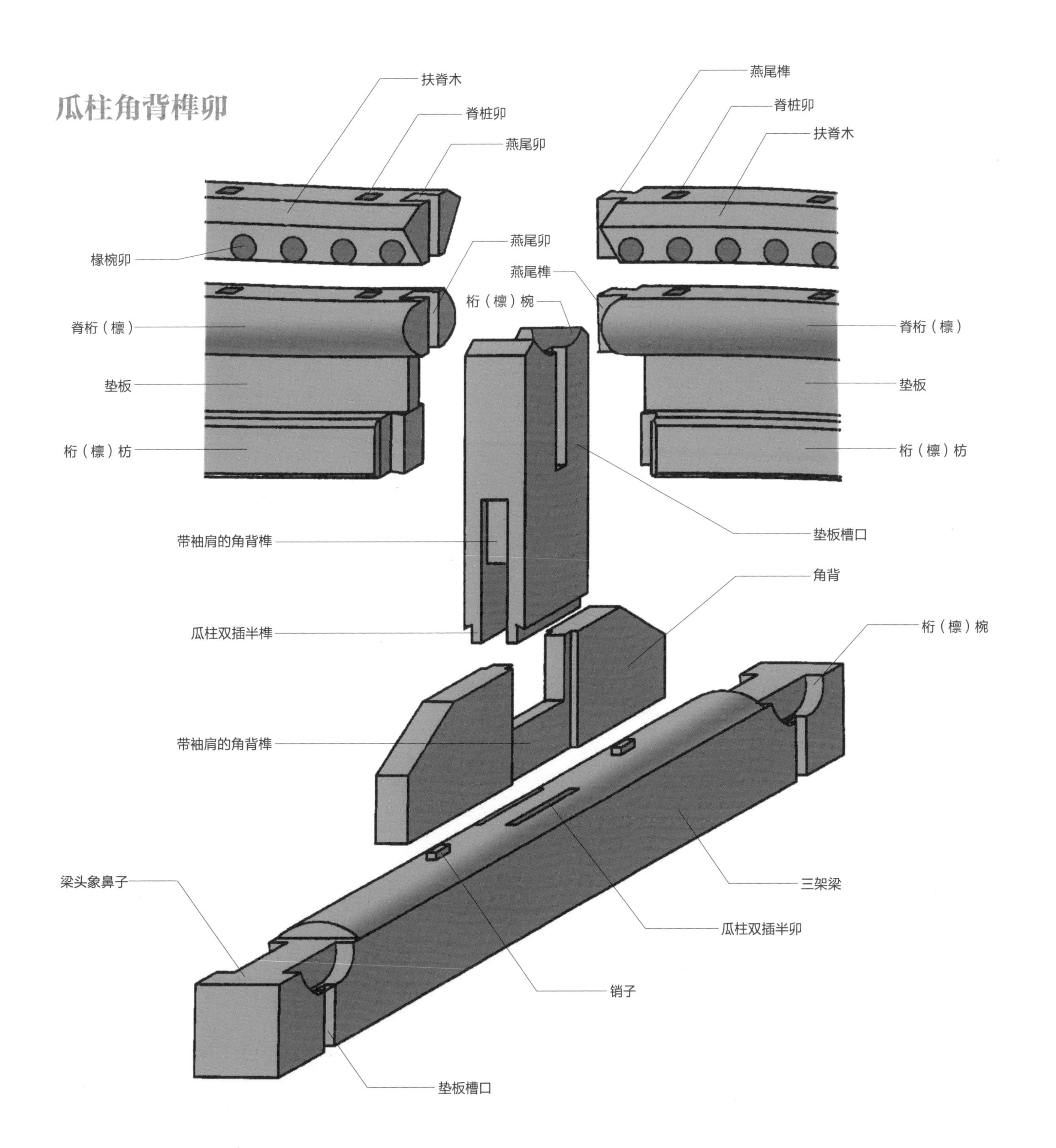

扶脊木
脊桩卯
燕尾卯
燕尾榫
脊桩卯
扶脊木
椽椀卯
燕尾卯
燕尾榫
桁（檩）椀
脊桁（檩）
脊桁（檩）
垫板
垫板
桁（檩）枋
桁（檩）枋
垫板槽口
带袖肩的角背榫
角背
瓜柱双插半榫
桁（檩）椀
带袖肩的角背榫
梁头象鼻子
三架梁
瓜柱双插半卯
销子
垫板槽口

额枋箍头榫

额枋箍头榫用于额枋端头与檐角柱衔接处，横、纵向搭交额枋十字搭交榫落插在角柱头之上，相交于角柱十子卯口之内，榫前留出箍头锁住角柱头。

箍头长、高、厚应根据制式而定，“大式”箍头长由柱中至外端 6 斗口（有出梢时加长 1.5 斗口），高 5 斗口，厚 4 斗口；“小式”箍头长由柱中至外端 1 檐柱径（出梢时加 1 椽径或 0.8 椽径），高 2.5 椽径，厚 2 椽径。六方或八方建筑箍头斜钝角不得含在角云以内，所以箍头钝角以角云为始向外增加五分之一柱径出梢。大式箍头前端做霸王拳，小式箍头前端做三岔头。

箍头以内十字搭交榫（包括单面箍头榫）长 1 檐柱径，厚四分之一檐柱径，榫高分为两部分，以榫十字搭交为界，前端榫高同箍头高，后端榫高同额枋高，榫肩与柱子圆弧相互对应做抱肩，箍头榫十字搭交按照传统山压檐的方式锁扣，依照大木作口诀“三开一等肩”做箍头榫的回肩。

平板枋十字卡腰榫

平板枋十字卡腰榫用于平板枋端头十字搭交处，横、纵向平板枋通过十字卡腰搭交在一起，卡腰榫出头长与额枋箍头长相同，平板枋通常宽 3 斗口，高 2 斗口，其中刻半腰（马蜂腰）占枋宽的五分之三（且不得小于坐斗底尺寸），两侧卡肩各占五分之一，卡腰榫十字扣搭应按照传统山压檐的方式锁扣。

随梁、额枋燕尾榫

随梁、额枋燕尾榫有带袖肩和无袖肩两种，带袖肩燕尾榫常见于明代和清代早期的大式建筑之上，两种榫都是用于随梁、额枋端头与柱子衔接处，榫头对应相交于柱头燕尾卯口之内，榫肩与柱子圆弧相互对应，榫肩分成三份，清式做法一份做抱肩与柱子相衔，两份做圆角回肩，大木作口诀为“三开一等肩”。明式做法与清式做法正相反，称为“三开二等肩。”

无袖肩燕尾榫长、宽为十分之三檐柱径，榫高为额枋自身尺寸，燕尾榫按榫长的十分之一至十分之一点五向榫根收乍。从榫上面向榫下面按榫宽十分之一收溜。

带袖肩燕尾榫长为十分之三檐柱径，袖肩长为榫长的五分之二，燕尾榫为榫长的五分之三，燕尾榫按榫长的十分之一至十分之一点五向榫根收乍。从榫上面向榫下面按榫宽十分之一收溜，袖肩无收溜。

螳螂头榫

螳螂头榫常见于明代大式建筑之上，用于桁（檩）头对接、坐斗枋对头连接，也用于随梁、额枋端头与柱子衔接处。螳螂头榫对应相交于柱头卯口之内。明代柱头为圆楞，做卷杀，螳螂头榫总长十分之三檐杆径，宽四分之一檐柱径，螳螂头与后脖尺寸各占榫头长的二分之一。

随檩枋、燕尾枋

随檩枋与燕尾枋的端头做燕尾榫与梁头桁（檩）椀下平水上的卯口对应衔接，一般随檩枋与燕尾枋宽为 1 椽径，高为 1.5 椽径，燕尾榫长、宽为枋宽的五分之四，燕尾榫按榫长的十分之一向榫根收乍。从榫上面向榫下面按榫宽十分之一收溜。

箍头榫·梁头·檩头·额枋榫卯

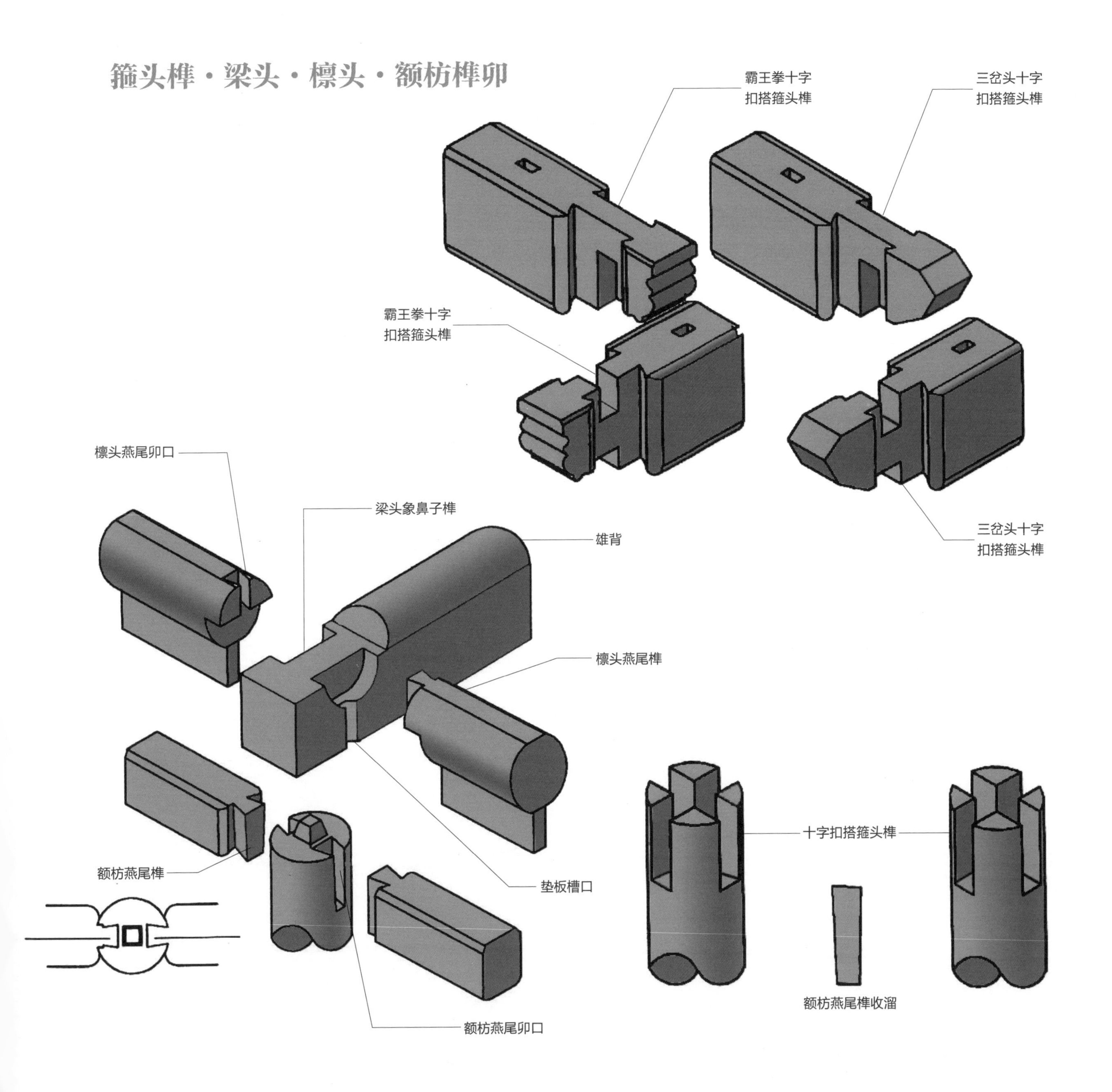

桁（檩）十字卡腰榫（马蜂腰）

桁（檩）十字卡腰榫（马蜂腰）用于桁（檩）端头十字搭交处，横、纵向桁（檩）通过十字卡腰搭交在一起，卧在桁（檩）椀内，卡腰榫长 1 桁（檩）径，其中刻半腰榫占四分之二桁（檩）径，两侧剔除的卡肩各占四分之一桁（檩）径，卡腰榫十字扣搭按照传统山压檐的方式锁扣。当十字搭交桁（檩）用于檐角老角梁下与其相交时，搭交桁（檩）上面对应角梁开闸口，则卡腰榫刻半腰下移 1~1.2 寸（30~40mm），预留角梁闸口的做份，横、纵十字搭交桁（檩）出头，以十字搭交桁（檩）中线向外至端头 1.5 檐柱径。六方或八方建筑搭交桁（檩）头斜钝角不得含在角云以内，当出现搭交桁（檩）头钝角含在角云内或角云外端桁（檩）头短于五分之一柱径时，搭交桁（檩）以角云为始向外出榍增至五分之一柱径。

平板枋对接榫与搭扣榫

通面阔中平板枋以间为单位对接时，有上下搭扣对接和齐头对接两种方式。

（1）明代和清代早期建筑平板枋端头多采用上下搭扣对接方式，上下搭扣榫长 4 斗口，柱头留坐斗暗销榫，平板枋上下搭扣，中间留做通透暗销榫卯口，柱头坐斗暗销榫与平板枋销在一起。平板枋之上做销子，上面与平身科坐斗销接，下面与额枋销接。

（2）清代中晚期建筑一般采取齐头对接方式，柱头留坐斗暗销榫，平板枋对头缝偏中与坐斗底外边齐，对应柱头坐斗暗销榫留卯口，用燕尾榫卯上下扣搭连接，平板枋之上做销子，上面与平身科坐斗销接，下面与额枋销接。

趴梁踏步榫

趴梁端头交于桁（檩）之上，根据桁（檩）径的粗细做出 2~3 步阶梯式踏步榫，扣搭在桁（檩）上对应的踏步卯口中，梁端头扣附在桁（檩）上皮与金盘线外齐，上角与椽上皮角度抹平随椽位开槽，趴梁踏步榫长为桁（檩）径五分之三，宽随梁宽。

十字搭交桁（檩）榫、平板枋十字卡腰榫与对接榫、趴梁踏步榫卯

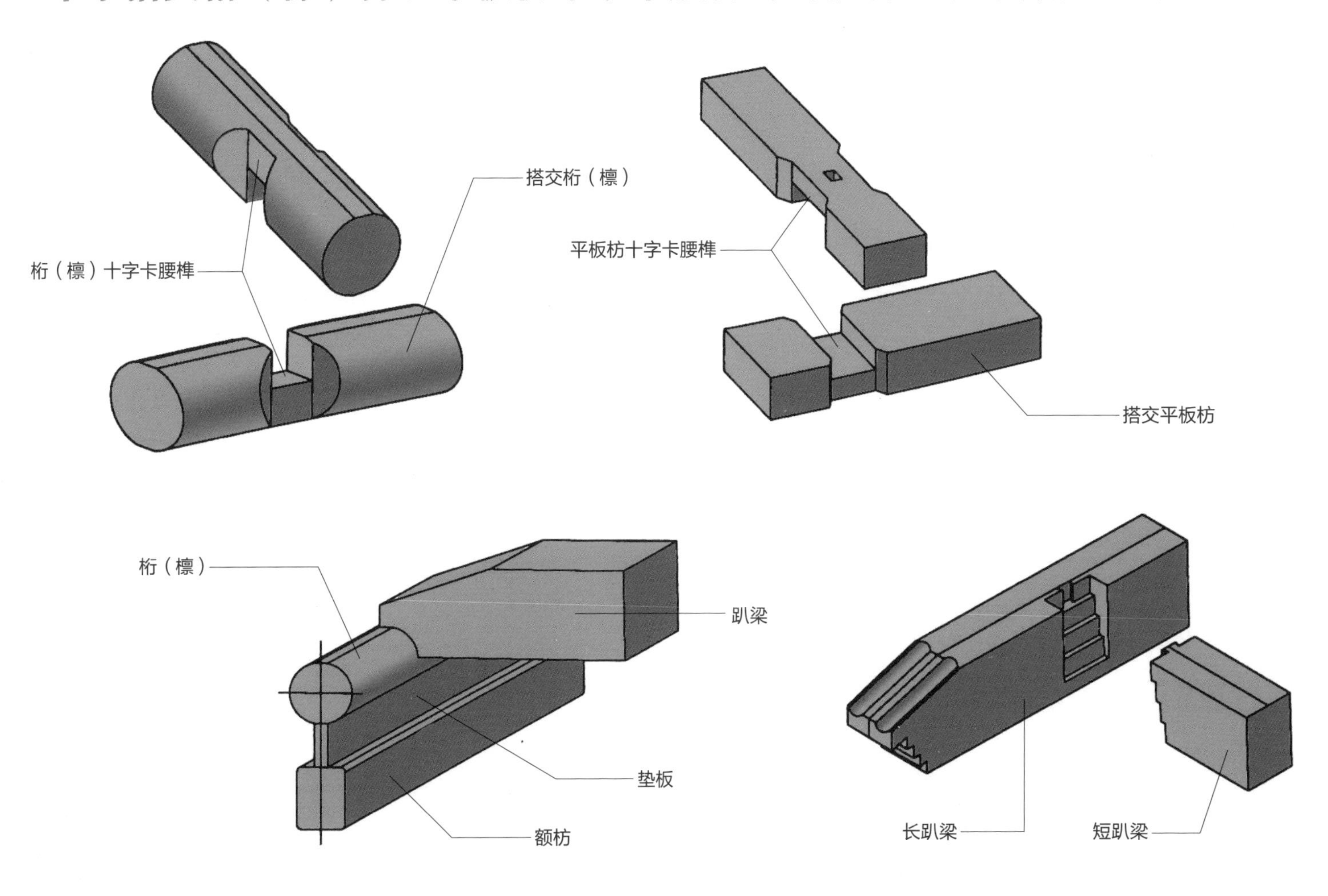

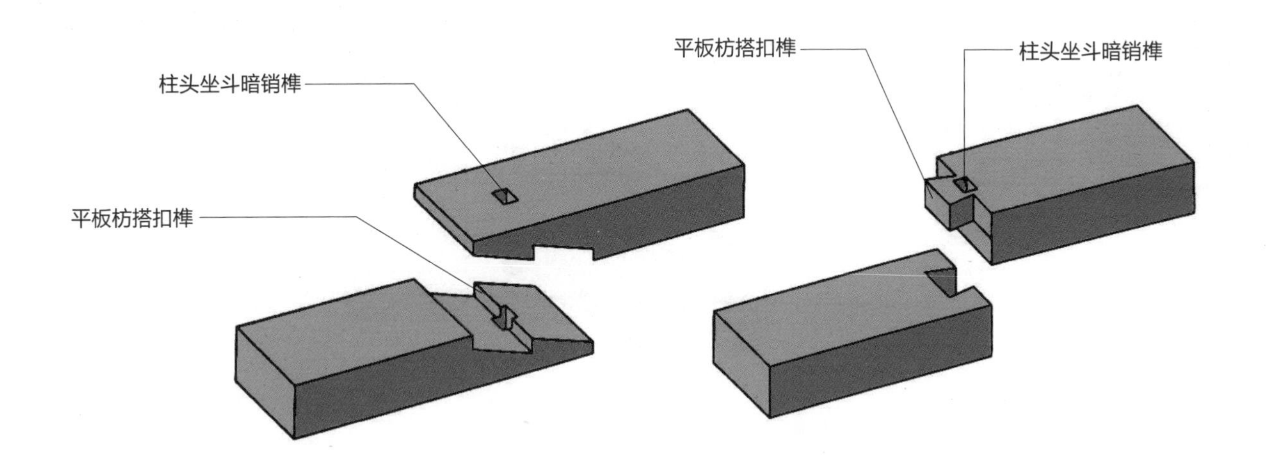

井字趴梁燕尾踏步袖肩榫

井字趴梁端头交于主梁之上，根据主梁自身宽的二分之一定榫长（包括袖肩），其中燕尾榫长、宽为井字趴梁自身宽的四分之一，燕尾榫高为梁自身高的四分之一，袖肩 6~8 分（20~25mm），按照井字梁自身高的尺寸均分，做出阶梯式踏步榫，扣搭在主梁上对应的卯口中。

大进小出榫

大进小出榫用于抱头梁后尾和穿插枋之上，相交于对应的柱子卯口之内，榫长 1 柱径，出将军头时增长 1.5 椽径，榫宽为四分之一至十分之三檐柱径，大进榫高为梁、枋的自身高，小出榫高为檐柱径的二分之一或五分之三。榫肩与柱子圆弧相互对应，榫肩分三份，一份做回肩。大木作口诀为“三开一等肩”。

梁、枋贯通扒腮榫

梁、枋贯通扒腮榫多用于承重梁、垂花门穿插枋等构件上，梁、枋通过贯通金柱后插入檐柱，或穿过檐柱后悬挑挂檐或悬挑垂头柱等。这种贯通扒腮榫，在榫卯贯通交合后，将两腮被扒掉的腮板原位贴补，使其梁、枋恢复原状，并采用铁箍加固补强，榫厚为檐柱径的四分之一，榫高同梁、枋自身，檐外有悬挑挂檐时，檐外榫高为梁、枋自身高的十分之八。悬挑垂头柱时榫端做成大进小出榫。

直插半榫、对头直插半榫、大进小出榫

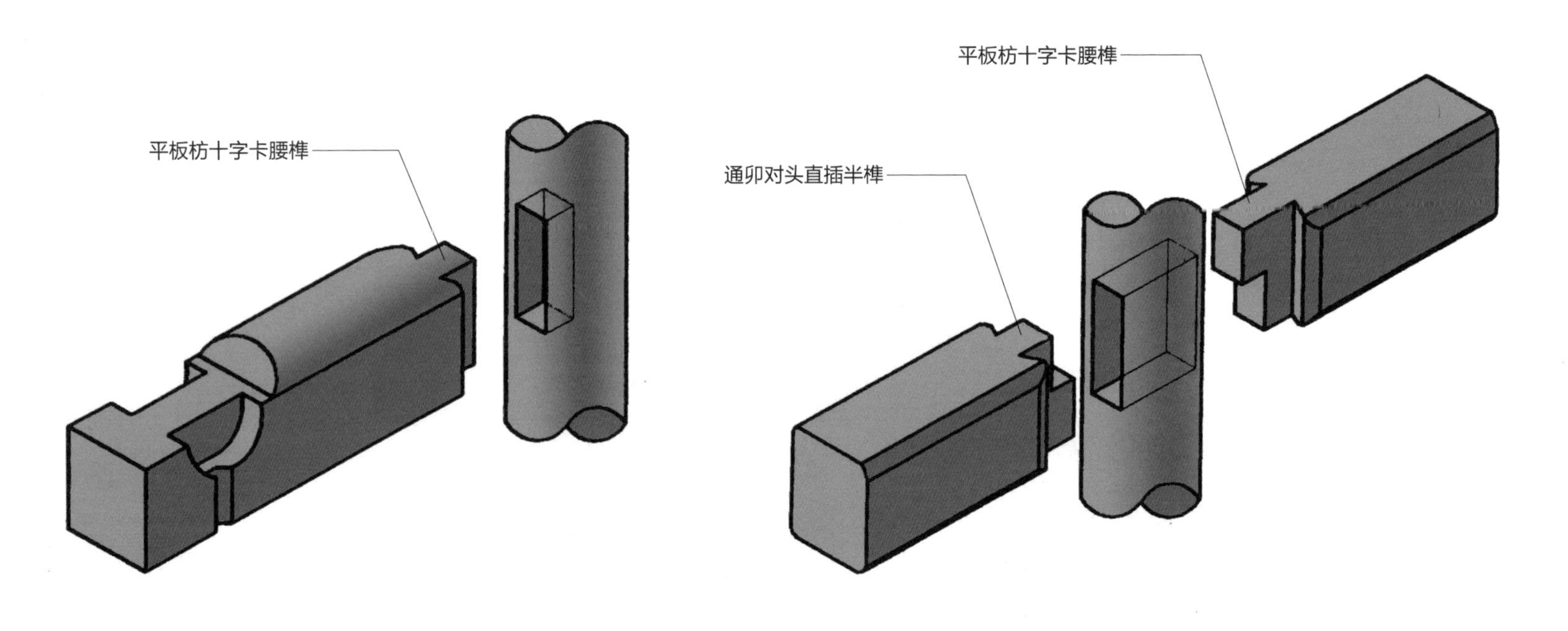

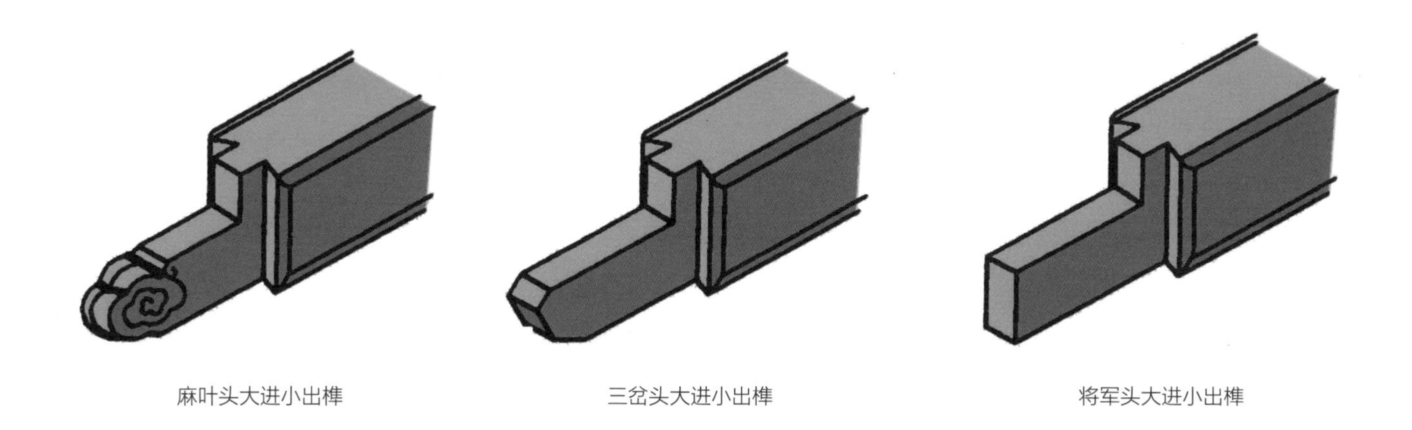

麻叶头大进小出榫　　三岔头大进小出榫　　将军头大进小出榫

贯通扒腮榫

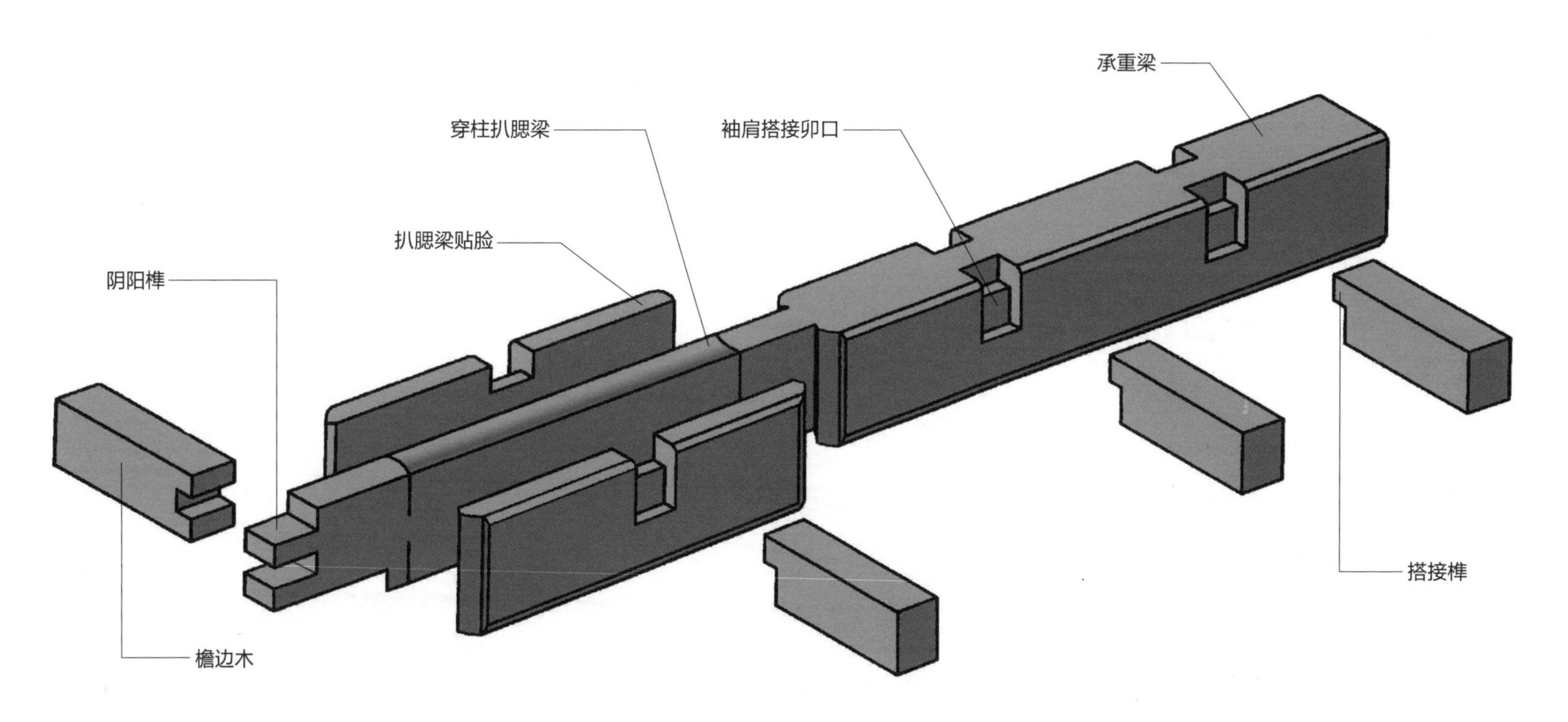

老角梁闸口榫

老角梁与所有檐步搭交正心桁、搭交挑檐桁、搭交檐檩的搭交都应采用闸口榫方式制作安装，为预防老角梁出现下弯变形故不应采用挖桁（檩）椀的方式制作安装，以搭交桁（檩）上皮角梁老中向下开闸口，要根据桁（檩）径粗细调整桁（檩）十字卡腰上下厚度，一般桁（檩）十字卡腰上面加厚1~1.2 寸（32~40mm）才预留闸口做份，老角梁闸口榫深一般控制在 1~1.2 寸（32~40mm）。

仔角梁、由戗闸接榫

在扣金角梁做法中老角梁与仔角梁后尾做桁（檩）椀将搭交金桁（檩）锁扣中间，仔角梁尾端做闸接榫，榫长为老由中至里由中尺寸，榫厚 1.2 椽径，其上端为闸肩，由戗下端对应仔角梁后尾闸接榫做出相对应的闸接榫。

角梁扣金桁（檩）椀、闸口榫、由戗蹬脚榫

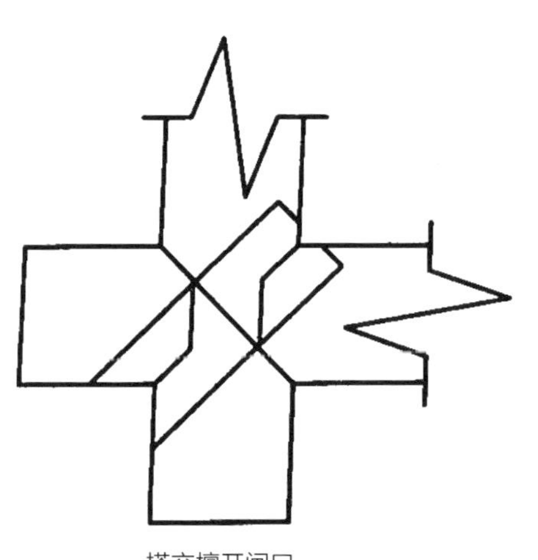
搭交檩开闸口

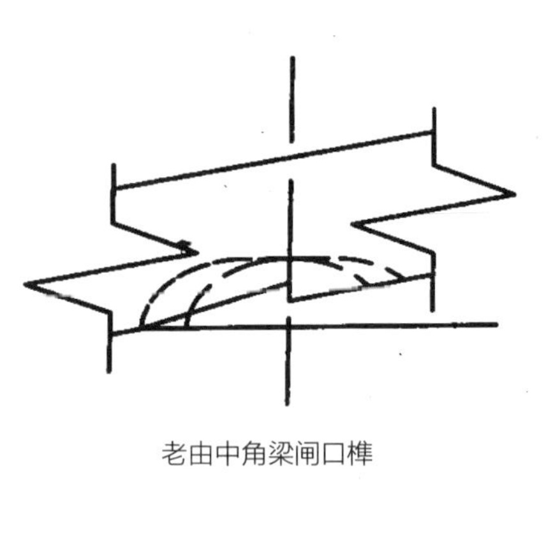
老由中角梁闸口榫

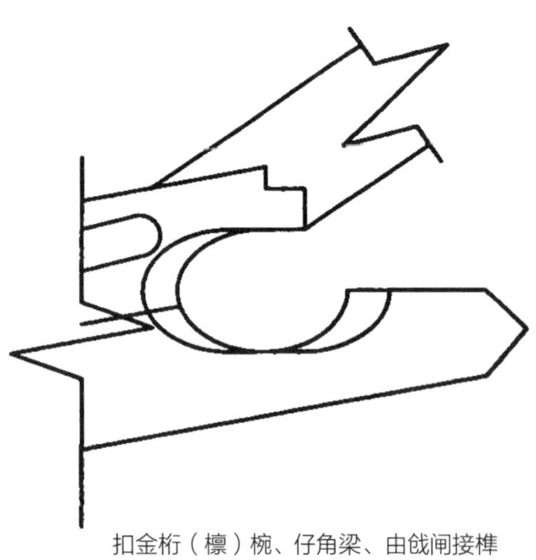
扣金桁（檩）椀、仔角梁、由戗闸接榫

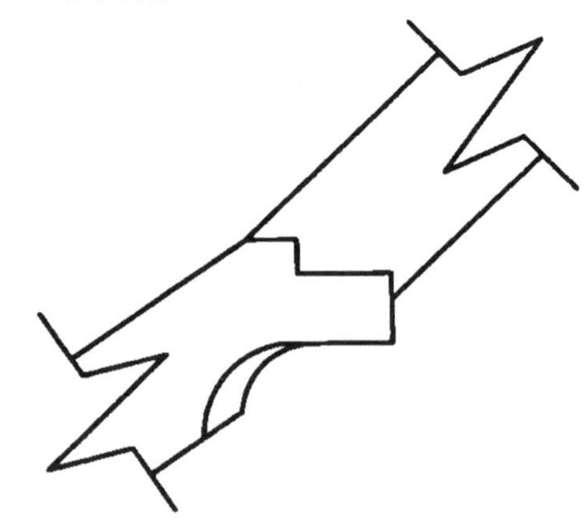
由戗蹬脚榫

柱子十字插接榫、四瓣插接榫

柱子十字插接榫和四瓣插接榫多用于楼阁平座层内不适用墩斗分割的上下柱子续接，一般包厢柱的柱芯接驳也用此法，四瓣插接榫长一般为 2 倍自身柱径，插接榫用胶固定，两端还可采用铁箍加固。

柱子一字插接榫

柱子一字插接榫多用于修缮墩接糟朽柱根接续柱身，通常插接榫长为 2 倍自身柱径，插接榫用胶固定，两端还应采用铁箍进行加固。

柱子接续巴掌榫

柱子接续巴掌榫多用于修缮墩接糟朽柱根，巴掌榫一般长 1.5~2 倍自身柱径，厚为柱径二分之一，巴掌榫两端插接榫长 1~1.2 寸（32~40mm），榫厚为柱径的八分之一，巴掌榫两端还应采用铁箍加固。

柱子对接榫、暗销榫

使用暗销对接也是柱子接续的一种方式，装修中本色清油不受力的装饰柱子接续可用此法。柱子对接时榫与肩用胶固定，暗销榫宽、厚均为自身柱径三分之一，长为 0.5~1 倍自身柱径。

柱子插接、墩接榫卯

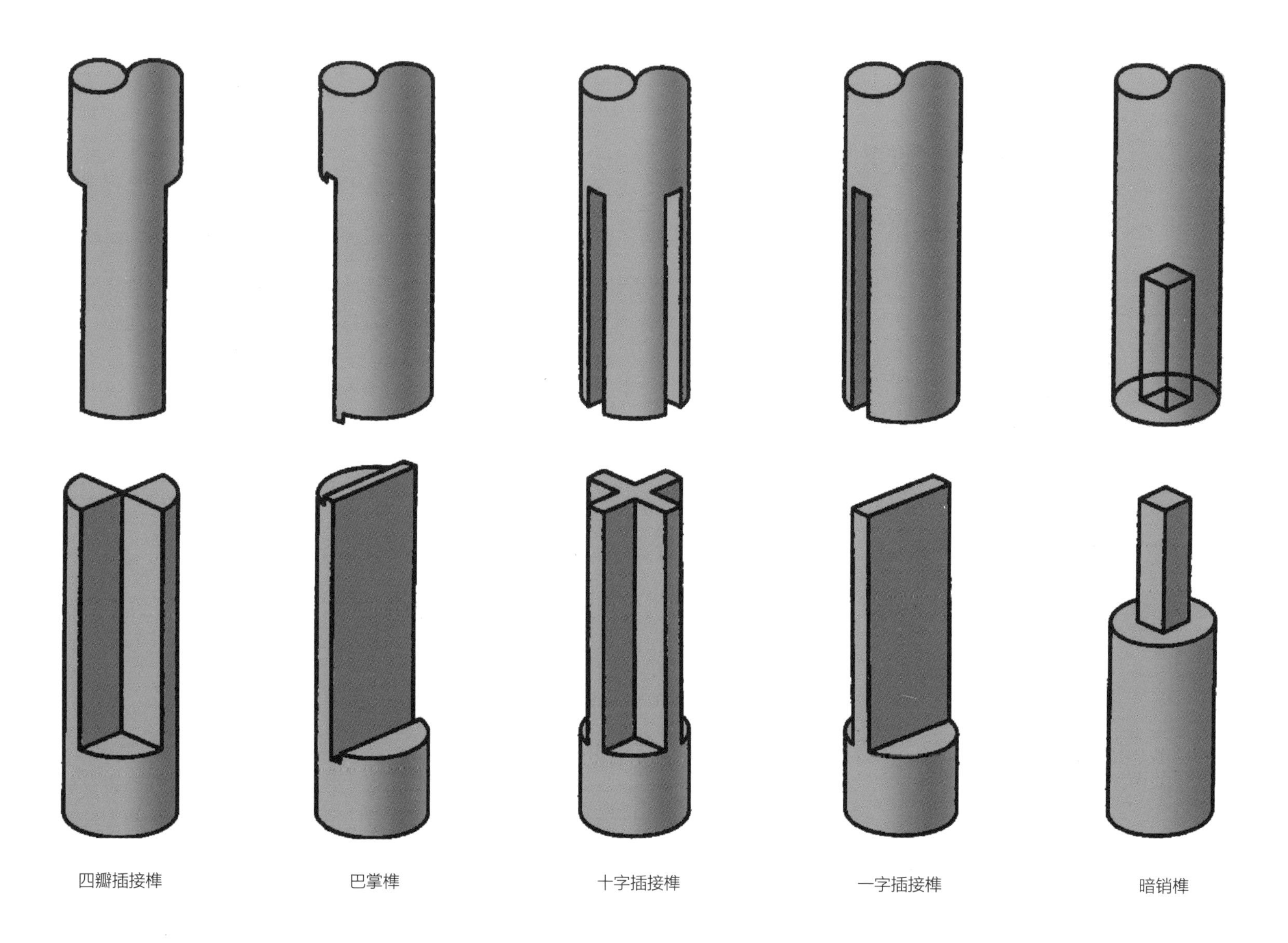

装修构件常见榫卯结构

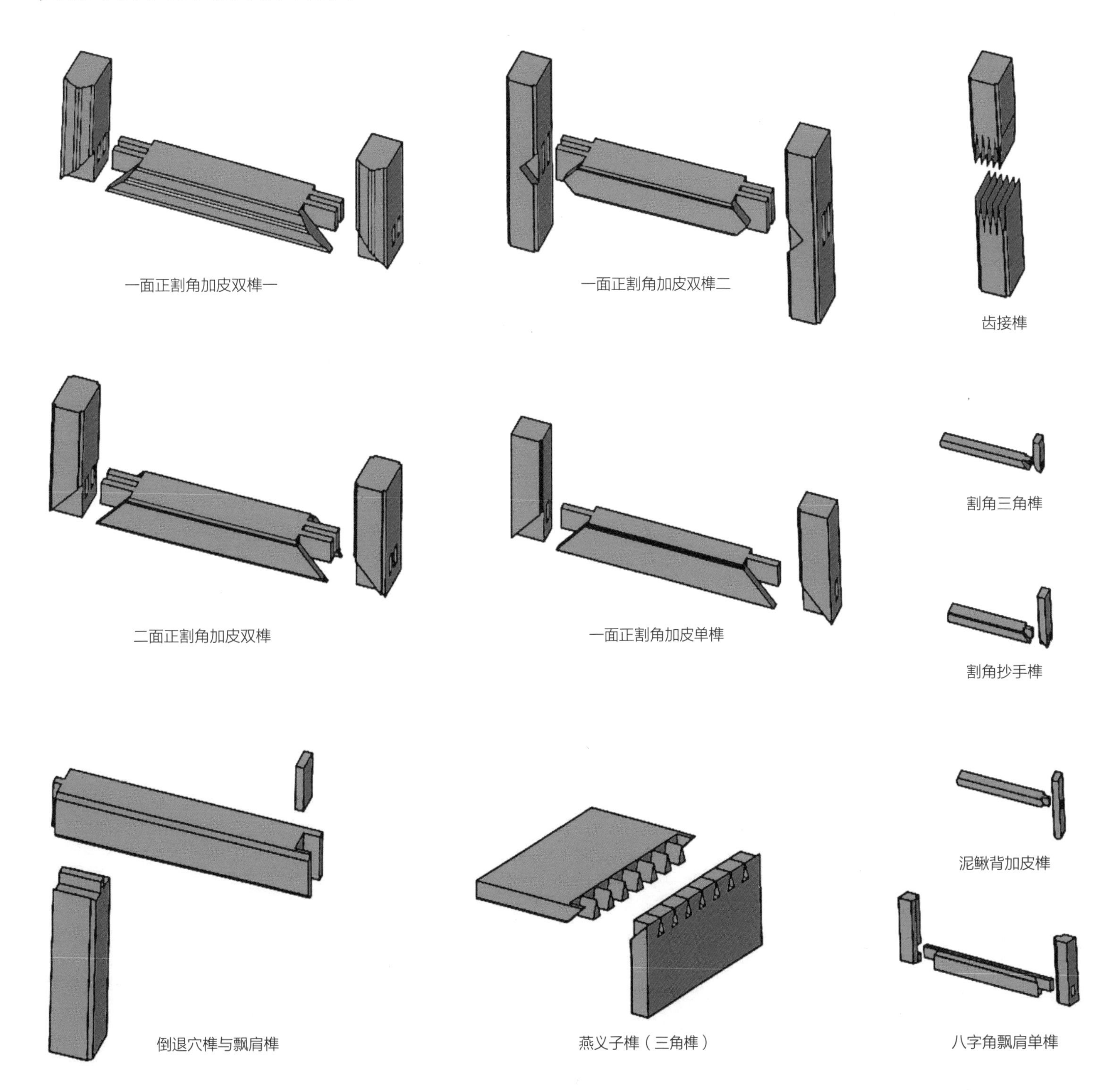

一面正割角加皮双榫一
一面正割角加皮双榫二
齿接榫
二面正割角加皮双榫
一面正割角加皮单榫
割角三角榫
割角抄手榫
倒退穴榫与飘肩榫
燕义子榫（三角榫）
泥鳅背加皮榫
八字角飘肩单榫

榫卯

传统工艺的秘密

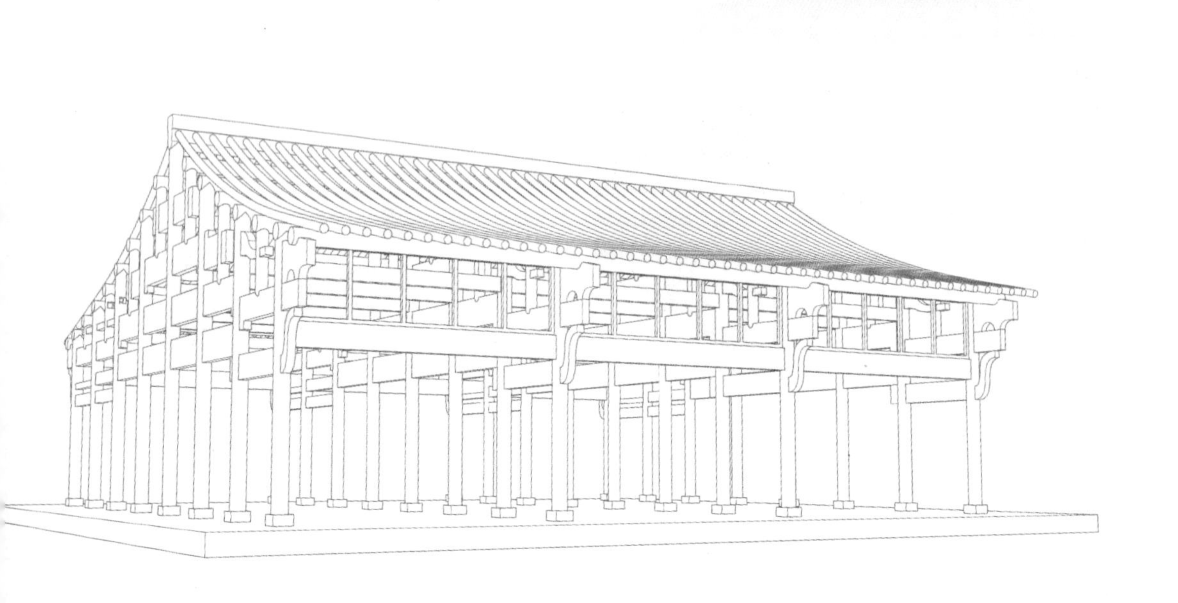

第五章 小木作

古人将建筑中使用的非承重木构件和木制家具称为『小木作』。此类的制作匠人称为『小木匠』。清工部《工程做法则例》则称小木作为『装修作』，并把在室外的称为外檐装修，在室内的称为内檐装修。

何为小木作

古人将建筑中使用的非承重木构件和木制家具称为“小木作”。此类的制作匠人称为“小木匠”。清工部《工程做法则例》则称小木作为“装修作”，并把在室外的称为外檐装修，在室内的称为内檐装修。

家具是农耕文明的产物，在固定的地点生活，才会需要家具满足日常生活起居的要求，家具也因此而产生。远在没有史料记载的时代，发源于黄河流域的中国古人，生活起居没有现在这样完备的家具，人们的作息全在地上进行。起初为了防潮舒适，人们会取一些树叶树皮、动物毛皮铺在地上使用。后来出现专门铺设在地上的席子，生活起居方式以席地而坐为主。席子是古人适应自然，在大自然中生存、生活过程中发明的生活用具，它方便实用，是早期家具的雏形。

随着发展变迁，社会不断发展，技术也不断进步，人们不仅解决了衣食住行的基本生存问题，生活水平也在不断提高，对家具的要求不仅仅局限于使用功能这样的生理需求，开始产生追求造型美观的心理需求。特别是隋唐时期，国力强盛，民丰物饶，出现了当时特有的绚烂富丽的家具艺术风格，这一时期的家具风格受统治阶级审美情趣的影响，也有不断发展的家具制作工艺做支撑。宋元时期的家具更是在社会发展、技术进步的影响下，呈现出与宋代国风相一致的古雅简致的艺术风格。不论是绚烂富丽的唐代家具艺术风格，还是古雅简致的宋代家具艺术风格，都是中国家具发展过程中形成的独特艺术风格。这些家具艺术风格的产生与发展，使中国家具不断走向完善和成熟，像如今仍被现代人喜爱的明式家具艺术风格也展现了中国家具走向完善和成熟的过程。

明 · 周臣《春泉小隐图》（局部）

坐的变革

《竹林七贤与荣启期》模印砖画

唐·孙位《高逸图卷》（上海博物馆藏）

中国家具经历了从矮型家具逐渐过渡到高型家具的发展过程，从坐的家具角度考虑，以出现早晚来讲，主要有席、床、胡床、榻、绳床、倚床、交床、倚子、椅子、交椅等坐具。

席

席子是中国古人最早的坐具，席地而坐也成了中国古人最早的生活起居状态。人类发展以来有各种不同的坐姿方式，商周以来主要是跪坐方式，箕踞为不礼貌的坐姿，后来才有盘腿坐（结跏趺坐）和垂足坐（踞坐）。跪坐是臀部坐于两腿两脚之上，臀部不着地，两腿两脚承担全身重量，是优雅礼仪的坐姿。

席地而坐的坐姿方式是与礼仪紧密相关的，商周时期的礼仪活动皆在席上进行。商周时期，礼乐制度严格，生活诸用具皆涉及礼教，玉器、青铜器、陶器的使用都有严格的等级之别，不可擅用。

作为早期坐具的席子也兼具礼教和实用双重功能，席子不是随便使用的，席子的尺度、用料、花纹和边饰都受等级、尊卑、长幼等身份限制，在礼教规范之下使用。如《礼记·曲礼》有言："群居五人，则长者必异席。"注曰："席以四人为节，因宜有所尊。"

春秋以来，周室衰落，周礼衰微，诸侯林立，百家争鸣，各种用具的使用不复严格限制，席地而坐不再是唯一且受礼教严格限制的坐姿方式，席子也能灵活使用，坐的姿势和方式也有了一定的自由。汉代尊崇儒家经学，汉武帝甚至废黜百家，独尊儒术，使得经学日盛，三代礼教得以传承，跪坐之礼也因袭下来。东汉末年经学衰微，礼教不兴，席地而坐的生活习惯也随之衰微。

东汉砖画中的讲学跪坐

床与榻

床是主要的卧具，用于躺卧睡觉，也会用于坐，是以卧为主、以坐为辅的家具。战国墓葬已经出土了形制完整的床，床在中国家具历史发展过程中比较稳定，名称不再变化，功用也一直以卧为主、以坐为辅，随着历史的发展，只是高度升高，造型上变化丰富。相对其他家具发展而言，床的发展变化不大。床自产生之初，就不是专门的睡眠家具，而是坐、卧其上，集睡眠、休憩、会客、宴饮为一体的多功能家具。《释名》对床的定义为“人所坐、卧曰床。床，装也，所以自装载也。”随着历史发展，床的种类和功能也不断丰富，床出现了明确具体的功能分工，有室内用于睡觉的“寝床”，专门用于摆放食物的“食床”，专门用于吃茶品茶的“茶床”等，名称多直接表明床的功用。

榻与床既有联系又有区别，是尺度比床小、专门用来坐的家具，早在汉、魏、晋时期就已出现独坐榻，如刘熙在《释名》中载：“长狭而卑曰榻，言其体榻然近地也。小者曰独坐，主人无二，独所坐也。”榻自产生就稳定存在，只在造型、尺度上有变化。

在两汉及之前，略有高度的坐具主要是床。因此，当从西域游牧民族传入新式垂足坐的可折叠坐具时，就自然而然地称其为胡床了。在此，胡床不是现在所理解的睡觉的床，而是专门的坐具。

唐 · 张萱《捣练图》

唐 · 周昉《内人双陆图》

南宋 · 刘松年《罗汉图》

唐 · 佚名《宫乐图》

“两人垂足共坐胡床”
北魏 · 敦煌莫高窟第 257 窟
《满财长者安抚外道》

北齐 · 杨子华《北齐校书图》（局部）

胡床

游牧民族擅骑射，在广漠之上自由驰骋，当下马休憩的时候习惯使用可以折叠、方便携带的胡床作为坐具。胡床即现在的交杌，因可自由开合，携带方便，为汉人所接受。《后汉书·五行志》载：“灵帝好胡服、胡帐、胡床、胡坐、胡饭、胡箜篌、胡笛、胡舞，京都贵戚皆竞为之。”

汉人学习胡人的骑射，必然要改变部分日常生活习惯和生活方式，如骑马需要着胡人式的窄袖短靴，而摒弃汉人的长袍广袖；又如骑马携带随时可以展开休息的胡床，而不是宽阔笨重的坐榻和只能置于地面的席子，随之则是选择胡床的垂足坐，而不是席榻的跪坐姿势。胡床、胡坐由此深入影响坐姿，开始动摇传统礼教规范的席地而坐的绝对权威地位了。

汉时引入胡床垂足坐，是汉人为生存为发展而做出的与时俱进的选择，在胡汉民族冲突和融合过程中，激发并发展出新的先进的民族文化。胡床自汉始，已经融入中华民族的血脉中，影响人们的生活起居方式。自汉始，胡床作为独立的坐具一直在中国家具发展史上占有一席之地，呈现比较稳定的造型和结构，直至中国家具发展到高峰的明清时期，依然使用广泛，只是名称发生了变化，无靠背的称作马扎，有靠背的称作交椅。

胡床本是普通的坐具，却承载了与农耕文明的汉人截然不同的起居方式，这是对数千年来持三代礼仪不变的中原汉人最大的影响。晋干宝的《搜神记》

中载:“胡床、貊盘,翟之器也;羌煮、貊炙,翟之食也。自太始以来,中国尚之。”太始当为汉武帝的年号。魏晋南北朝以来胡床更是高频率出现在各种史籍中,用于征战、宫廷、狩猎、行旅、居室庭院等,可见垂足而坐的胡床对汉人起居方式影响至深。《梁书·侯景传》载侯景篡梁后“时著白纱帽,而尚披青袍,或以牙梳插髻。床上常设胡床及筌蹄,著靴垂脚坐。”书中行文对侯景多贬斥之言,所提及常设胡床筌蹄垂脚坐,亦不免嘲讽之意,可见当时相对于正统礼教席地而坐的生活习惯,踞胡床垂脚坐正在经历被人们既排斥又慢慢接受的阶段。

“去时无一物,东壁挂胡床”——唐 · 李白(配图:《漫画胡床》)

绳床

佛教初传中国,就积极地向统治阶级及广大民众宣传佛教教义,拉近与国人距离。来自西域各国的传道僧、译经僧络绎不绝,宣传佛法教义,其生活习惯、起居方式也对国人产生了深远影响。其中,僧侣坐禅使用的绳床就是中国最早使用垂足座椅的发端。美国学者 Donald Holzman1967 年提出绳床确是有背可倚、座位部分固定不能折叠的椅子。此后陆续有不少学者肯定并论证了绳床为中国座椅起源一说。

绳床最早出现于古文献中,为晋怀帝永嘉六年(312 年),唐人撰《晋书》载天竺僧人佛图澄与弟子数人至故泉源上,“坐绳床,烧安息香,咒愿数百言。”《资治通鉴》里载唐穆宗长庆二年(822 年)“十二月,辛卯,上见群臣于紫宸殿,御大绳床。”胡三省于注文中通过比较胡床和绳床,得出结论“绳床,以板为之,人坐其上,其广前可容膝,后有靠背,左右有托手,可以搁臂,其下

五代 · 敦煌莫高窟第 61 窟的绳床

晚唐 · 敦煌莫高窟第 138 窟的绳床

四足著地。”

胡三省首次提出绳床是后有靠背、左右有扶手、四足落地的椅子造型。最早绳床是释僧禅房专用坐具，僧侣于绳床上结跏趺坐，修行之用，甚至一些僧侣一生不卧，早晚皆在绳床之上，并卒于绳床座上。因为绳床有靠背可倚，制作绳床的座面也不再限于藤绳，后来便有倚床一称。佛教僧侣日常使用的绳床后来流于百姓间，成为人们日常使用的坐具，经过漫长的历史时期，完成了绳床——倚床——倚子——椅子称谓的演变，造型也从佛教绳床转变成现在椅子的形象。日本正仓院藏榉木绳床（赤漆欟木胡床）也是珍贵的唐代绳床的造型。

日本正仓院藏赤漆欟木胡床

高型家具

唐代因为不断吸收外来文化，出现了不少新型家具，以及具有相当规模的高型家具，但高起不多，与宋元时期的高型家具有明显区别。这一时期席地而坐与垂足而坐并存，垂足而坐已经成为习以为常的坐姿，为社会大众所接受。垂足而坐的高型家具不管是种类上还是数量上都在不断增多，高型坐具得到了长足的发展，种类不断丰富，凳、胡床、筌蹄、椅子使用广泛，在壁画、绘画作品中也经常出现。唐人的起居方式也是跪坐、盘腿坐和垂足坐并行，因为各种坐姿并行，可以看到席地跪坐、坐榻盘腿坐和椅凳垂足坐的情况，甚至出现同一画面中混现的现象。相传五代顾闳中所绘《韩熙载夜宴图》中更是诙谐地描绘了一出韩

五代 · 顾闳中《韩熙载夜宴图》

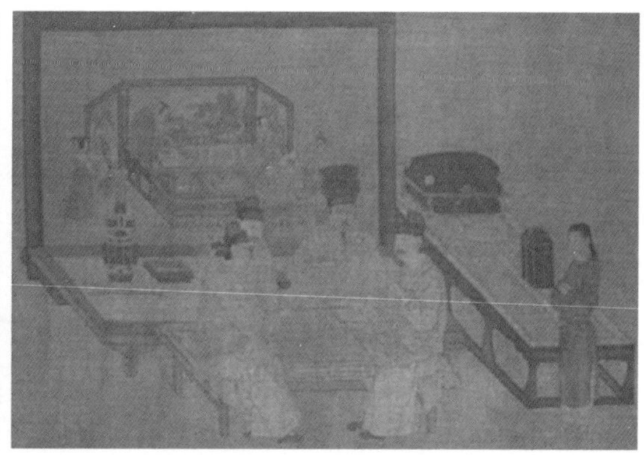

五代 · 周文矩《重屏会棋图》

熙载盘腿坐于高靠背椅之上的场景，而且画家有意将垂足坐于椅子上和盘腿坐于椅子上两种坐姿描绘在同一画作中，展现了时人席地而坐与垂足而坐混现的状态。

在唐代不少壁画、绘画作品中，经常可以看到一组起居会客中心的组合，即后设大屏风，屏风前置榻，主人和宾客坐于榻上，榻前放置高案，或榻上置炕桌棋盘之类。这一时期处于以床、榻为室内陈设中心向以桌、椅为室内陈设中心的转换期。《太平广记》载唐人仇嘉福“随入庙门，便见翠幕云黯，陈设甚备，当前有床，贵人当案而坐，以竹倚床坐嘉福。”所谓贵人，太乙神也，地位比嘉福高，因此坐床，而嘉福坐竹倚床，即竹制的椅子而已。可见唐初虽有座椅，仍以床、榻为主位，为室内陈设中心。后来，随着椅子的使用频率增加，桌椅搭配的室内陈设才成为主流，逐渐成为室内陈设中心。

日本正仓院藏赤漆文欟木御厨子

位于日本古都奈良市东大寺大佛殿之西北的正仓院，所藏物品多有来自中国隋唐时期，经当时的遣隋史、遣唐史、学问僧等自中土带来，或者为隋唐工匠来日本制作，历经千余年依然保存完好。日本奈良时代，尤其是天平时代（724—748 年）为唐代文明输入日本之极盛时期，正仓院所藏宝物为我们窥视盛唐文明一斑提供了难得的机会。

正仓院所藏家具主要有绳床、双陆棋盘、橱柜、箱盒等，这些家具有一个显著的共性，就是带有壸门或壸门变体曲线形成多足再加托泥，这也是唐代家具的典型特征之一。如日本正仓院藏榉木朱漆橱柜（赤漆文欟木御厨子）就是一个典型例子，其为长方造型，顶戴帽，下承六足，足间以曲线开光下承托泥。德国学者古斯塔夫·艾克曾经提出，这种箱形结构的多足家具是受商周时期的青铜器影响发展而来。日本正仓院藏紫檀双陆棋盘和沉香木双陆棋盘，也

北京房山天开村辽代天开塔
地宫出土的木椅

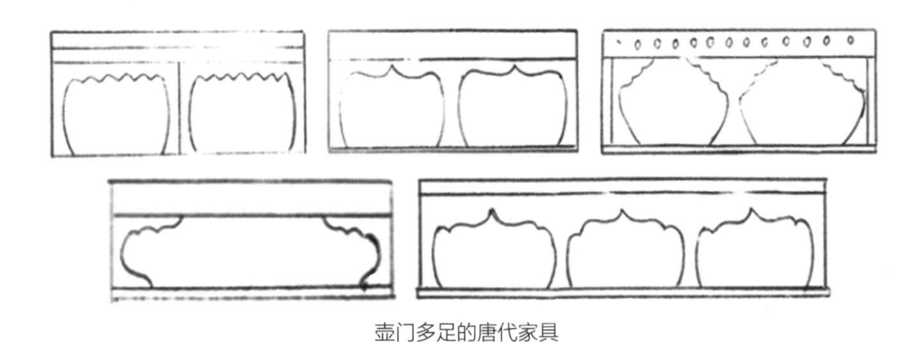

壶门多足的唐代家具

是曲线多足下承托泥的造型。唐代不少壁画、绘画作品也有这种典型壶门或壶门变体曲线形成多足的家具形象出现，唐后五代两宋时期也有这种多足床榻家具的使用。后来多足榻简化提炼为腿间设单壶门的四足家具，从多壶门多足家具演化为单壶门的四足家具，是中国家具造型发展的重要演变过程。

家具也是工艺美术品的一种，宋代家具与其他工艺美术品风格相似，一改唐代家具的精糅细琢，造型趋向于简约秀雅，结构处理上摒弃了前朝不少笨拙盲目的处理方法，多有创新探索、提炼精简，加工工艺上也多有精进发展。值得一提的是家具结构不断发展完善，家具构件已经精简，在此基础上，家具造型与结构、构件相融合，用结构、构件表现造型，造型体现在结构、构件中，形成了科学合理、简约秀雅的造型艺术风格。如北京房山天开村天开塔地宫出土的木椅和木桌，已经呈现出简练的构件组合，腿足、横枨、矮老、卡子花等，一些构件都是造型和结构的双重考量。宋代家具的造型艺术为明代中后期产生的明式家具艺术风格奠定了基础。

这一时期垂足而坐基本取代了席地而坐的起居方式，人们真正坐在高椅之上生活起居，室内陈设也由以床、榻为中心转变到以桌、椅为中心。高型家具功能细化，种类不断丰富。

垂足而坐

河南禹州白沙宋墓壁画中以桌、椅为中心的室内陈设

汉族是在黄河流域孕育繁衍起来的，是有相同的生活方式、价值观以及思维模式的一个独立民族。但在人类发展的历史长河中，一个民族是不可能一成不变、原地踏步的。久居黄河流域的汉民族是在被动接受游牧民族侵扰的大背景下，不断受到游牧民族的文明和文化的冲击。就像马克思所说："野蛮的征服者总是被那些他们所征服的民族的较高文明所征服，这是一条永恒的历史规律。"农耕汉族与游牧民族经过常年的征战、通商和通婚，最后将游牧民族吸纳入定居文明的洪流中，对双方民族的生活方式、思维方式、价值体系等方面都产生了深远影响，最终融为一体，嬗变成为更强大更包容的中华民族。

汉族的起居方式从席地而坐转化为垂足而坐主要是受北方游牧民族和印度佛教文明这两个重要方面的影响。

第一个方面，骑马、游牧技能使北方游牧民族战斗力不断强大，也对汉族影响极为深远。首先，游牧民族借助骑术和游牧已经日益强大，并时时侵扰中原安宁。其次，骑马、游牧决定了北方游牧民族机动灵活的生活习惯，一切家具器用皆以机动灵活为宜。其中，可以随身携带并折叠的胡床就是游牧民族为了适应快节奏的草原文化而广为使用的家具，这引起了中原汉人不小的兴趣，中原汉人最先是从胡床开始接受游牧民族带来的垂足而坐的起居方式的。

第二个方面，印度佛教文明传入中国后，不仅在宗教方面，更在民族文化、生活方式等方面产生了深远影响。佛教僧侣所使用的绳床就是中国椅子早期的形象，其对椅子的产生起到了很大的作用，对垂足而坐起居方式的出现也起到了潜移默化的影响。

受三代礼仪的影响而持续上千年的席地而坐的起居方式，在经历了上千年的文化融合和交流之后，最终转变为垂足而坐的起居方式。席地而坐转变为垂足而坐，这样的起居方式的改变是深远的，影响到生活的每一个细节，此时人们所使用的家具也渐渐由矮型家具转变为高型家具。

日本正仓院藏双陆棋盘

中心的改变

在中国历史上随着人们生活方式的改变而出现了三种不同的室内陈设中心。第一阶段是商周两汉时期，因为席地而坐的起居方式，以席为室内陈设中心，坐姿主要以跪坐为主；第二阶段是汉、魏、晋以来出现高起地面用来坐的榻，逐渐转变为以床、榻为室内陈设中心，坐姿也是以盘腿和跪坐为主，但是已经出现垂足而坐的萌芽；第三阶段是隋唐以来至宋元，高型坐具椅子使用频繁，逐渐转变为以桌、椅为室内陈设中心，坐姿也是跪坐、盘腿坐和垂足坐并行，并逐渐转变为垂足而坐。

四川广汉东汉画像砖

明式家具

黄花梨六方扶手椅
《明式家具研究》·王世襄

明式家具艺术风格是扎根于博大精深的中华文化沃土之上形成的，在经历数千年的蜕变过程中，中华民族受到外来文明的影响，中国人的生活起居方式最终完成了由席地而坐转变为垂足而坐的漫长阶段。

明式家具艺术风格是在中华民族起居方式由席地而坐转变为垂足而坐，高型家具占据主要地位之后形成的。垂足而坐起居方式占主导地位，因之产生的高型家具不断发展丰富，不仅家具种类丰富，功能不断细分，家具结构也不断完善，至宋中国家具基本发展成熟。中国家具发展成熟表现在结构的完善、功能的细分和造型的丰富。这些发展为明式家具艺术风格的产生奠定了深厚的基础。

黄花梨素圈椅《明式家具研究》·王世襄

榫卯

传统工艺的秘密

第六章 小木作与榫卯

中国传统小木作受大木作建筑影响而使用榫卯结构连接各构件，并根据小木作的特点产生出很多独特的榫卯结构。

小木作榫卯

中国传统小木作受大木作建筑影响而使用榫卯结构连接各构件，并根据小木作的特点产生出很多独特的榫卯结构。中国家具榫卯结构的发展经历了由粗糙到精细、由简单到机巧、由发展到完善的过程，到宋代榫卯结构基本发展完备。在其发展完善的过程中，形成了结构与造型相结合的特点，其中在宋代家具中表现得尤为突出。宋代家具逐渐摆脱了粗糙的榫卯和笨重的构件，仅使用小巧的结构便足以承重载负，并可以更多地考虑外观和造型艺术处理。其造型不再受到结构的限制，可以根据人们的审美灵活变化，因此宋代家具开始走向纤巧精致，而又坚固耐用。宋代榫卯结构的发展也为明代榫卯结构发展走向巅峰打下了坚实的基础。

变化多端的榫卯结构

传统小木作形制

从传统小木作集大成者明式家具丰富的造型变化之中可以发现，传统小木作主要有两种基本造型和两种基本造型变体。通过分析总结这四种基本造型及造型变体，我们可以把握传统家具的造型变化，即梁柱式和束腰式两种基本造型，在此基础上出现了四面平家具和展腿式桌等变体。中国古典家具历经数千年发展演变形成了这两种基本的造型，有据可循，可追踪溯源。

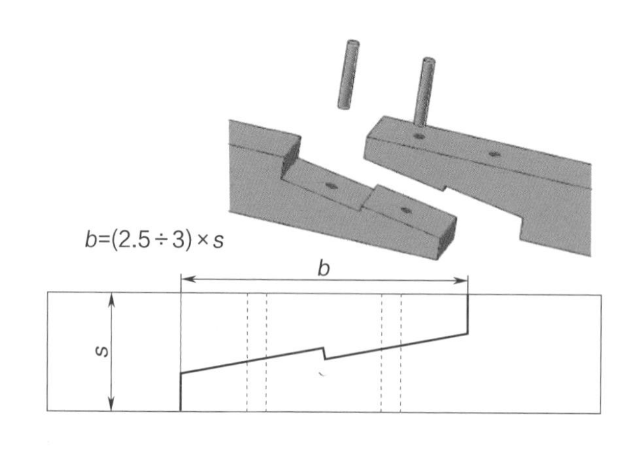

束腰式和梁柱式

小木作的中国传统家具，受到大木作中国古代建筑的影响，梁柱式家具借鉴了中国古代建筑的木构架结构。家具的腿足相当于木构架的柱子，家具的枨子相当于木构架的梁，家具的牙子相当于木构架的枋或雀替。梁柱式家具凭借腿足和腿间使用的牙子和枨子，形成稳定的构架结构，但在诸多的构件细节处展开了多样的变化，使得家具造型变化丰富。如面边的边抹处理，腿足的截面变化，牙子、枨子的曲线雕琢变化等。

束腰式家具与梁柱式家具意趣迥异，与梁柱式家具受中国古代建筑影响不同，束腰式家具主要受古代的须弥座或壶门家具的影响。须弥座源自佛教的台座，后多用于中国古代庙宇、殿堂等的基座，其主要特点是面下有内收的束腰。束腰式家具秉承这一特点在面下内收束腰后，再连接腿足，腿足一般有外翻或内翻的曲线变化，下多承托泥。古代的壶门家具的特点是腿间分列壶门，后来多个壶门简化为一个，腿足依然呈现内翻的曲线。

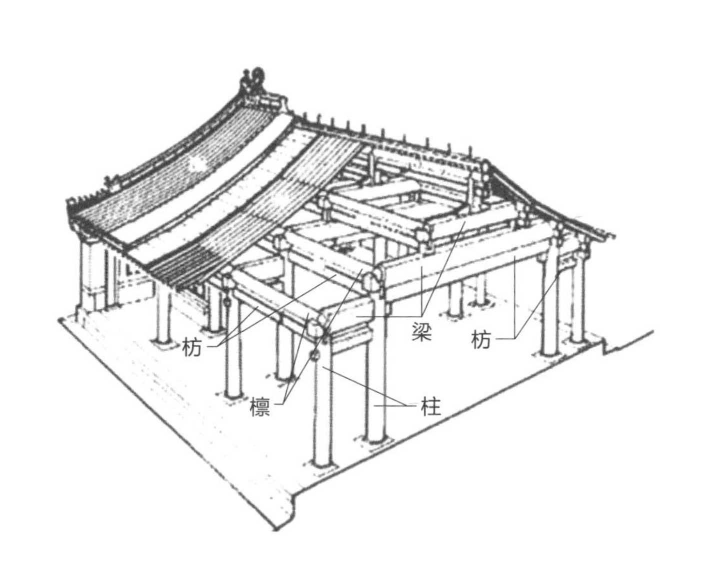

梁柱式家具

束腰式家具

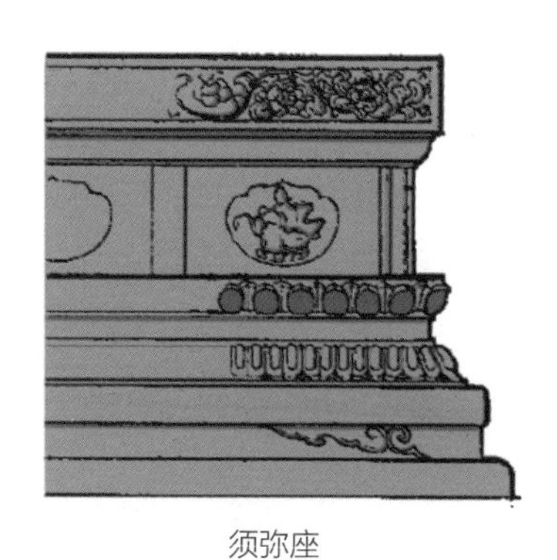
须弥座

四面平和展腿式

四面平家具是束腰式家具的变体，所谓四面平是指面、看面腿足和侧面腿足皆平直，下承马蹄的家具造型。四面平家具虽然没有束腰，但下承马蹄，造型除束腰外完全遵循束腰式家具的造型规律。

展腿式桌是梁柱式家具和束腰式家具的结合，兼备梁柱式家具与束腰式家具的部分特点。展腿式桌的造型是桌面下收束腰，束腰之下为矮三弯腿，外翻小马蹄，成矮炕桌，三弯腿之下再接圆柱形长直腿，使矮炕桌成为高桌。

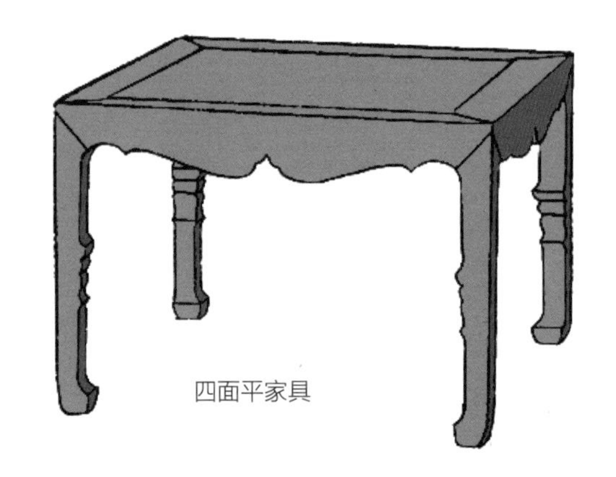

四面平家具

展腿式桌

常见榫卯结构

相似构件与不同构件之间的榫卯连接方式变化丰富，选择什么样的榫卯结构受木材特性、木工水平以及制作成本等多种因素影响。

壹・面板的连接

一般的木板不够宽，需使用多块木板拼接成宽板，这便形成了榫卯结构中较为常见的面板连接方式。也有面板和面板垂直拼接成转角的情况。

攒边加薄板拼接

家具中的桌面、座面、柜门、柜帮、柜背等面材一般采用多块薄板拼接，并用四边框攒起来的做法，称为“攒边”做法。薄板的厚度在 10mm 左右，一般不超过 20mm。

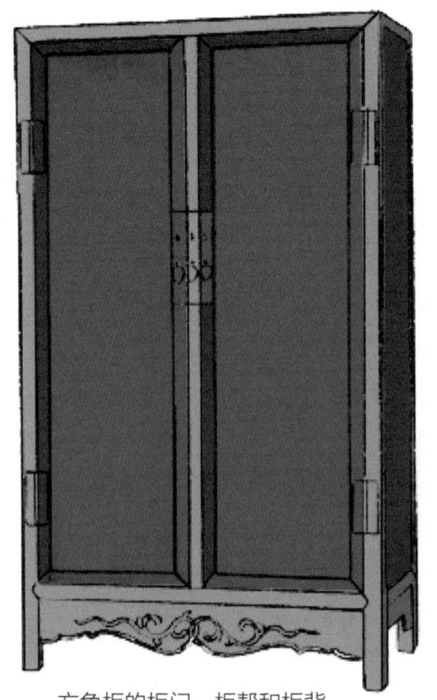

方角柜的柜门、柜帮和柜背

薄板之间拼接使用龙凤榫，薄板一边凿出燕尾形榫头，另一边凿出相应的卯眼，多块薄板榫头卯眼相接成宽面。

宽面拼接成后，在与接缝垂直的方向，开燕尾形的槽，称为“带口”；另做一根长木条，亦凿出燕尾状的长榫，称为“穿带”。带口和穿带都是一端稍窄，一端稍宽，穿带由宽处推向窄处穿紧。穿带两端出头与四框相接，拼接成的宽面四周出榫头，称为“边簧”，以便与四边框榫接。

攒边做法的边框由四根较厚木条组成，长边出榫称为“大边”，短边凿眼称为“抹头”。如果木框为正方形，则出榫的为大边，凿眼的为抹头。大边和抹头多采用透榫露明连接与半榫隐藏的方式，偶用楔子加固，这种榫卯称作格角榫。四边框凿卯眼承接穿带的出榫和木板的边簧。攒边做法既可以使木板之间的应力相互抵消，不易变形，又可以将木板不美观的截面纹理隐藏于攒边之内。

方杌的座面

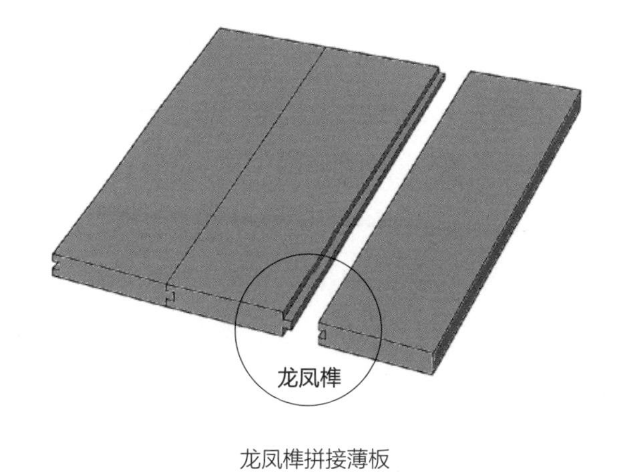

龙凤榫拼接薄板

平头案的案面

穿带

穿带具体介绍详见本书第 28 页“穿带”。

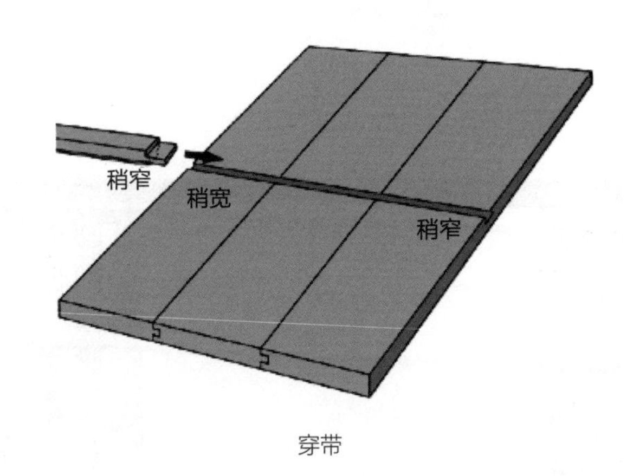

穿带

格角榫和攒边做法

大边和抹头攒成边框，与芯板榫接，穿带亦出榫与大边榫接。

攒边做法既可以使木板之间的应力相互抵消，不易变形，又可以将木板不美观的截面纹理隐藏于攒边之内。

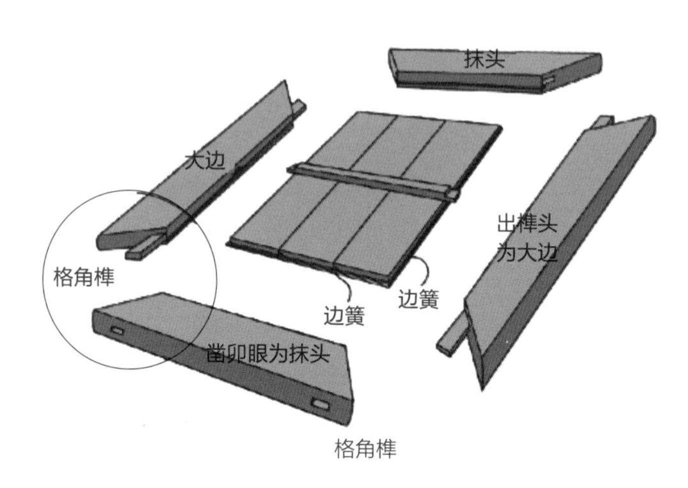

格角榫

厚板拼接加抹头

家具中的罗汉床床围和架几案、条案面板有使用厚板制作的例子，用单独一块厚板或几块厚板拼接成宽面。罗汉床床围的厚度一般在 30~40mm，架几案或条案面板的厚度则在 70~80mm。厚板相对薄板稳定，不易变形，无须使用攒边做法，两板之间或栽直榫，或栽走马销拼接。

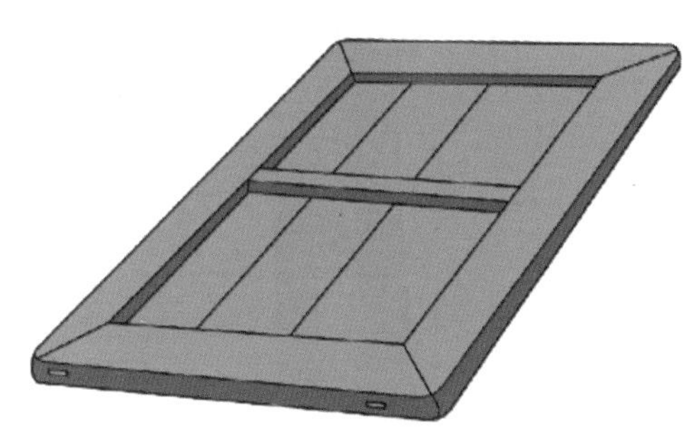

攒边做法

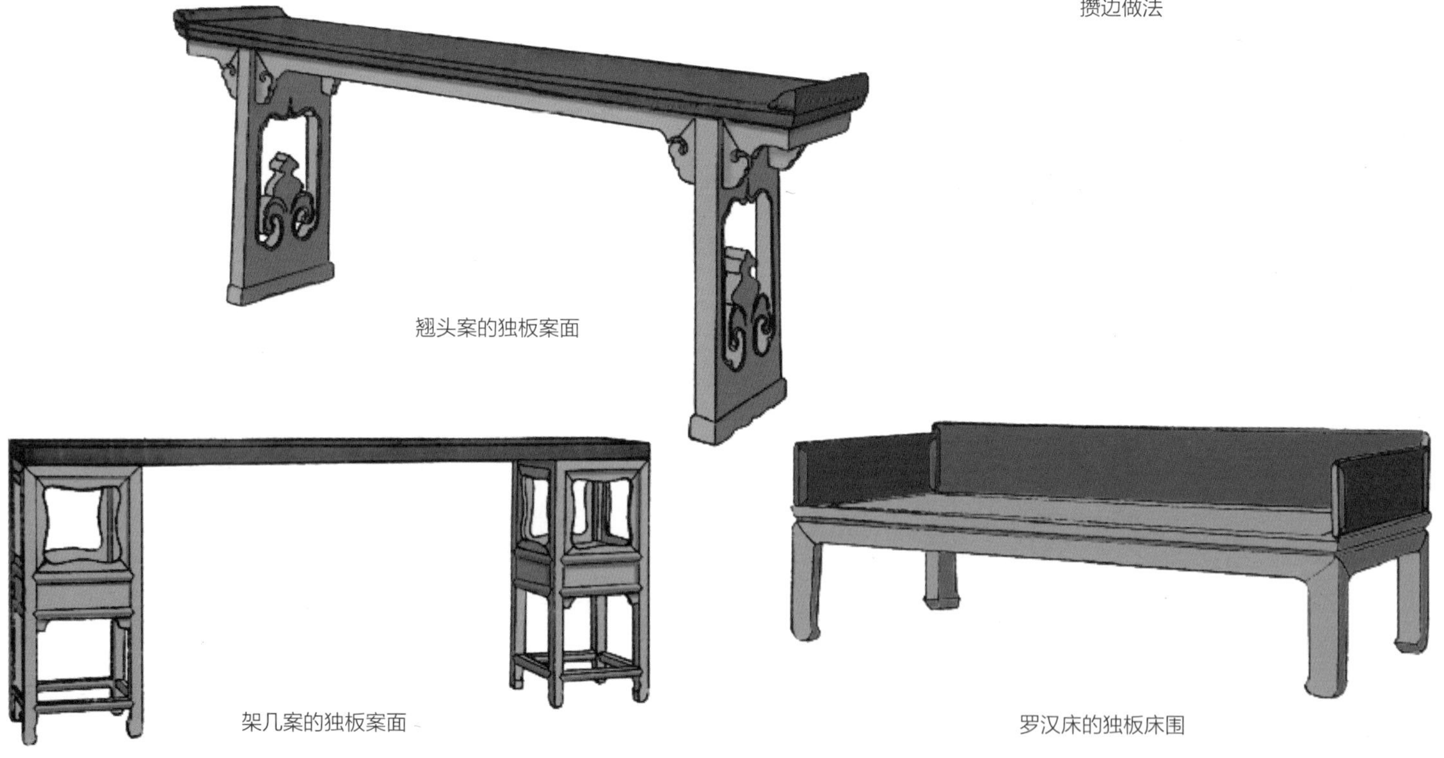

翘头案的独板案面

架几案的独板案面

罗汉床的独板床围

栽直榫拼接厚板

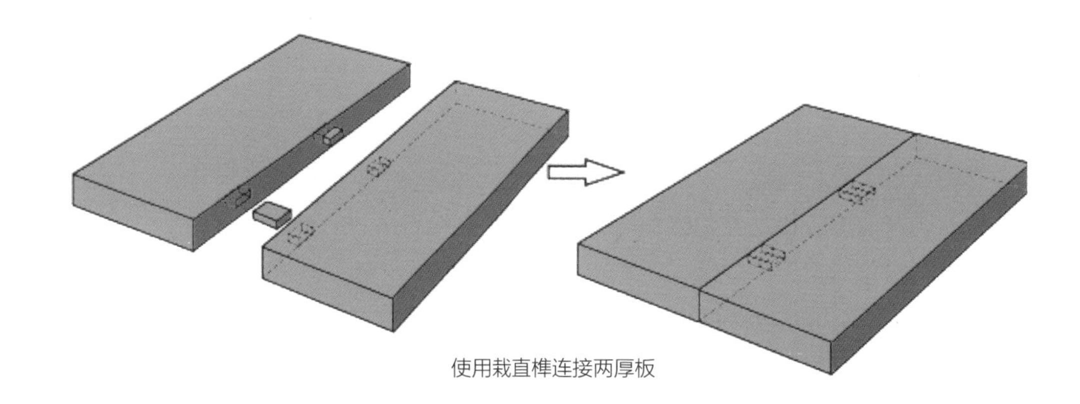

使用栽直榫连接两厚板

走马销拼接厚板

走马销榫头一半稍厚，另一半稍薄，卯眼的开口一半稍大，另一半稍小。榫头从卯眼开口大的半边纳入，推向开口小的半边，就扣紧了。

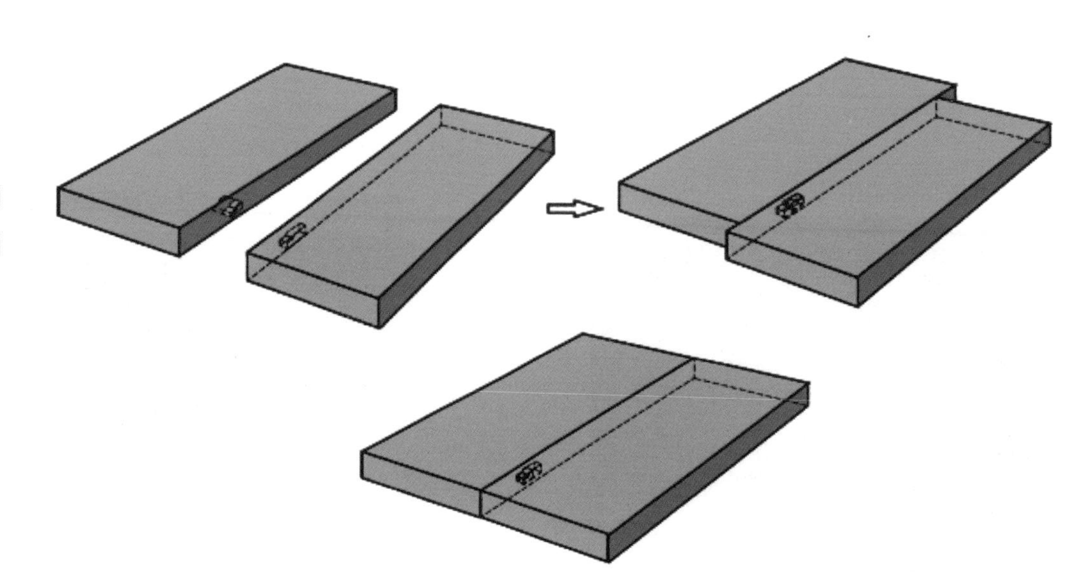

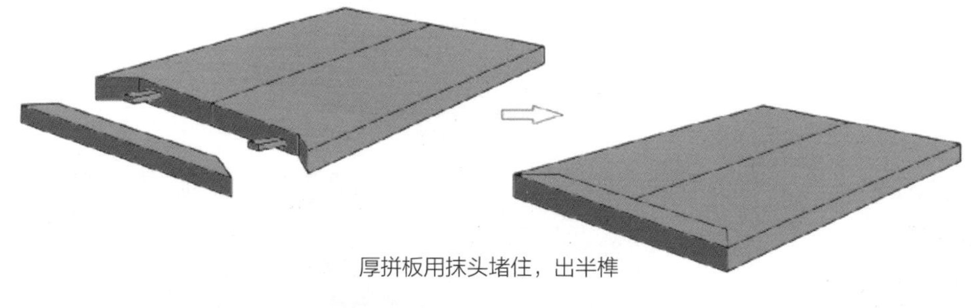

厚拼板用抹头堵住，出半榫

厚拼板或厚独板加抹头

使用格角榫在厚板首尾加抹头的做法，起到加固和防止变形的作用，同时可以隐藏截面纹理。厚板出榫和抹头上卯眼的连接可以是透榫或半榫。

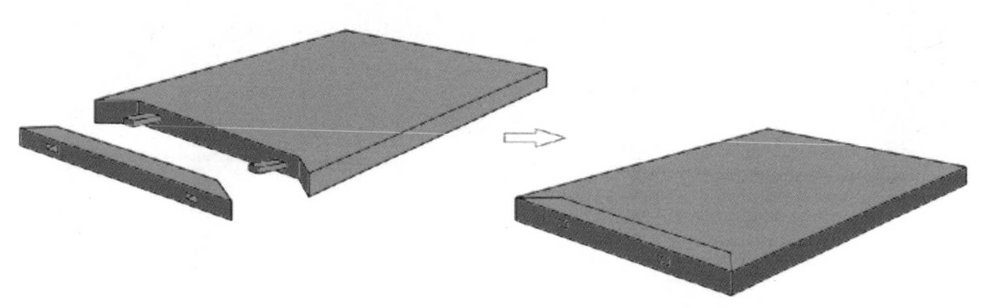

独板用抹头堵住，出透榫

面板垂直拼接

衣箱、官皮箱、提盒、镜台以及橱柜抽屉等立板与横板之间的垂直连接方法有明榫燕尾拼接、半明榫燕尾拼接、闷榫燕尾拼接。闷榫燕尾拼接最为讲究，拼接后只见一条缝，对木工技术要求很高。一般三块厚板组成的条几或琴几，两厚板之间就是用此做法。

案形家具吊头下的正面牙条和侧面牙条的拼接使用的是一种勾挂拼接的方式，两面牙条在垂直相接的斜面上各裁出 Z 形的曲线，两者勾挂在一起即可，但不及前面方法坚固。更多的偷手做法是正面牙条和侧面牙条 L 形接触，然后粘接。

官皮箱的横立板连接

提盒的横立板连接

衣箱的横立板连接

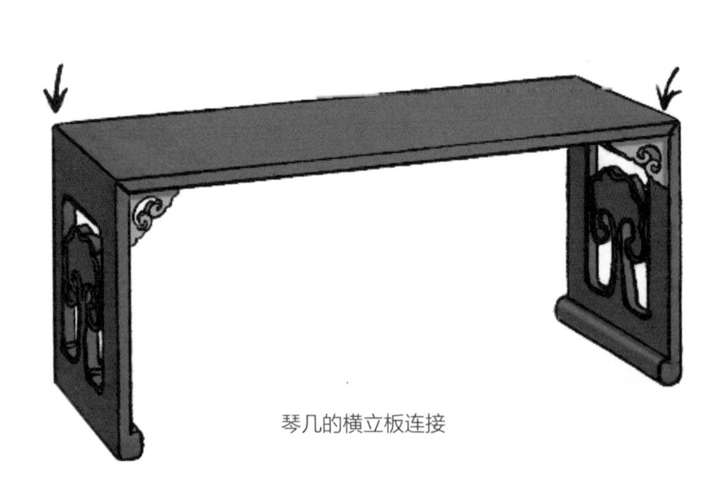

琴几的横立板连接

闷户橱抽屉的横立板连接

平板角接合

用三块厚板制造的炕几或条几，用料厚达 40~50mm，面板与板形的脚足相交，一般采用厚板角接合。古式家具多用闷榫燕尾拼接，现代木工称之为“全隐燕尾榫”，接合后只见一条缝，榫卯全部被隐藏起来。抽屉立墙所用的板材一般比较薄，其角接合的方法也很多，最简单的是两面都外露的“明榫燕尾拼接”，稍微复杂的是半明榫燕尾拼接。

带屉平条案的横立板连接

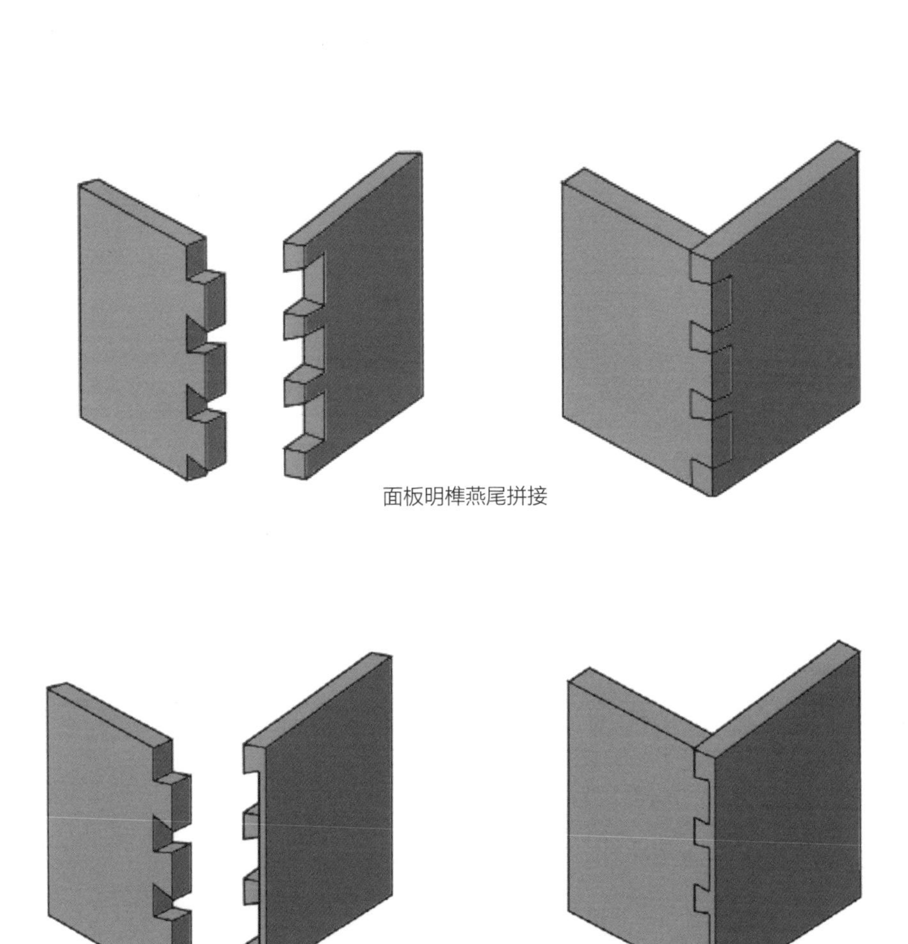

面板明榫燕尾拼接

面板半明榫燕尾拼接

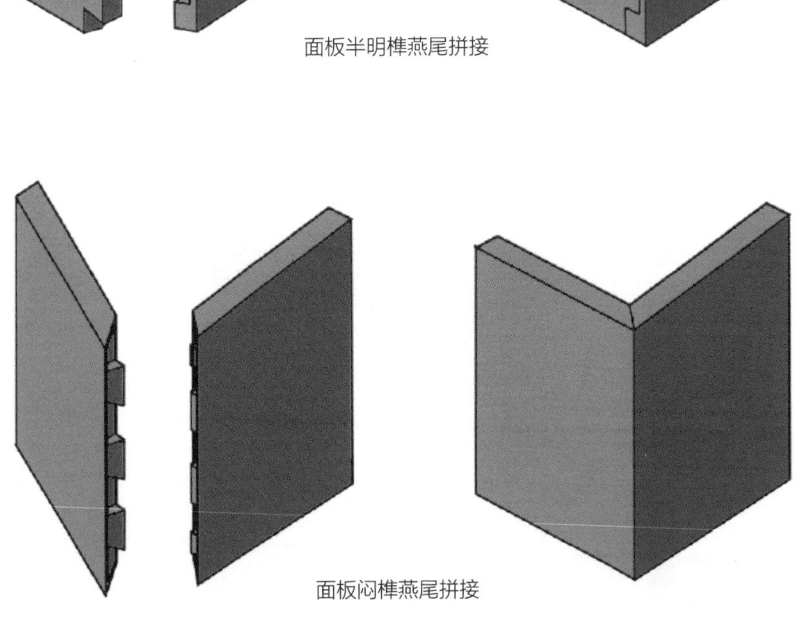

面板闷榫燕尾拼接

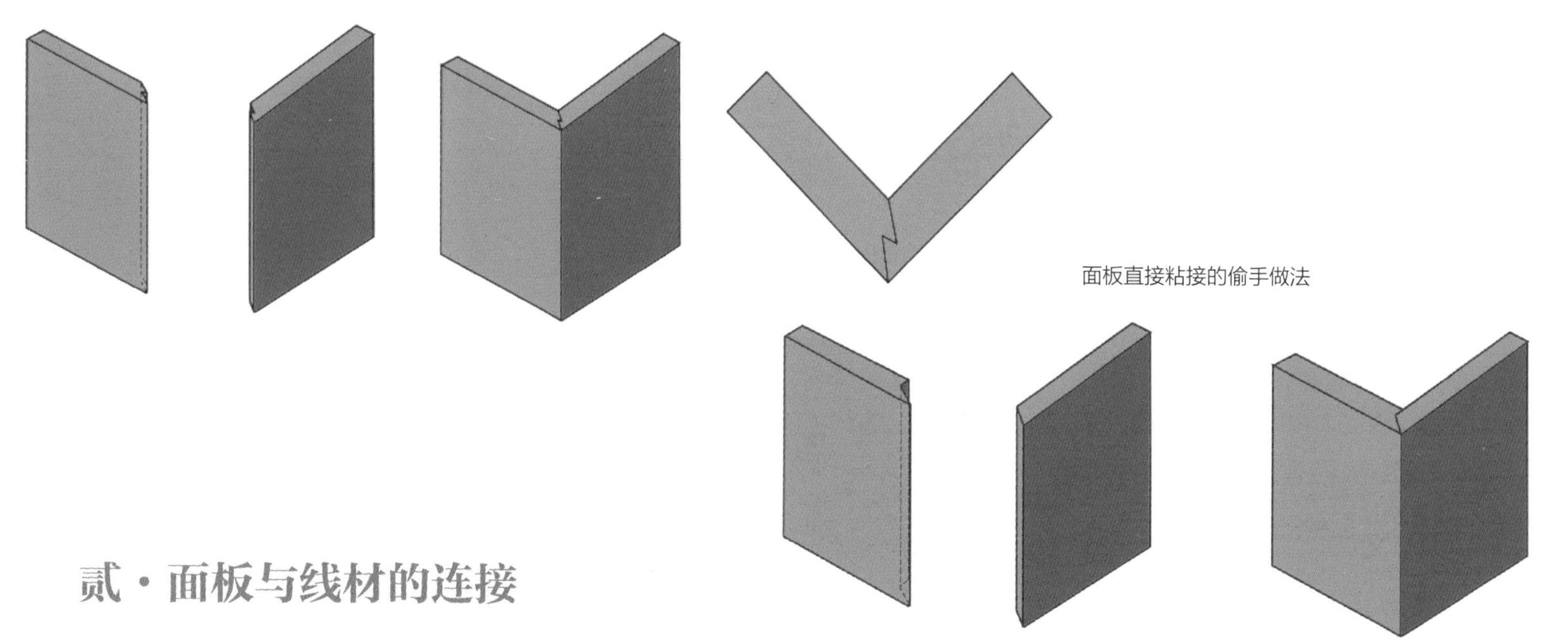

贰·面板与线材的连接

面板与线材的连接是中国古典家具中常见的榫卯连接，如面与腿的连接，其连接是腿上部出榫，与面上的大边或抹头榫接，因家具的造型不同，面与面之间使用不同的榫卯结构，若面上已有榫卯，则要避开再做榫接，避免出现更复杂的结构。

在有束腰的家具中，面与腿的连接有抱肩榫、长短榫、挂榫等。在梁柱式家具中，面与腿的连接有夹头榫、插肩榫等。在四平式家具或橱柜四角，面和腿之间采用综角榫连接。

有束腰的八仙桌
面与腿的连接

长短榫

长短榫是在腿上部凿出长短不同的两个榫头，与面上的卯眼相接，因两榫头高低不同，故而连接更加稳固。长短榫可以单独使用，也可作为其他榫卯的一部分，如抱肩榫、夹头榫、挂榫等都会使用长短榫与面连接。

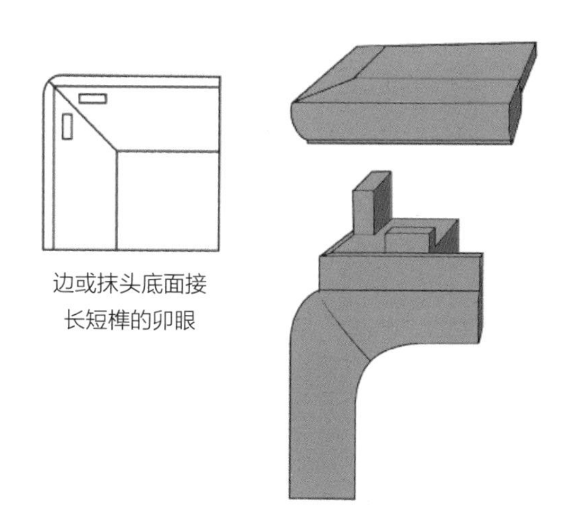
边或抹头底面接
长短榫的卯眼

夹头榫

夹头榫是案类家具常用的榫卯结构之一。正规的夹头榫腿足两端的牙头和牙条都是一木连做。腿足上端开长口，夹住牙条和牙头，并在上部使用长短榫与案面结合。

在实际家具制作中，有不少夹头榫外观相同结构不同的做法。一种做法是腿足两端的牙头不是一木连做，而是分做榫接，制作时在腿足上部开口和开槽，牙条与牙头合掌相交，嵌在腿足上截两侧的槽口之内；另一种做法是牙头和牙条均分段做成，嵌入腿足上截两侧的槽口之内。这两种做法都没有正规的夹头榫坚固耐用，为偷手的做法，清代中晚期以后被广泛使用。

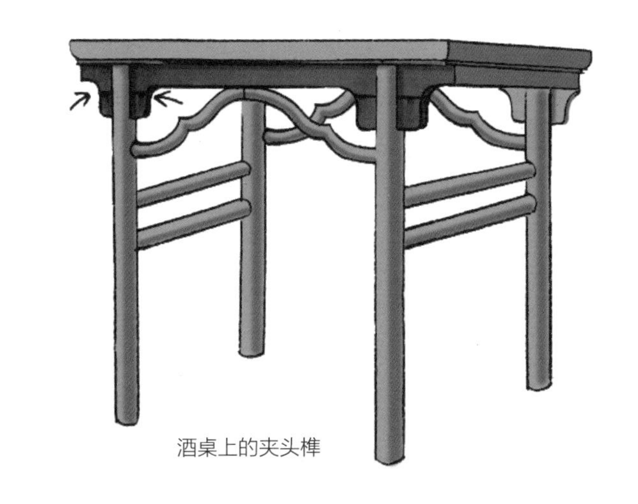

酒桌上的夹头榫

翘头案上的变体夹头榫

平头案上的夹头榫

夹头榫嵌夹牙头和牙条，腿上部长短榫与案面榫接。

变体夹头榫偷手做法一

夹头榫嵌夹牙条，牙头与牙条合掌相交，嵌在腿足的槽口上。

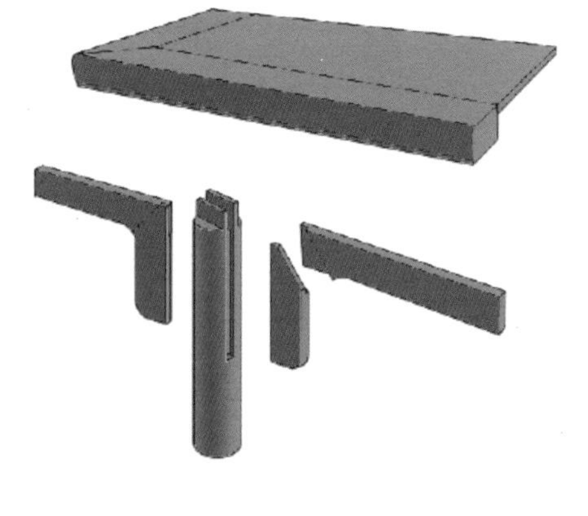

变体夹头榫偷手做法二

腿足开槽，牙头、牙条合掌与揣揣榫相接，最后嵌入槽内。

插肩榫

插肩榫是案类家具常用的榫卯结构之一。腿足上端亦开长口，夹住牙条，与夹头榫不同之处在于腿足上部削出斜肩，同时牙条亦削出承接斜肩的槽，腿足夹住牙条，并与面榫接。腿足的榫卯不仅夹住牙条，还给牙条以向上支撑的力。

剑腿平头案上的插肩榫

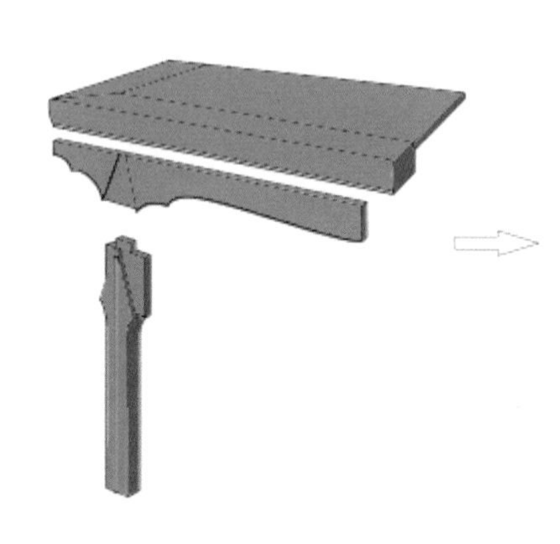

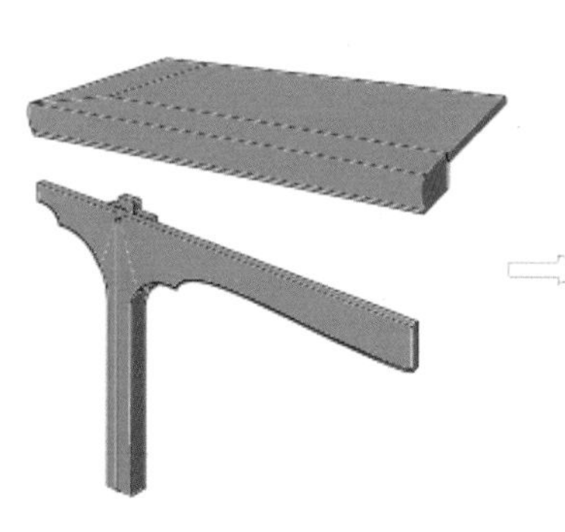

插肩榫的做法

抱肩榫和挂榫

抱肩榫是有束腰结构家具中常用的榫卯结构之一，在腿足上部承接束腰和牙板的部位，切出 45 度斜肩，并在斜肩向内凿出三角形卯眼，相应的牙条亦作 45 度斜肩，并留出三角形榫头，两相扣接，严丝合缝。

挂榫也是有束腰结构家具中常用的榫卯结构之一，是和抱肩榫联合使用的，在抱肩榫的基础上，腿足上端留出上小下大、燕尾形的挂销，牙条背面亦凿出相应的上小下大、燕尾形的槽口，将牙条从上向下扣接，抱肩榫和挂榫同时承接，结构更加坚固。

有束腰方机的抱肩榫

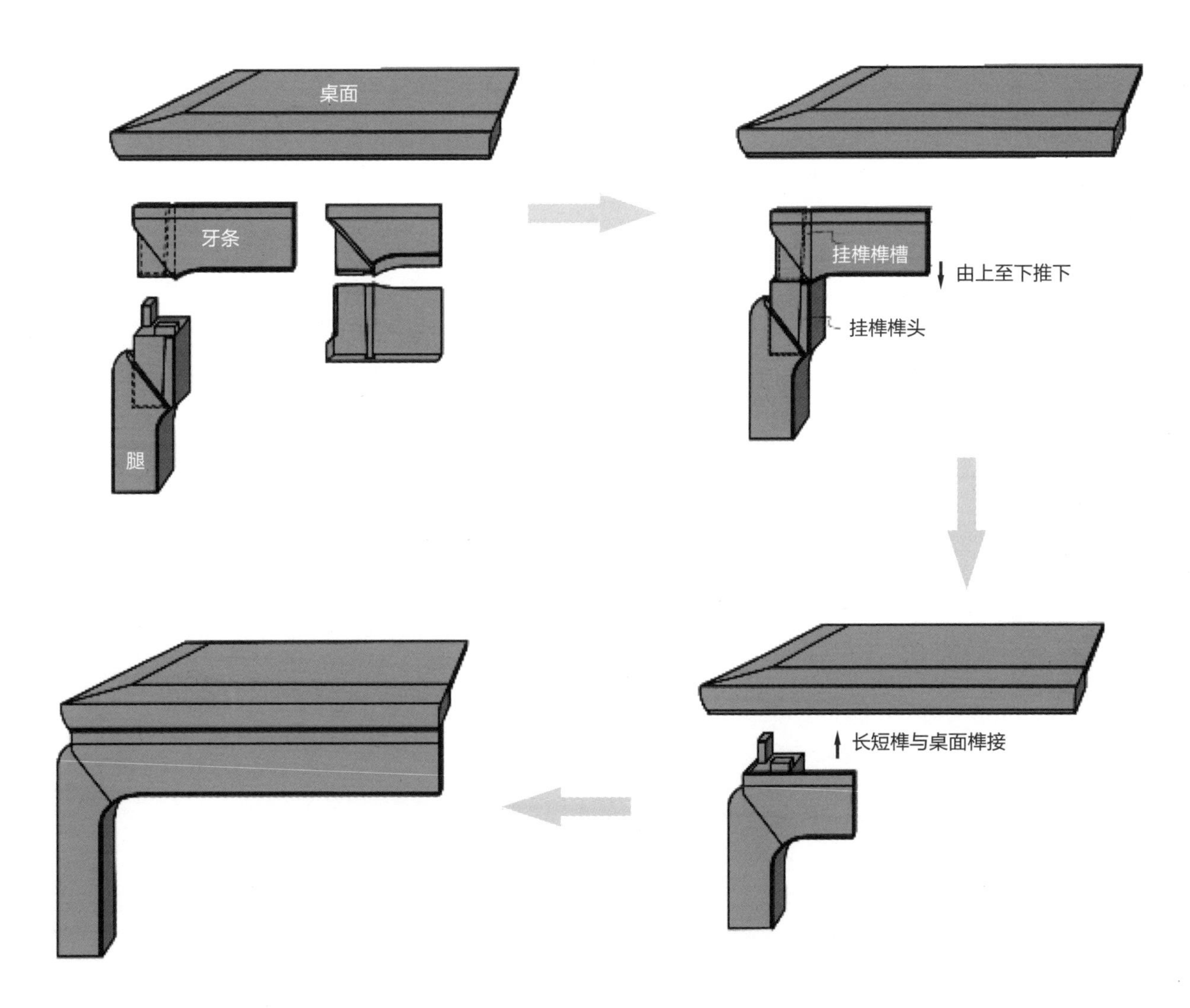

齐牙条

齐牙条一般用在腿足肩部雕兽面、足下雕虎爪的桌上，常见的格肩处理方法容易破坏兽面的完整。其做法是牙条出榫头，插入兽面腿部侧面的卯眼。兽面腿部与面的连接仍为长短榫。

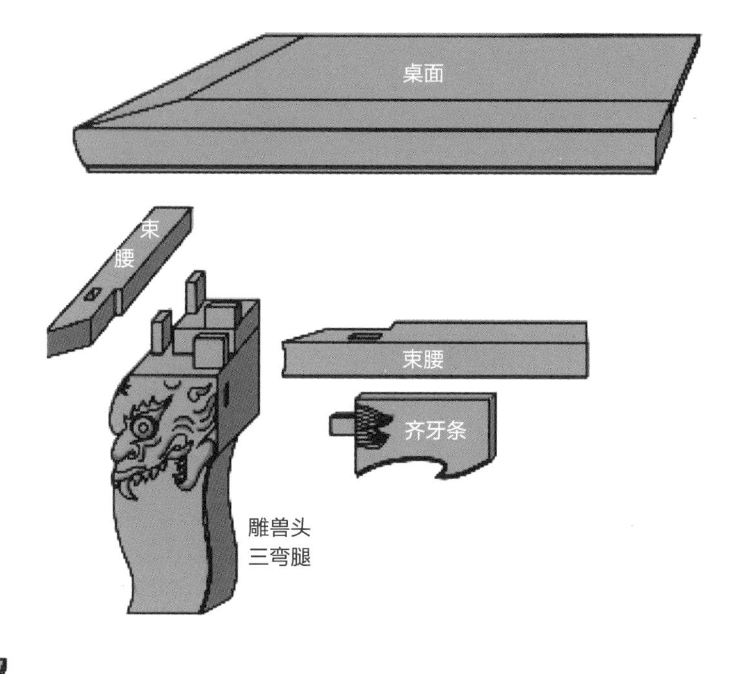

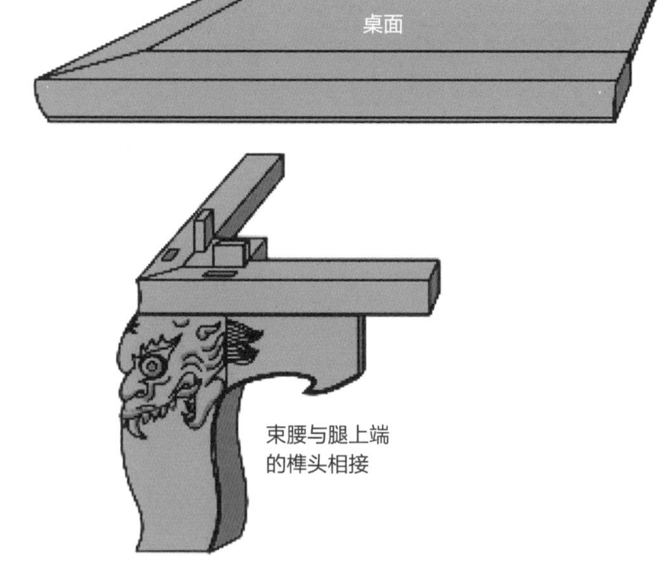

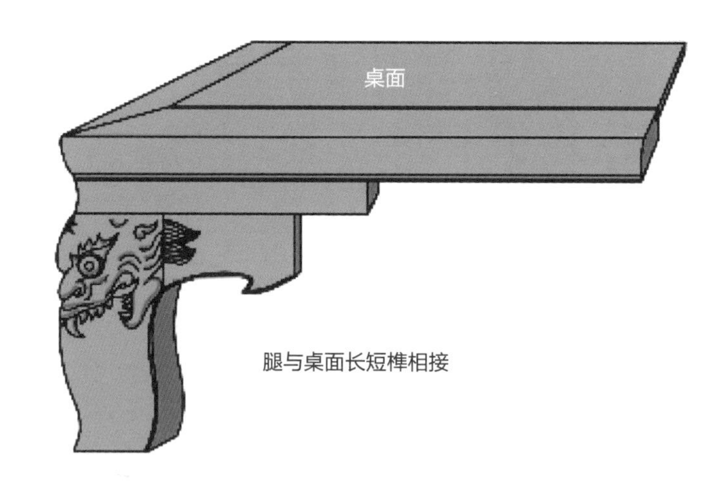

炕桌兽面上的齐牙条

四面平式方杌上的综角榫

综角榫

综角榫是在格角榫基础上连接竖向的腿足而形成，多用在四面平造型家具或橱柜四角。面上大边抹头仍然用格角榫，只是在下部各切出 45 度的斜肩，并在下部各凿出深浅不同的卯眼。下部的腿足切出相应的斜肩，并凿出长短榫的两榫头，斜肩和长短榫相应扣合，成三相一体的完整一角。

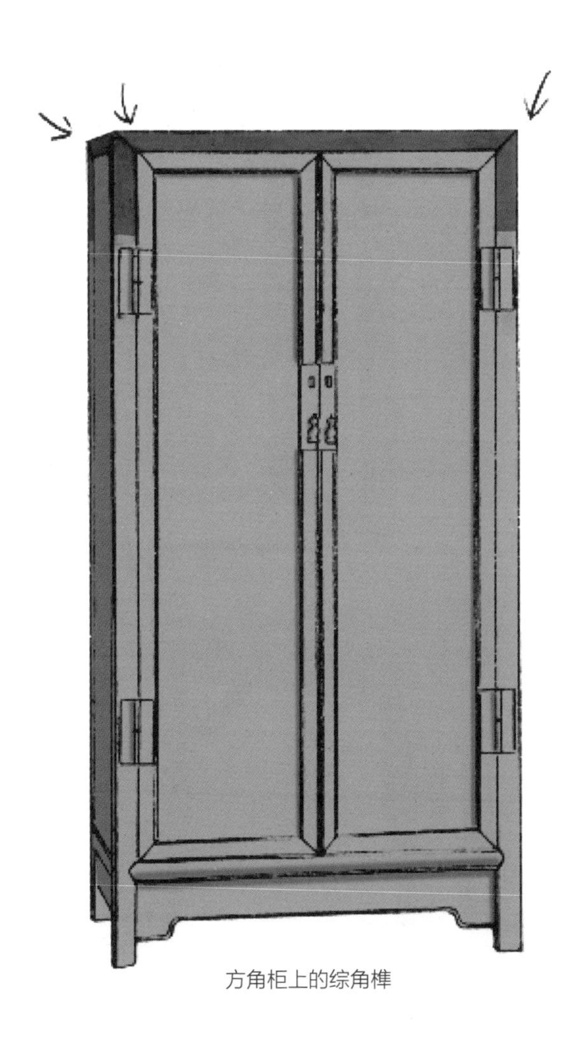
方角柜上的综角榫

柜架上的综角榫

综角榫拆解

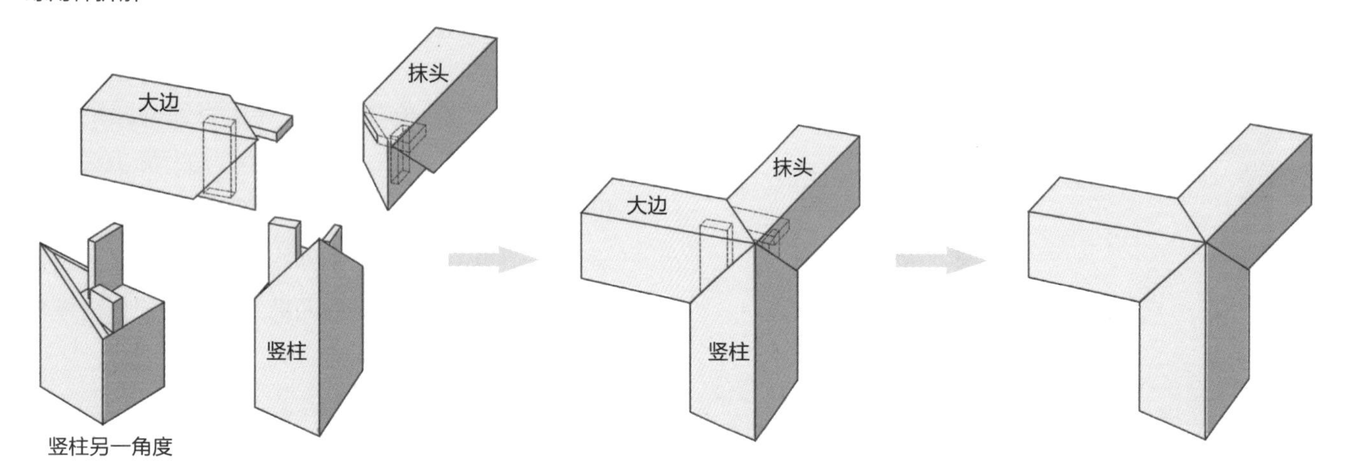

霸王枨和勾挂榫

霸王枨主要用在有束腰或四面平的家具中，其连接桌面和腿部，从而弥补腿间横枨的不足。霸王枨一般呈 S 形，上端落在桌案面的穿带上。如果为长方形桌案，则四条霸王枨上端落在两边的穿带上。霸王枨上端与穿带使用销钉连接固定，下端与腿足上部以勾挂榫连接；如果为方形桌案，且体量合适，则四条霸王枨上端都落在桌案面中心的穿带上，且用一宝盒盖住达到美观效果。

霸王枨下端与腿足上部以勾挂榫连接，霸王枨下端的榫头向上勾，并做成燕尾形，腿足上的卯眼亦成燕尾形，下大上小。榫头从卯眼下部口大处插入，向上推到卯眼小处勾挂住，之后在卯眼下部的空隙内塞木楔，榫头就固定在上部，无法脱落。想要拆卸下来，只要把楔子打出，榫头就可脱落。霸王枨通过弯曲的 S 形，将桌面受到的力传递到腿足上，保证桌面承重稳定坚固。霸王枨保证家具稳定坚固的同时，又塑造了优美的曲线，通过刚柔相济的方式用温婉的 S 形曲线实现了力的传递。

香几上的霸王枨

八仙桌上的霸王枨

霸王枨

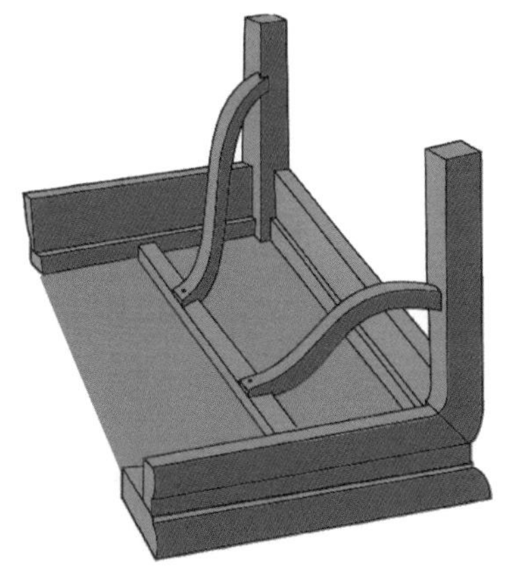

长方桌的霸王枨上端与两端穿带销接

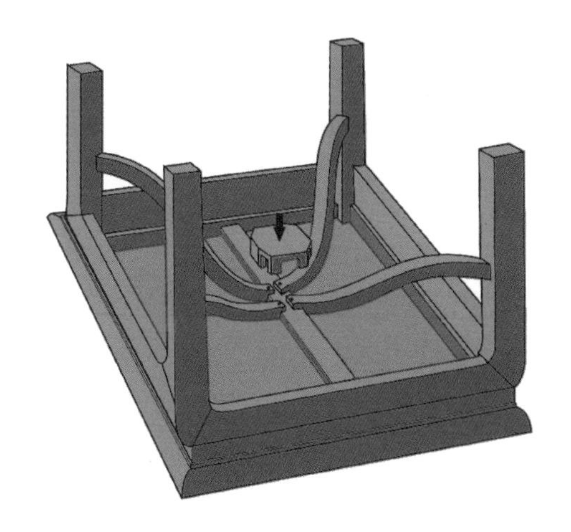

方桌的霸王枨上端与正中穿带中心销接，后用宝盒盖住

霸王枨拆解结构

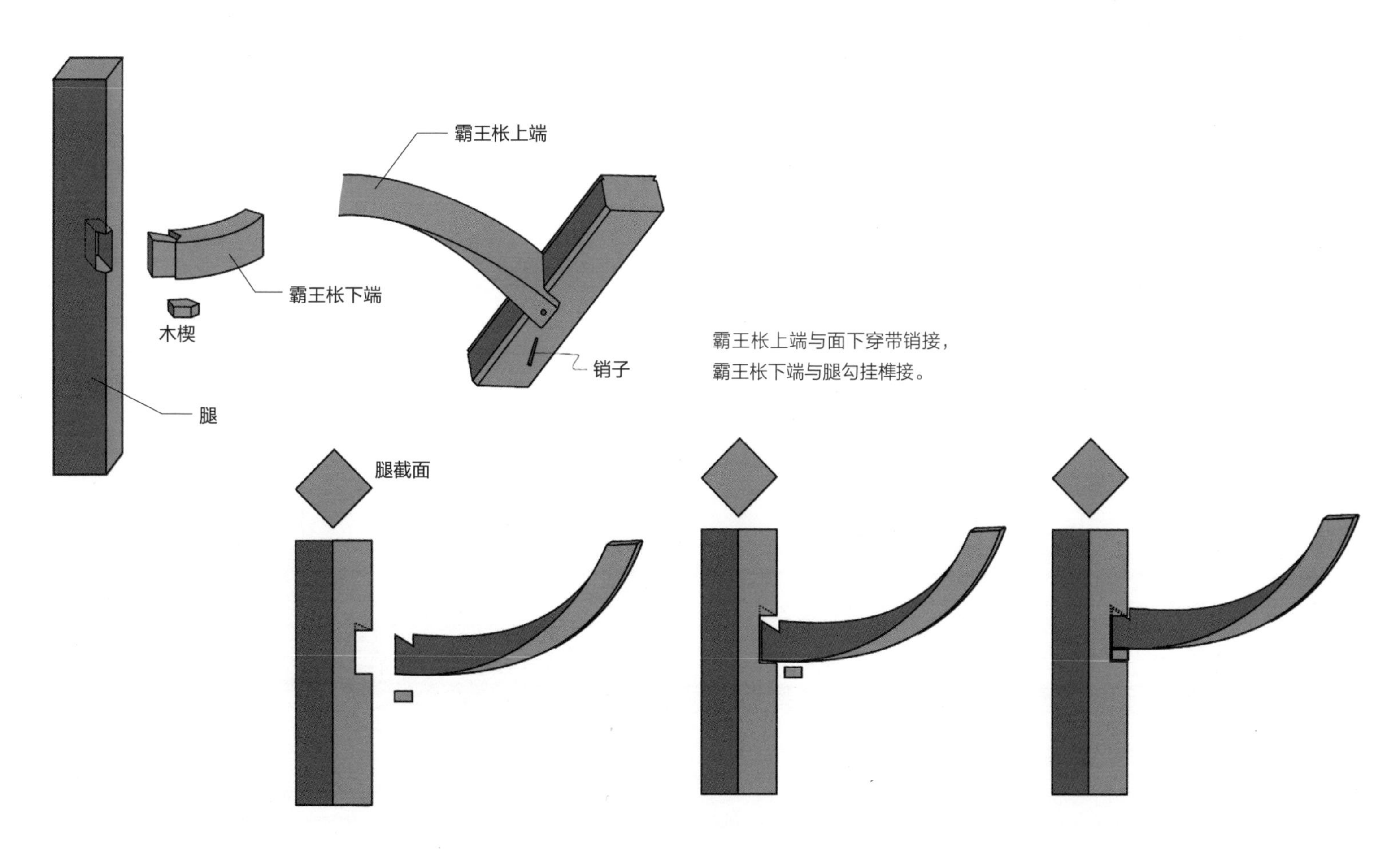

霸王枨上端与面下穿带销接，
霸王枨下端与腿勾挂榫接。

叁・线材与线材的连接

线材与线材的连接主要有枨与枨的连接、枨与腿的连接等，主要有齐头碰、格肩榫（实肩、虚肩）、楔钉榫等。

圆材相接

圆材相接的情况比较常见，如在衣架、面盆架和官帽椅的搭脑与后腿上截相接处；扶手与鹅脖、联帮棍相接处；桌案腿足与横枨相接处等都会出现。圆材之间的拼接又因为不同的情况采用不同的拼接方法。

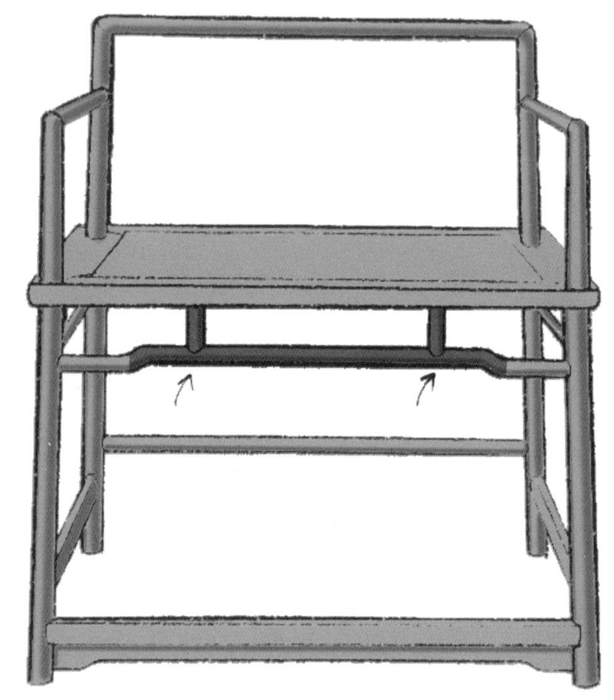

扶手椅上的圆材相接

平头案上的圆材相接

当横竖圆材垂直“丁”字形相接时，其横竖圆材直径相同或不同时会有不同的榫卯细节处理方法。一种情况是横竖圆材直径相同时，则横材一端两边皆留肩，中间出榫头，这样横竖圆材相交处有两面都出肩交圈。

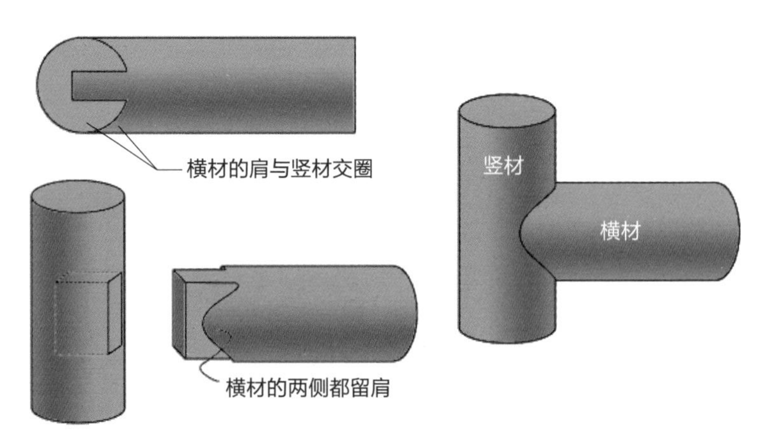

直径相同的横竖圆材“丁”字形相接做法一

另一种情况是当横竖圆材直径不同时，以竖材直径大于横材为例，反之亦然。因为竖材直径较大，横竖材外度不能交圈，处理方法分为两种：一是细一些的圆材的两边依然留肩，中间出榫头，但外皮不与粗一些的圆材交圈；二是细一些的圆材一边外皮留肩，与粗一些的圆材交圈。细一些的圆材另一边无肩，中间出榫头。这样榫肩下空隙较大，有飘举之势，故有“飘肩”之称，北京匠师因其形也称之为“蛤蟆肩”。

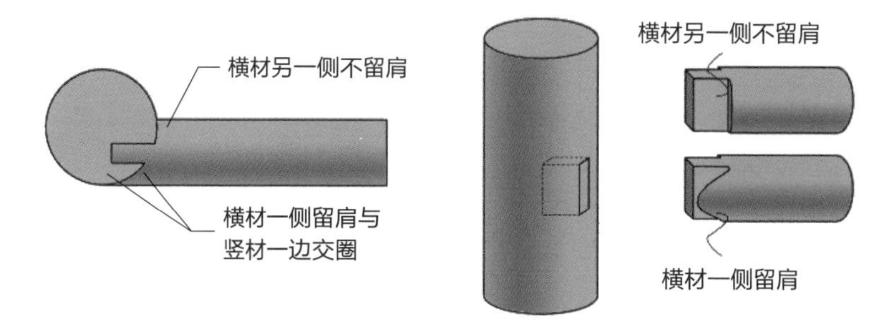

直径相同的横竖圆材“丁”字形相接做法二

当横竖圆材“L”形拼接时，其榫接方法也有多种。一种是在圆包圆家具中使用的“裹腿枨”。裹腿枨是正面、侧面两横枨交于腿足，作包腿之状，类似竹制家具中竹材煨烤弯成的枨子。其方法是腿足榫接的小段切成方形，两枨子格角相接，出榫头纳入腿足上的卯眼。两枨子的榫头或同长相抵，或一长一短相抵。

方杌上的裹腿枨

方桌上的裹腿枨

裹腿枨两榫头相等

裹腿枨两榫头一长一短

横竖圆材“L”形榫接——裹腿枨

另一种是南官帽椅、玫瑰椅搭脑和后腿上截，扶手和前腿上截的拼接。或各出单榫接入各自相应的卯眼中；或一端单榫，一端双榫，接入相应的卯眼中；或将一圆材做成圆弧转向，并凿卯眼，与另一圆材的榫头相接，工匠称此做法为“挖烟袋锅”。

楔钉榫是用来连接两段弧形弯材的榫卯，多用于圈椅的椅圈及圆形几面和圆形托泥。使用楔钉榫时，两弯材连接部分各截去一半成半圆，上下搭合，所留半圆材顶端各出小榫头，插入对方相应的卯眼里，使两弯材不能上下移动，榫头或露明或隐匿，然后在两弯材连接处中部凿方孔，一头略窄，另一头略宽，将一块方形，头粗尾细的楔钉穿过方孔，使两弯材不能左右移动，于是两个弯材就紧密连成一体了。

楔钉榫也常用于圆形托泥及圆形坐具的边框攒接。处理弧形弯材连接的方法还有逐段嵌夹的做法，即每一段一端开口，一端出榫，逐一嵌夹。

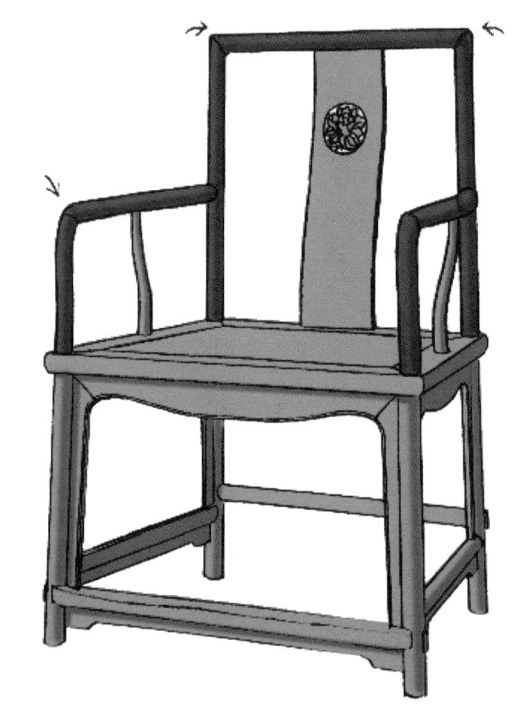

南官帽椅搭脑和扶手上的“L”形榫接

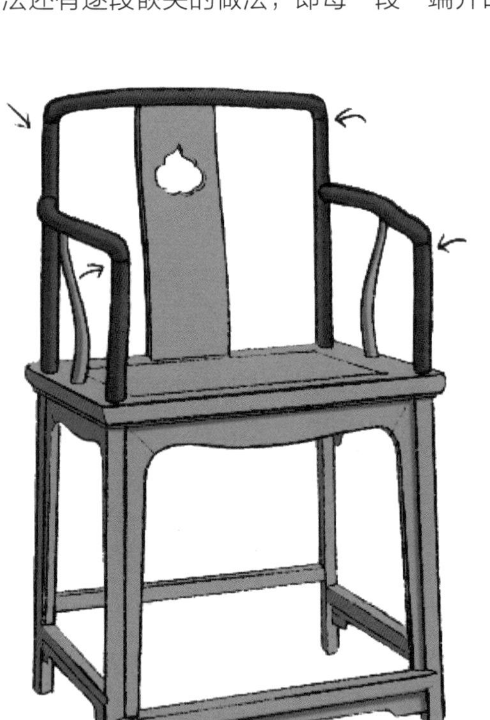

南官帽椅搭脑和扶手上的“挖烟袋锅”做法

横竖圆材“L”形榫接

圈椅椅圈上的楔钉榫

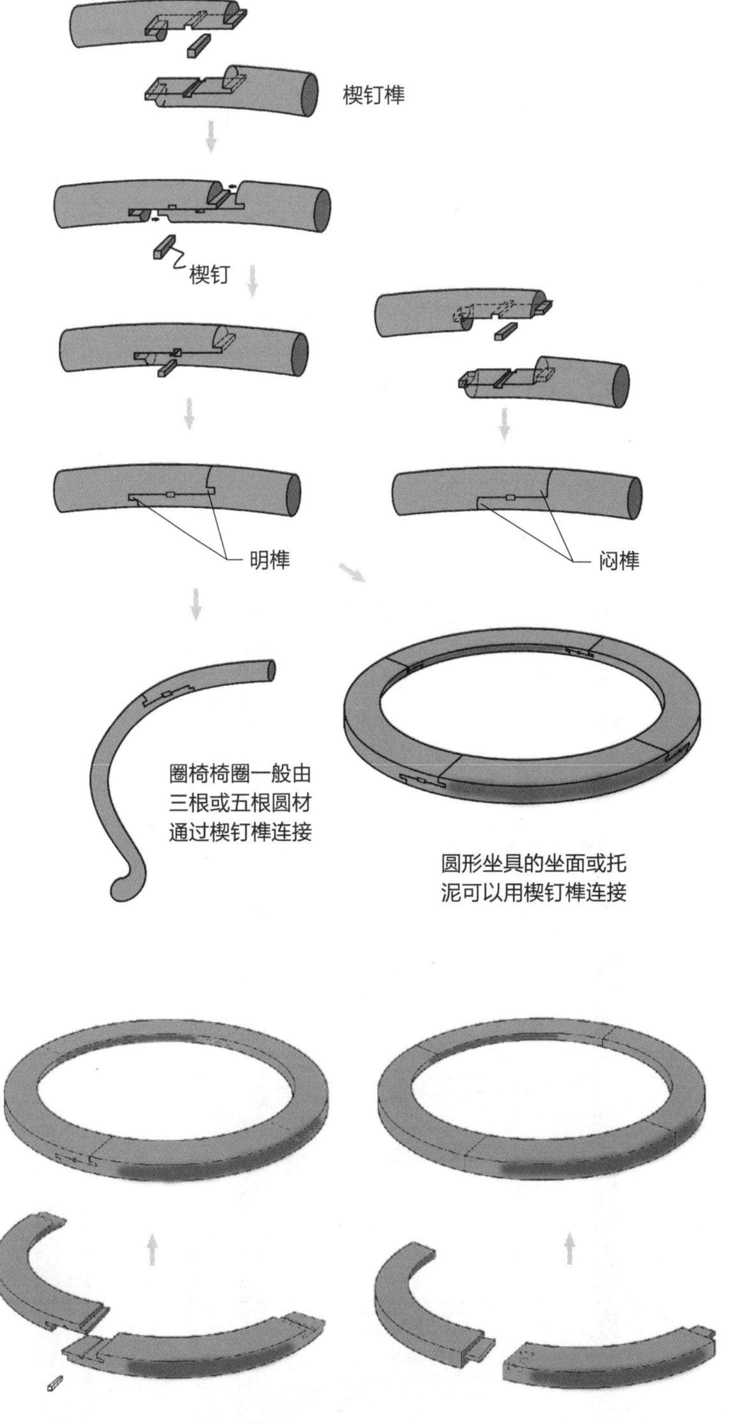

圈椅椅圈一般由三根或五根圆材通过楔钉榫连接

圆形坐具的坐面或托泥可以用楔钉榫连接

圆形家具边框攒接的两种做法

香几几面和托泥上的楔钉榫

方材相接

齐头碰亦称齐肩膀，有透榫和半榫之分。横向方材直接出榫，与竖向方材的相应卯眼连接，是横竖方材连接时常用的榫卯之一。透榫即榫头穿透竖向方材而露明，为保证坚固，多在露明的榫头上打入楔子，称为破头楔，故而透榫更为坚固；半榫即榫头藏匿于竖向方材之内，不露明，故而更加美观。

齐头碰还有“大进小出”的做法，即把榫头的一半变短，另一半不变。不变的一半露榫头成透榫，变短的一半不露榫头成半榫。这样使复杂的榫卯结合处互让，从而确保接榫处的坚固。

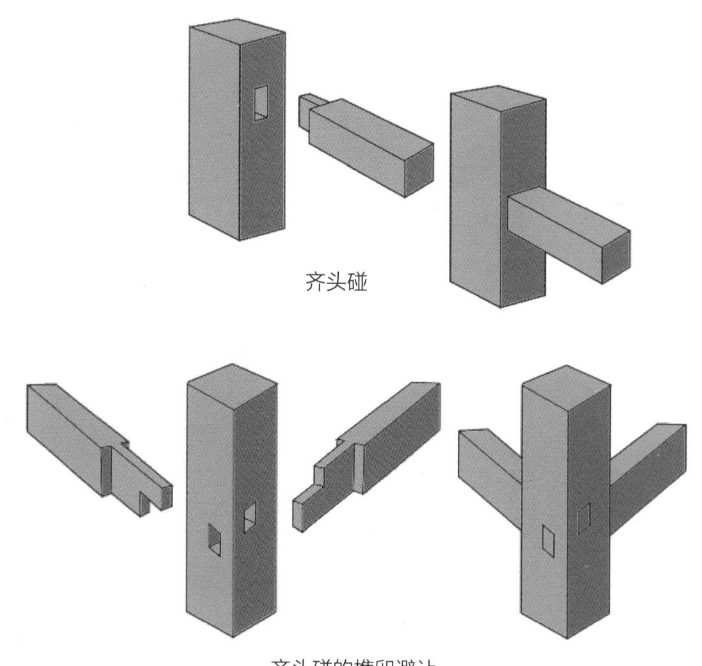
齐头碰

齐头碰的榫卯避让

两横枨交于竖枨一点，榫头各有大进小出，可以互相避让

架格上的齐头碰

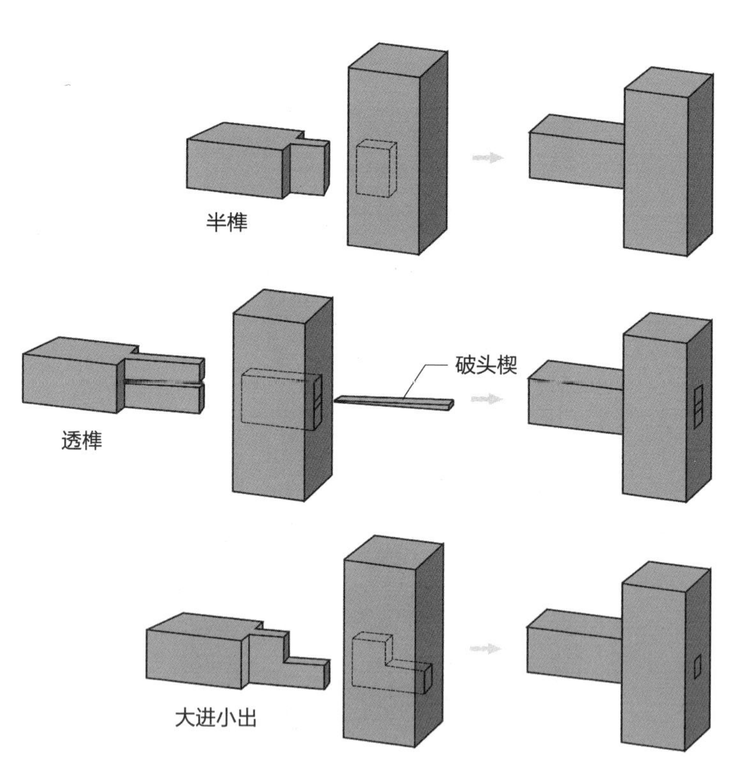

齐头碰的三种做法

格肩榫是横竖方材连接时又一常用的榫卯。保留齐头碰的榫头，多出格肩部分与竖向线材连接。格肩不仅可以辅助榫头承担一部分压力，也能影响家具的造型细节。

“格肩榫”的格字由“木”和“各”组成，“各”意为“十字交叉之形”，“木”与“各”联合起来表示“树干与树枝形成十字交叉之形”。

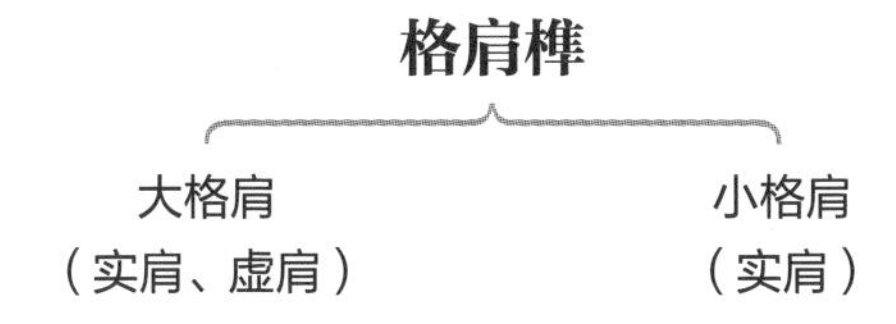

格肩榫有大格肩和小格肩之分。大格肩是指格肩为尖角，竖材相应的亦为尖角槽口。大格肩又有实肩与虚肩之分，实肩是指榫头和格肩贴合，没有空隙；虚肩是指榫头和格肩之间又凿去一段而分开，分别插入各自的槽口。横竖材用料较大时，虚肩比实肩多了部分榫接面积而更加坚固；若用料小，榫头细，虚肩反倒没有实肩坚固。小格肩是指格肩削去尖角成梯形。小格肩只有实肩，相较大格肩可以减少竖向方材截去的面积而使竖向方材更坚固。

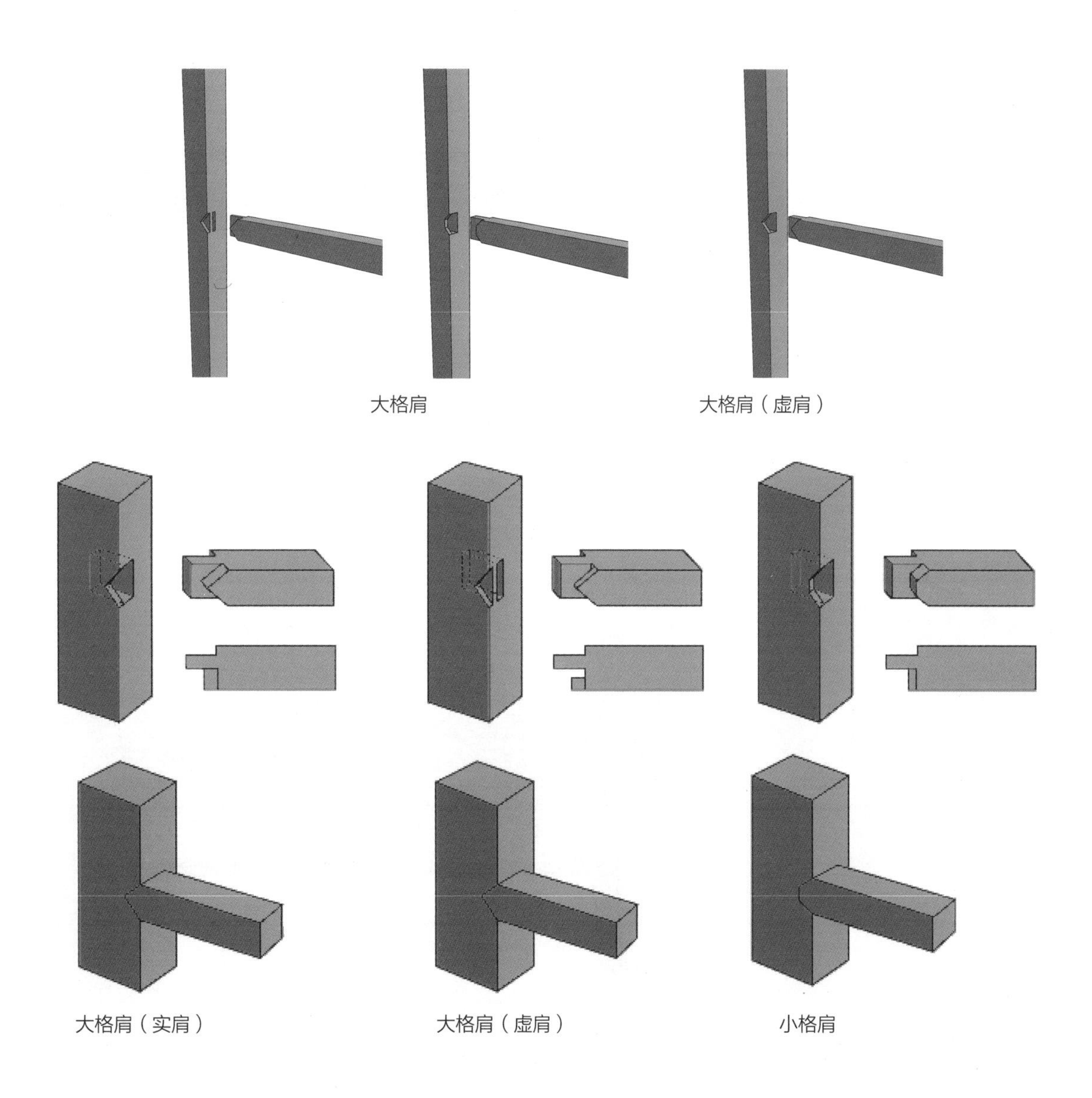

大格肩（实肩）　大格肩（虚肩）　小格肩

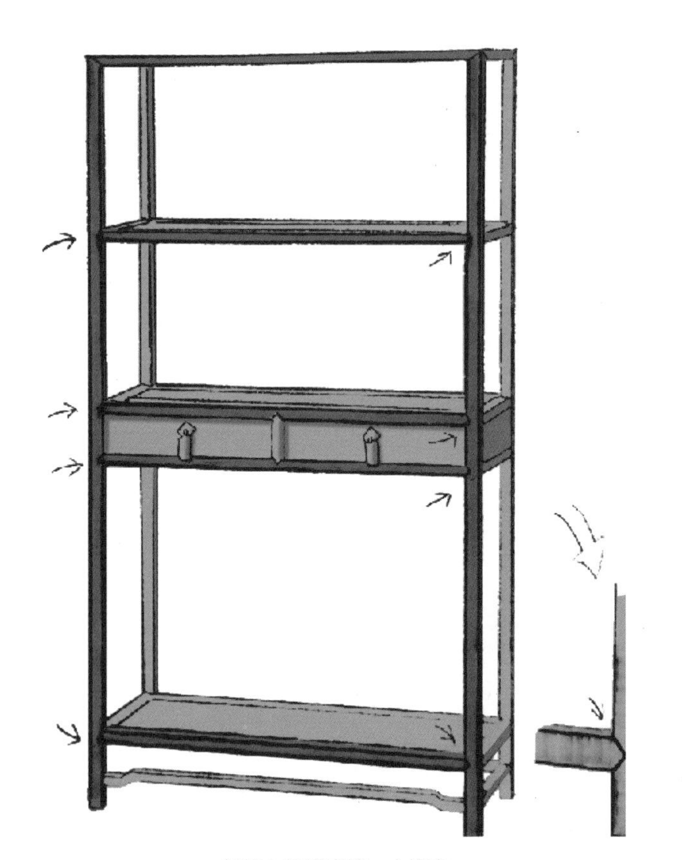

架格上的格肩榫：大格肩

架格上的格肩榫：小格肩

方杌上的牙条

揣揣榫主要用在牙条和牙头的拼接上，一般为各出榫头和卯眼，相互插接，做法也有多种。一是牙条、牙头的两面都格肩，各出榫头、卯眼相互插接。二是牙条、牙头的正面格肩，背面采用齐头碰做法，牙条上有卯眼接收牙头上的榫头，而牙头上没有卯眼，只与牙条合掌式相交。

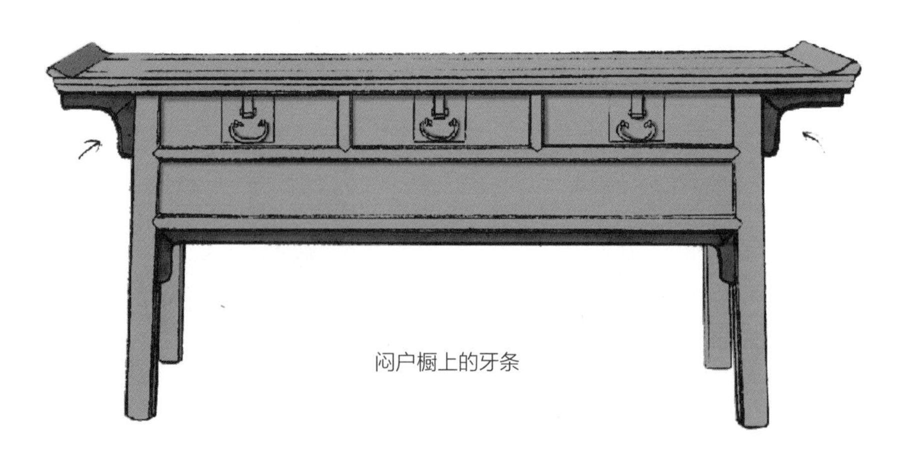

闷户橱上的牙条

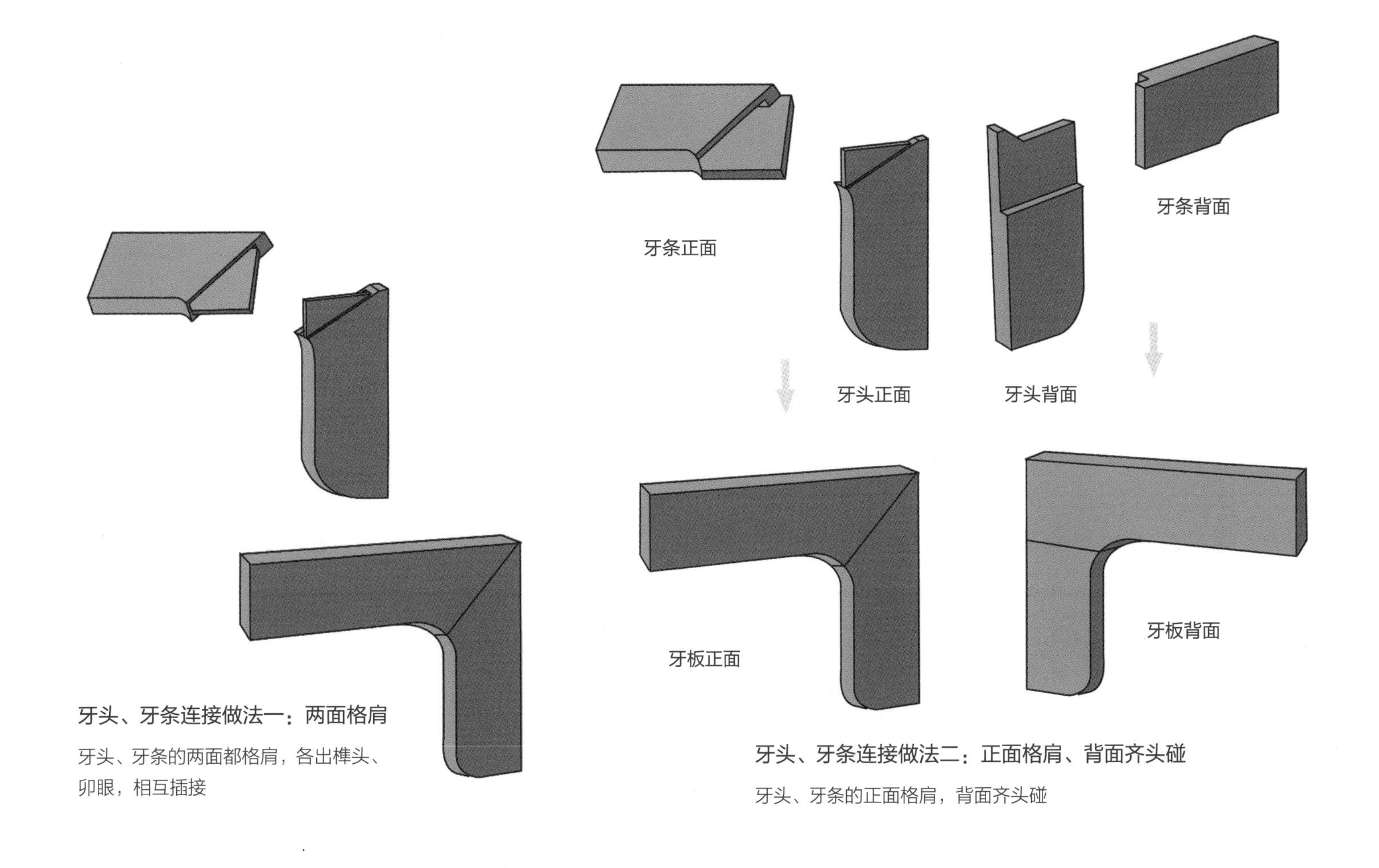

牙头、牙条连接做法一：两面格肩

牙头、牙条的两面都格肩，各出榫头、卯眼，相互插接

牙头、牙条连接做法二：正面格肩、背面齐头碰

牙头、牙条的正面格肩，背面齐头碰

除揣揣榫外，牙头和牙条的连接还有几种偷手做法。一种做法是嵌夹式，牙条格肩和牙头相交，一端凿卯眼，一端出榫头，榫卯相接，但由于一般榫头和卯眼都较浅，所以不甚坚固；另一种做法是合掌式，牙条的一端后半格肩，前半不动，牙头的一端前半格肩，后半不动，牙头、牙条合掌相合，因没有插接，只能胶粘；还有一种做法是栽榫式，牙头和牙条都格肩，各开卯眼，中插入木楔，代替榫头。这几种做法略显简陋，也不够坚固，不及揣揣榫。

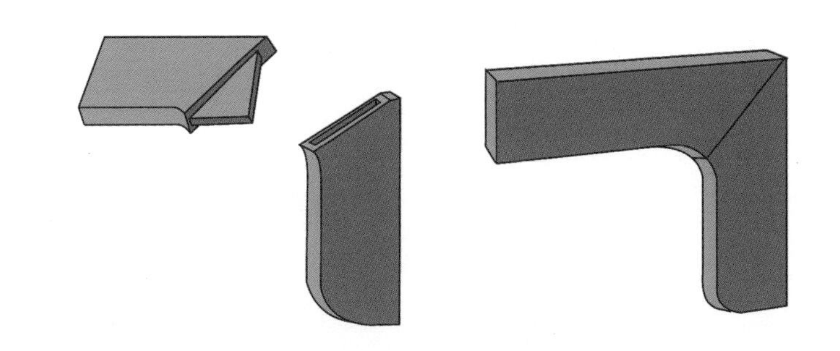

牙头、牙条连接偷手做法一：嵌夹式

嵌夹式，牙头和牙条格肩相交，一端出榫头，另一端凿卯眼，榫卯相接

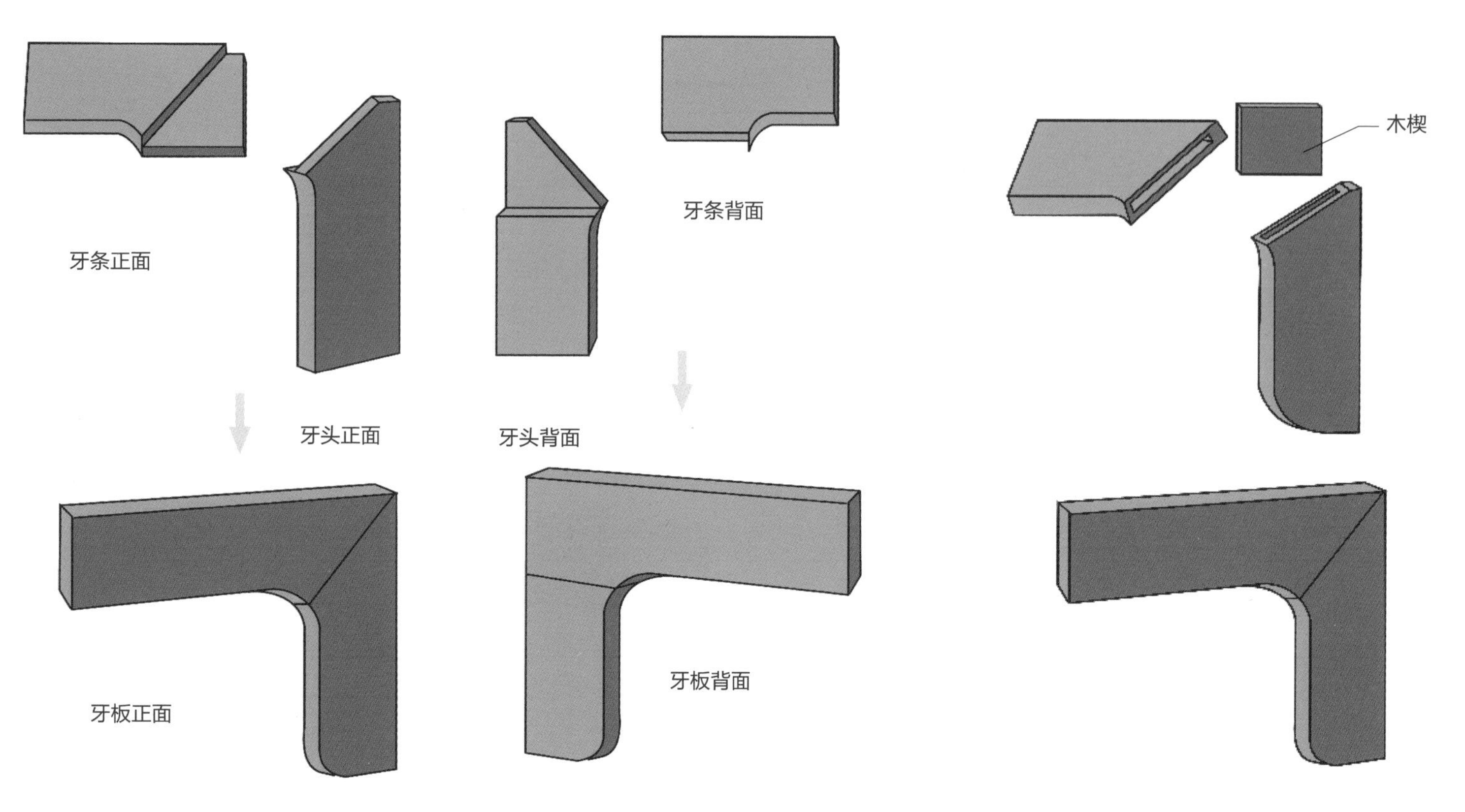

牙头、牙条连接偷手做法二：合掌式

合掌式，因没有插接，只是搭在上面，所以只能胶粘

牙头、牙条连接偷手做法三：栽榫式

栽榫式，牙头、牙条的两面都格肩，各出卯眼，以木楔插接

十字枨是指在杌凳、桌案相对的腿足上设置的十字相交的两横枨。在两横枨相交的地方，一横枨上部切去 半，另 横枨下部切去一半，两横枨相搭成一根枨子的厚度。

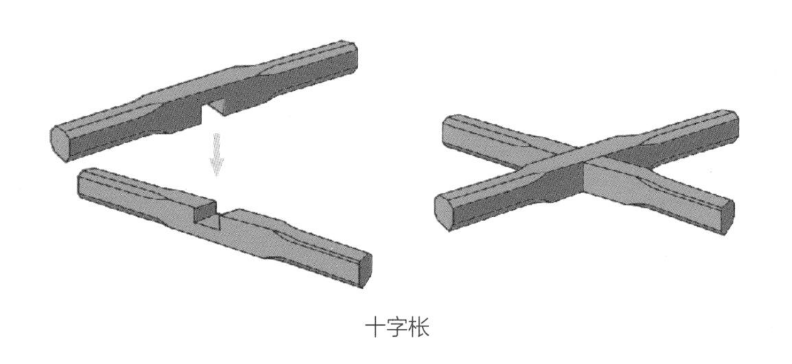

十字枨

方杌上的十字枨

脸盆架三枨相交的榫卯结构与十字枨相似，下枨的上部切去三分之二，中枨的上下部各切三分之一，上枨的下部切去三分之二，三枨搭在一起成一根枨子的厚度。

攒斗做法中的十字相交部分也用类似十字枨的做法。

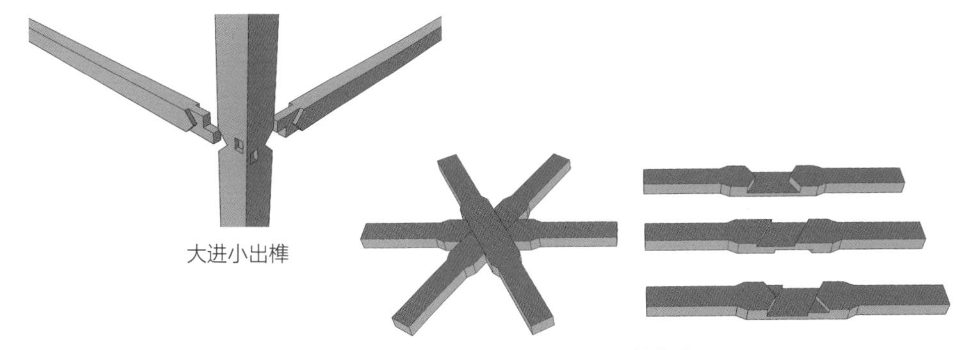

大进小出榫

三枨相交

攒斗床围上的十字交叉

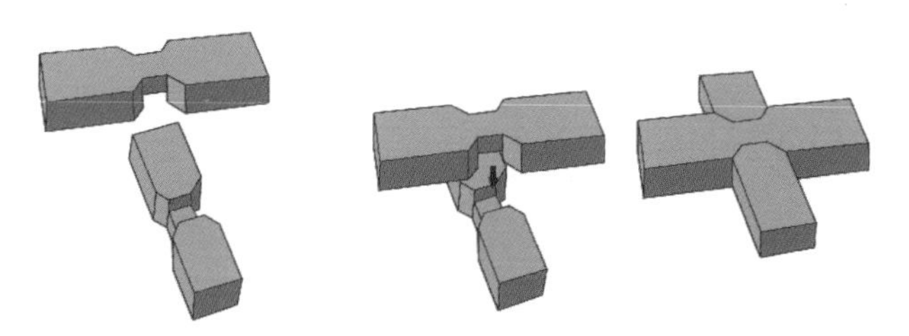

攒斗中的十字交叉做法

脸盆架上的三枨相交

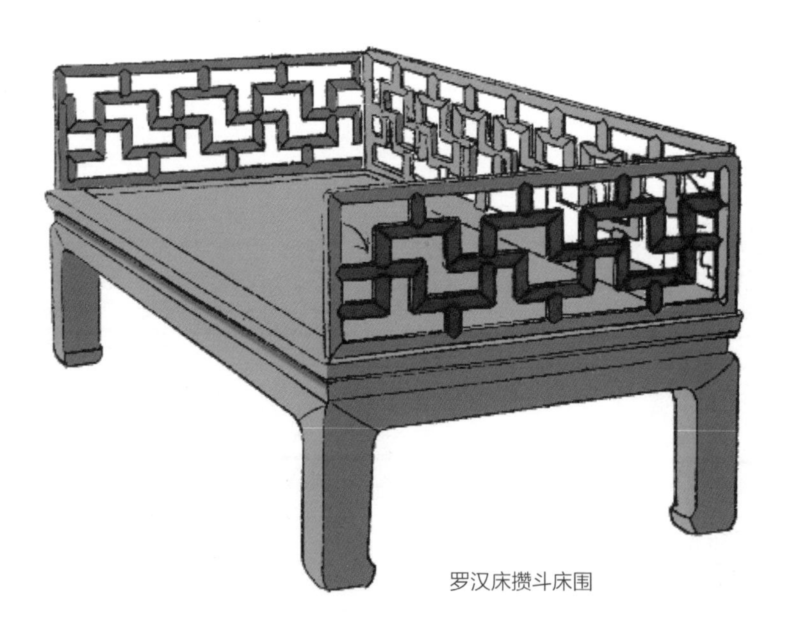

罗汉床攒斗床围

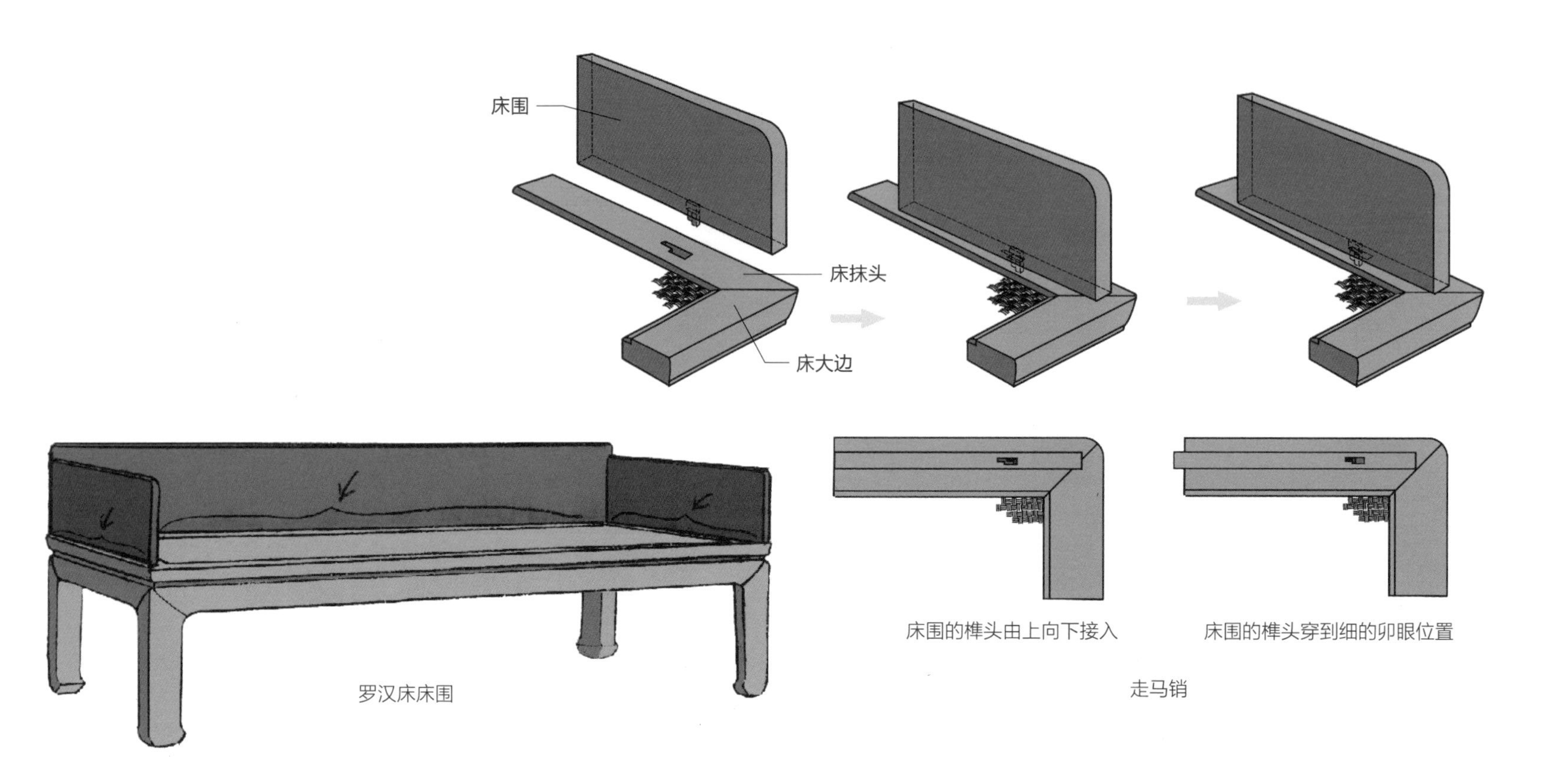

罗汉床床围

走马销

牙子和枨子

中国古典家具中有很多部件是因结构需要而出现的，它们也是造型的基本部分，因而在表现造型细节的同时往往也承担了结构的作用。中国古典家具就像有机体一样，既有结构美，又有造型美，是结构和造型的统一。

中国古典家具吸收了古代大木构架和壶门台座的特点，以立木做支柱，以横木做连接，为了使这种四方形的构造稳定坚固，所以使用了多种构件将横竖材连接固定，并将受力均匀地传递到各个构件。牙子和枨子就是两种使用频繁、变化丰富的构件，因为这两种部件不仅起到结构作用，还承担了造型的功能，其丰富的变化使中国古典家具产生了丰富的造型。

牙子局部图

壹·牙子

牙子主要用在家具面下两腿之间或者横、竖材相交处。在家具中的使用是借鉴了古代建筑中的枋和雀替，起到支撑加固的作用。牙子是因结构而产生的构件，同时也是造型的组成部分。牙子在中国古典家具发展的过程中，已经形成多种造型形式，主要有刀板牙子、壶门牙子、花牙子、洼堂肚牙子、券口牙子、圈口牙子、披水牙子、托角牙子、倒挂牙子、站牙等。

刀板牙子

刀板牙子，又称刀牙板，是牙子中最简单的制式，有牙条通直，牙头下沿光素抹角的特点。主要用在桌、案、椅、凳、橱、柜面下两腿之间，起到连接两腿、承托面板的作用。刀板牙子的牙头、牙条或一木连做，或分做榫接。刀板牙子的造型变化很微妙，牙条粗细和牙头长短宽窄，牙条、牙头连接处的曲线和牙头的倒角曲线，以及牙条、牙头上的起线等细节使刀板牙子呈现出丰富的造型变化。

刀板牙子的造型可以随家具整体的造型而变化，其微妙的变化，使家具有了不同的造型表现。明式家具中经典的圆腿平头案就是使用了刀板牙子。

壶门牙子

壶门牙子亦是桌、案、椅、凳、橱、柜面下两腿之间常用的牙子，牙条自中心向两端对称做出翻转曲线，并以牙头收尾。壶门主要参考了古代壶门须弥座上的曲线，因其曲线翻转优雅而被家具吸收，用在构件的装饰中。壶门牙子就是通过曲线的不同翻转而表现独特的曲线美，与家具的其他曲线呼应配合。壶门牙子或简或繁，有的只作两次翻转，有的作多次翻转，或于壶门曲线之上浮雕花卉、螭龙等纹样，趣味迥异。

壶门牙子的丰富变化

花牙子

花牙子是指牙头部分做雕刻装饰，但依然起到承接加固的作用。花牙子的牙头部分或浅浮雕，或透雕，而牙条部分大多光素，与之呼应。若是全光素的家具上使用花牙子，则可成为整件家具的亮点；若在施以装饰的家具上使用花牙子，则可与装饰相得益彰。其中雕刻云头的花牙子称作云头牙子，云头牙子翻卷云纹，多在光素的平头案、翘头案上使用。

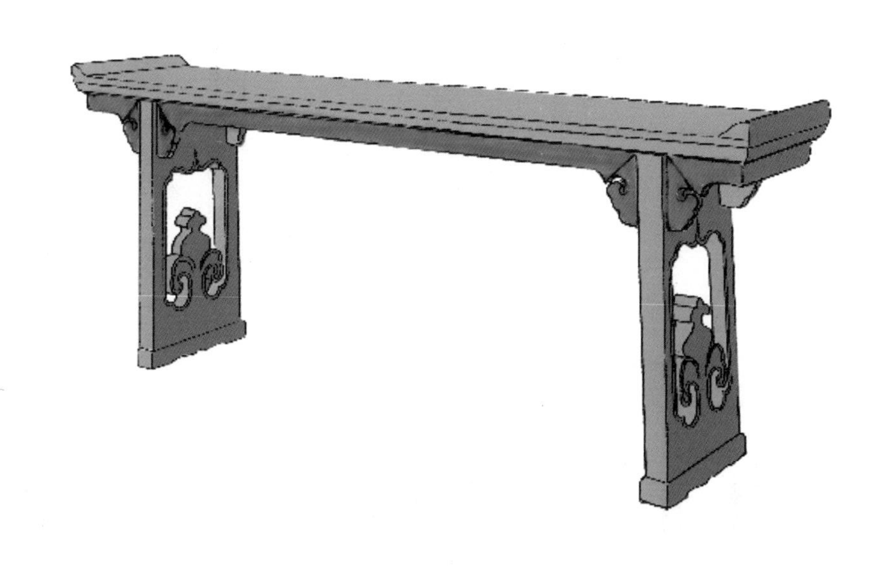

洼堂肚牙子

洼堂肚牙子由直牙条变化而来，是指牙条中部曲线下垂成弧线。洼堂肚牙子曲线张力十足，与腿足的曲线呼应，营造出独特的曲线变化。

券口牙子

券口牙子是指牙头拉长成条，与牙条共三根板条安装在方形或长方形的框格中，形成栱券。券口牙子一般使用在横竖构件围成的四框内，特别是椅面下两腿之间使用较多，主要起到坚固作用。也多使用在橱柜等的抽屉脸部，主要起到装饰作用。券口牙子有直牙条、壶门、洼堂肚等不同的形式。

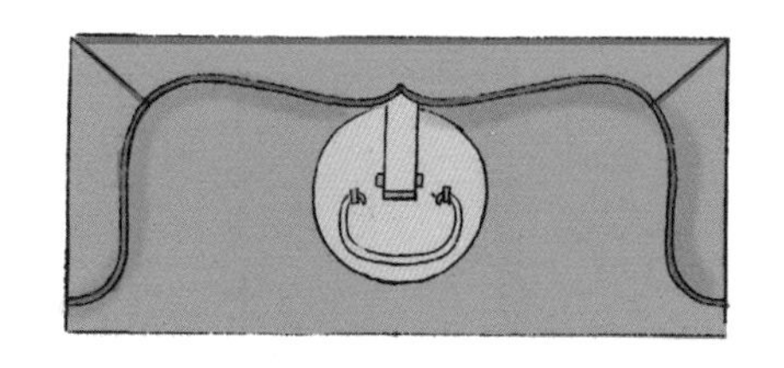

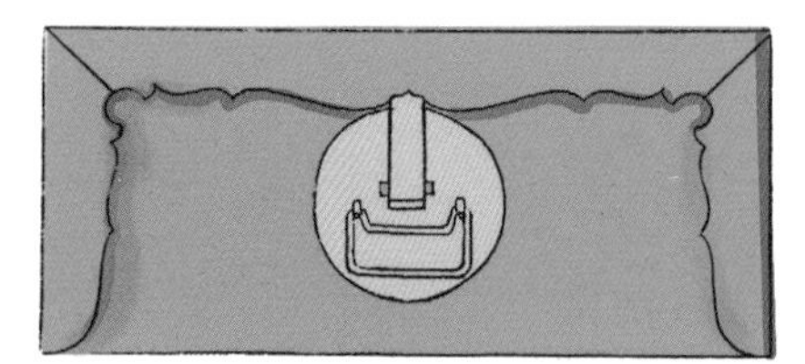

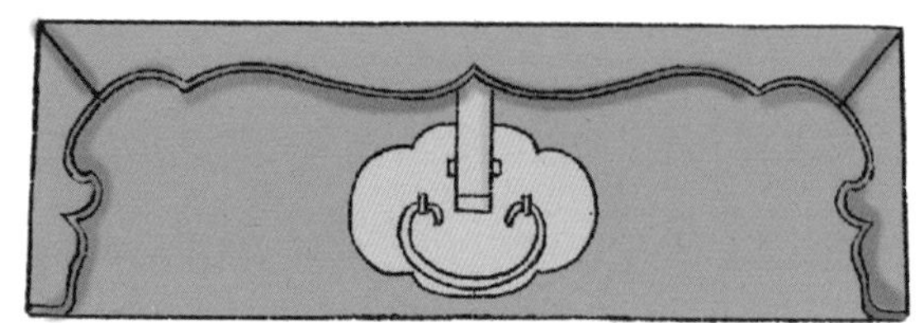

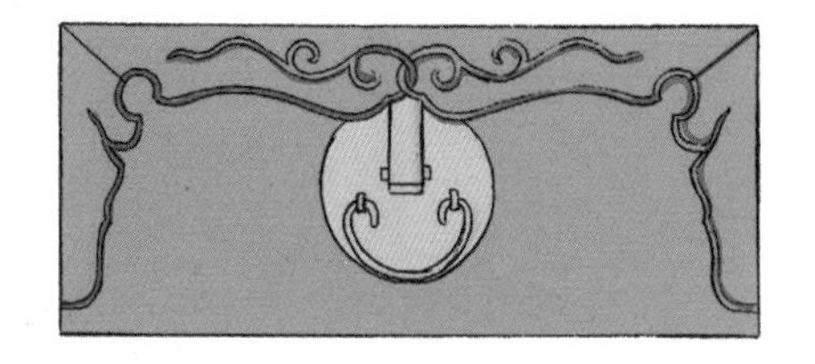

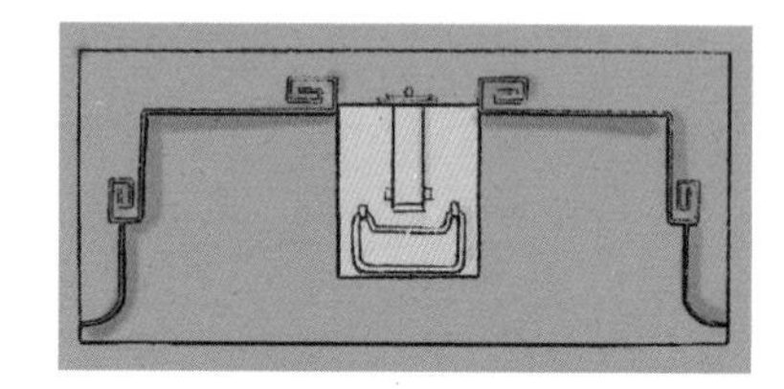

抽屉上壶门券口牙子的丰富变化

圈口牙子

圈口牙子是指四块板条安装在方形或长方形的框格中，形成完整的周圈，中间围合成一空间，故此得名。主要起到加固和装饰的作用。圈口牙子围合的空间形状受四块板条内缘的曲线影响，有方形抹角、椭圆、壶门、洼堂肚、方形委角等。

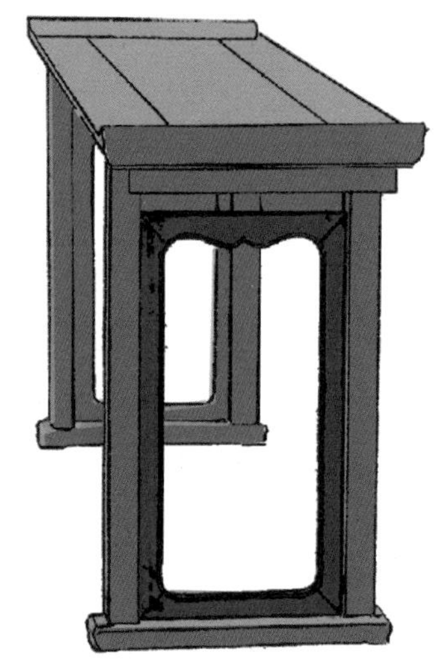

翘头案的壶门圈口牙子

平头案上的洼堂肚圈口牙子

圈口牙子的丰富变化

座屏的壶门披水牙子

披水牙子

披水牙子一般使用在座屏、衣架上。前后两块牙子倾斜如八字，与两个座墩相连，起到加固两座墩的作用，同时也将座墩和屏风结合成一体，并勾勒出屏风的下围曲线。披水牙子或光素、或浮雕吉祥纹饰，下部或通直、或成壶门曲线，使座屏、衣架的曲线更加柔美婉转。

托角牙子

托角牙子简称角牙，是安装在两构件相交成角处的牙子，起到加固两构件的作用。如安装在椅子、衣架、盆架等搭脑和后腿上截相交成角处、椅子扶手和前腿上截相交成角处、桌案面与腿足相交成角处的牙子。托角牙子较小，一般做一些装饰以增加细节，或起阳线、或雕刻纹样、或攒斗成纹饰以勾勒曲线。

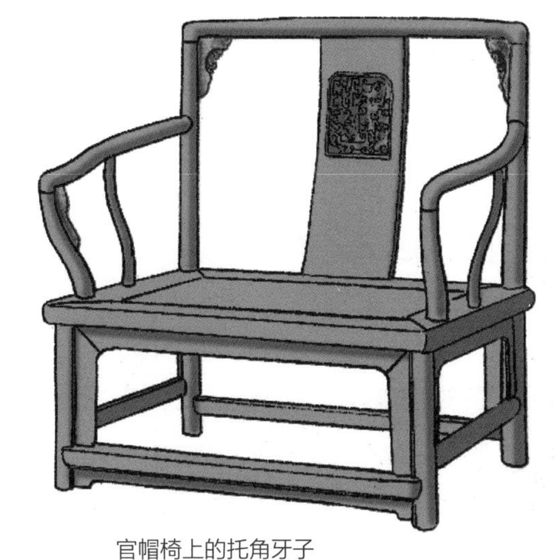

官帽椅上的托角牙子

八仙桌上的托角牙子

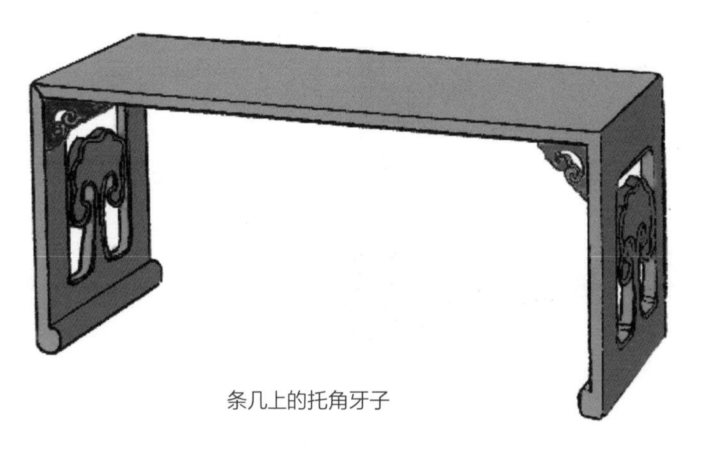

条几上的托角牙子

倒挂牙子

倒挂牙子尤为特别，呈现倒挂之势，专指上宽下窄、纵边长于攒边的角牙。倒挂牙子因其造型特点，多置于较长竖材与较短横材相交成角处。常用于椅、凳、屏、架的搭脑与腿上截相交成角处。

衣架上的倒挂牙子

盆架上的倒挂牙子

衣架上的站牙

站牙

站牙是一种立在屏风坐墩上，在屏风的大框前后抵夹立柱的牙子。主要起到固定屏风座墩和大框的作用，同时也塑造着屏风侧面的造型。站牙造型丰富，或为壶瓶、或为螭龙、或为云纹，多为浅浮雕或透雕，与屏风总体风格相合。

方杌上的直枨

平头案上的直枨

贰·枨

枨是腿足之间的构件，主要有直枨、梯子枨、踏脚枨、赶枨、罗锅枨（高栱罗锅枨、罗锅枨加卡子花、罗锅枨加矮老等）、霸王枨、裹腿枨、十字枨等，类似古建筑中的梁。

直枨

直枨是枨子最基本的造型，是平直没有起伏变化的枨子。直枨连接相邻两腿足，起到加固的作用。直枨一般朴素无装饰，或仅在细节上稍作处理，如起阳线、打洼、做瓜棱状等线脚处理。

梯子枨

梯子枨是指两根直枨上下并列设置于两侧腿足之间，不仅起到加固的作用，还使造型具有韵律感。一般用在椅子、平头案、翘头案等两侧腿足之间的位置。

平头案上的梯子枨

高低桌上的梯子枨

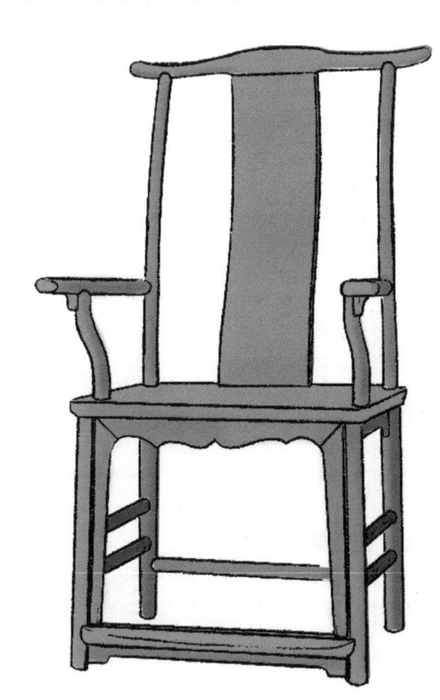

官帽椅上的梯子枨

踏脚枨

踏脚枨是指椅子前腿之间下部可以置脚的枨子，一般由直枨和牙子结合组成，其尺度适合使用者脚踏在上面。直枨因为长期受脚摩擦会出现下凹的曲线，现代仿古家具也因此将踏脚枨做成下凹的形状。

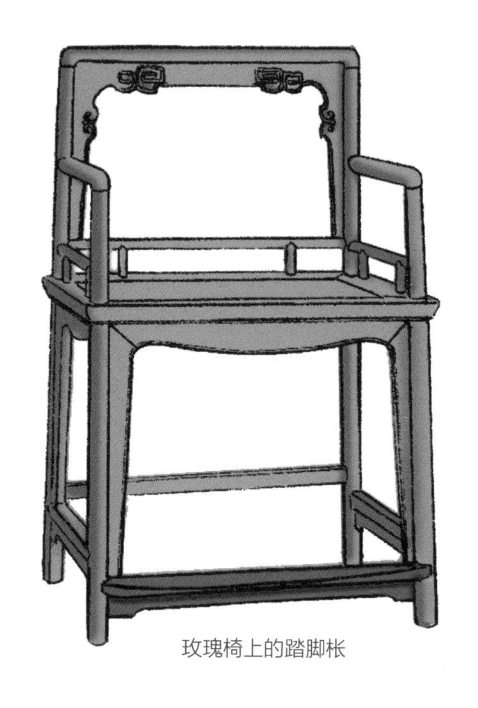

玫瑰椅上的踏脚枨

官帽椅上的踏脚枨

圈椅上的步步高赶枨

靠背椅上的赶枨

赶枨

赶枨是指在椅子四腿之间的四根枨子，一般变换高度，使卯眼分散，保证腿足的坚固耐用。赶枨的做法中有一种被称作步步高赶枨，是指在椅子四腿之间的四根枨子自前向后呈现依次升高的做法，也是交错枨与腿榫接点的做法，其中前腿之间的踏脚枨最低，两侧枨子稍高，后枨最高，有步步升高之意，寓意吉祥。一般的赶枨都是前腿之间的踏脚枨和后腿之间的横枨略低，两侧的枨子略高，既保证四腿的稳定坚固，又使腿足上的卯眼交错，避免了卯眼集中影响腿足的坚固度。

罗锅枨

罗锅枨是指枨子中部渐起高出一截的做法，渐起部分犹如罗锅的造型，故名罗锅枨。桌案腿间一般需要设直枨来保证腿足的坚固，但是也造成了桌案下容腿空间的减少，会有挡腿的不足，因此使用罗锅枨进行缓解。在桌案两腿之间设罗锅枨既能使其坚固，又能将中间部分抬起，增加容腿空间。

罗锅枨不仅单独使用，还多与牙子、矮老、卡子花等部件结合使用。一种做法是罗锅枨高起，直顶到上面的直牙条上，这种高起显著的罗锅枨一般称为高栱罗锅枨。

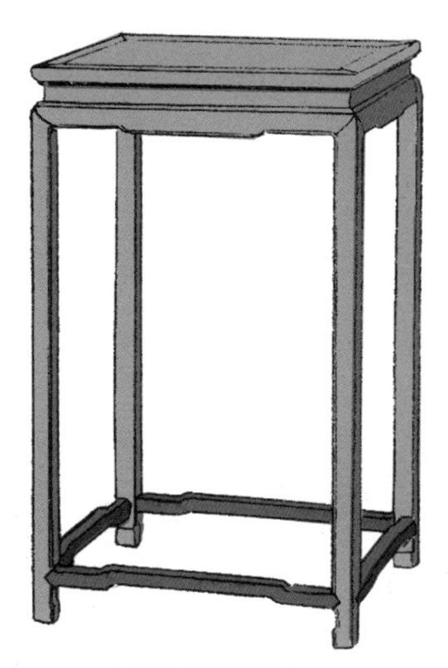

方几上的罗锅枨

抽屉柜上的罗锅枨

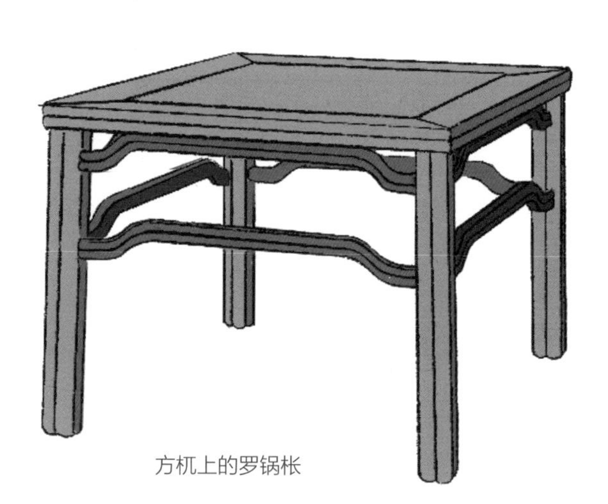

方杌上的罗锅枨

一腿三牙方桌上的罗锅枨加卡子花

方杌上的罗锅枨加卡子花

有束腰方杌上的罗锅枨加矮老

另一种做法是罗锅枨变形与矮老成一体，进行有序排列，作为连接桌案面板和腿足的加固构件，这种变化可以很大，形成特殊的造型样式。

还有一种做法是罗锅枨与矮老结合，直接顶到桌案面下部，矮老可以有长短、粗细、疏密等丰富变化，与罗锅枨结合，既隔出空间，又相互交融。

方杌上的罗锅枨加矮老

方桌上的变体罗锅枨

霸王枨

霸王枨是连接桌案面板和腿足的部件，主要作用是将桌案面板所受的力承接传送至腿足，从而实现承重的作用。霸王枨的另一个优点是：可以使腿足之间不需要设置横枨来加固。这样就使得面板下空间更加宽敞，使用者临桌案就座，腿下空间不再受限制。

霸王枨上端托着面心的穿带，用销钉固定，下端与腿足连接。枨子下端的榫头向上勾，造成半个银锭形，腿足上的卯眼下大上小，而且向下扣，榫头从卯眼下部口大处纳入，向上一推，便勾挂住了。下面的空当再垫塞木楔，枨子就被固定住。

方几上的霸王枨

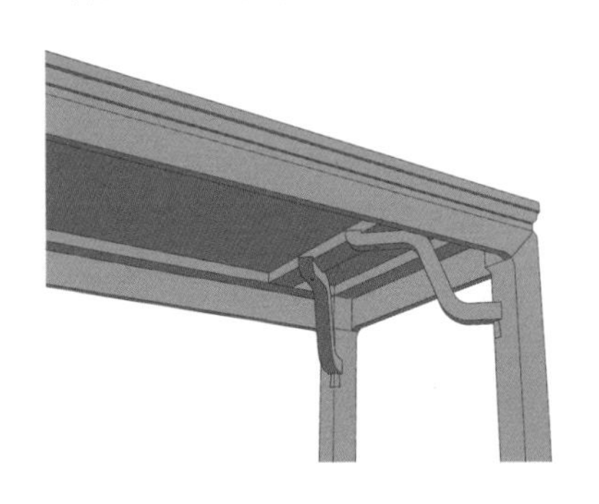

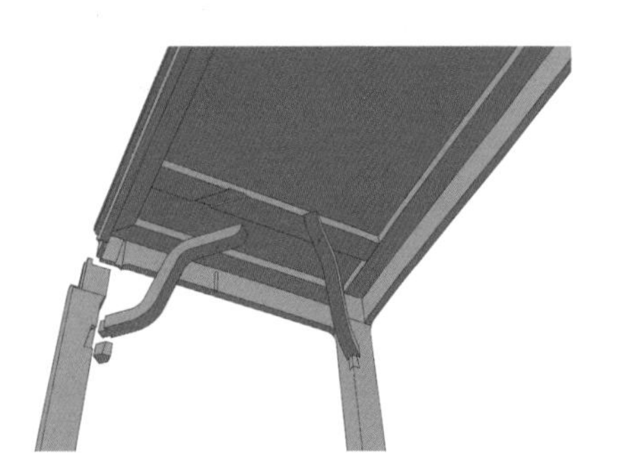

方桌上的裹腿枨

裹腿枨

裹腿枨亦称裹脚枨、圆包圆，是模仿竹制家具的一种做法。其四腿间的枨子在腿部同一高度，枨子高出腿部表面，四面交圈，好像是将家具腿缠裹起来。采用裹腿枨的桌类一般会使用垛边和劈料两种做法辅助。垛边是指顺着桌面边抹底面外缘加贴一圈木条，借以增加边抹看面的厚度。

在采用裹腿枨的家具中，垛边的木条与桌面冰盘沿一起做成两个或多个平行混面的线脚，从而营造出垛边的木条宽度看似桌面厚度的假象。如果桌面较厚，也会在桌面边缘设置两个或多个平行混面线脚，这种做法称作劈料。垛边和劈料是两种效果相反的做法，垛边的目的是增加边抹看面的厚度，而劈料的目的则是将较厚边抹看面劈成两个或多个混面，使桌面看似是由多层木板叠合而成。垛边和劈料的使用，与裹腿枨产生的交圈混面相呼应。

十字枨

十字枨是连接腿足比较特殊的枨子，一般的枨子是连接相邻两腿足，而十字枨是连接对角的两腿足，两对成角的腿足各用一根枨子连接，两根枨子相交成十字形，故得名。十字枨比较少见，可在方杌、方桌中见到。

有束腰方杌的十字枨一

有束腰方杌的十字枨二

榫卯

传统工艺的秘密

第七章 经典小木作

中国传统小木作有多种不同的分类方法，家具等按制作材料可分为硬木家具和柴木家具等；按使用功能可分为坐具、承具、卧具、庋具、屏座具和台架具等。

小木作分类

中国传统小木作有多种不同的分类方法，按家具产生的历史时期可分为商周家具、春秋战国家具、秦汉家具、三国两晋南北朝家具、隋唐家具、宋代家具、明代家具和清代家具等；按制作材料可分为硬木家具和柴木家具等；按家具风格可分为明式家具、清式家具等；按使用功能可分为坐具、承具、卧具、庋具、屏座具和台架具等。目前中国古典家具研究领域通常按使用功能分类，这一家具分类方法是由中国明式家具研究学者杨耀教授首次提出的。

坐具

坐具是最实用的家具种类，是宴饮、办公、待客和休憩等情境下常用的家具。在中国历史上，人们的生活习惯从席地而坐最终转变为垂足而坐，坐具也从席垫等矮型坐具转变成适合于垂足而坐的高型坐具。坐具因人们使用需求的不同而出现不同的种类和造型变化，主要分为杌凳、条凳、春凳、坐墩、靠背椅、四出头官帽椅、不出头官帽椅、圈椅、玫瑰椅、交杌、交椅等。不同种类的坐具均具有坐具的共性，但也有各自不同的造型和结构特点。

壹 · 杌凳

杌凳是无靠背和扶手的坐具，也称杌子或凳子，不同的地区名称不同。“杌”字见《玉篇》:“树无枝也”。从此义可以想到以“杌”作为坐具之名，是专指没有靠背的一类，以区别于有靠背的“椅”。

杌凳一般较轻巧，方便搬动，摆设自由。因其没有靠背和扶手，且坐面四周是开敞的，坐上去没有方向限制，比较自由。虽然轻巧，但其结构却足够严谨坚固，可以承担不同重量的使用者。杌凳坐面一般为正方形或长方形，长宽差别不大。杌凳按造型一般可分为有束腰杌凳和梁柱式杌凳两种。

甲 · 有束腰杌凳

有束腰杌凳主要的造型特点是坐面下收束腰，束腰下连接牙子和腿足，腿足或直接落地，或承托泥。腿足或为内翻马蹄，或为三弯腿，或为其他变体。为保证杌凳的坚固，多在腿足之间安装角牙、横枨、罗锅枨等连接构件，托泥也能起到连接加固的作用。杌凳比一般有扶手靠背的椅子矮，一般不设踏脚枨，使用者坐在上面脚直接落地，对杌凳的容腿空间也没有太多的要求，因此，连接构件位于腿部的高度要求比较自由。有束腰杌凳主要的造型设计细节包括整体长宽高比例、坐面边抹冰盘沿、束腰、牙子曲线及雕饰、腿足形状以及腿间连接构件等。

洼堂肚牙子有束腰杌凳

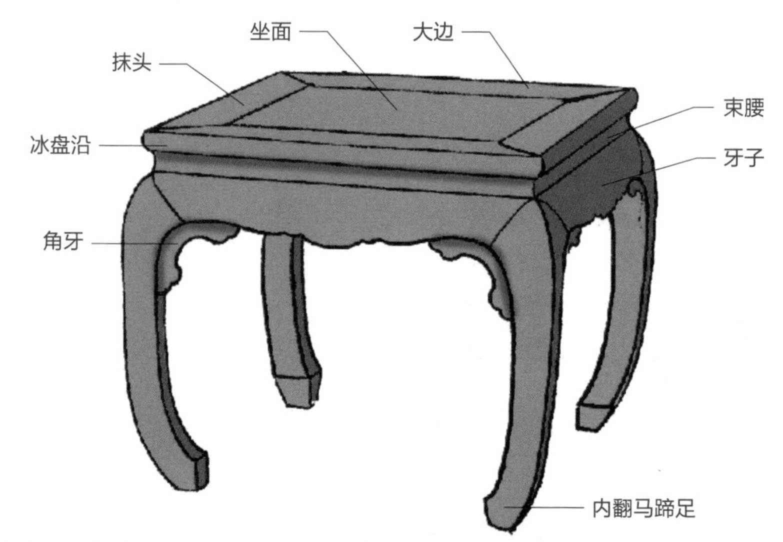

有束腰杌凳各部分的名称

内翻马蹄腿有束腰杌凳

内翻马蹄腿是指将杌凳足部内面挖掉一部分，形成向内翻转的马蹄造型。内翻马蹄腿轮廓曲线的微妙变化，配合腿间连接构件的变化，可以影响杌凳的整体造型。

有束腰杌凳（腿间设罗锅枨加固）

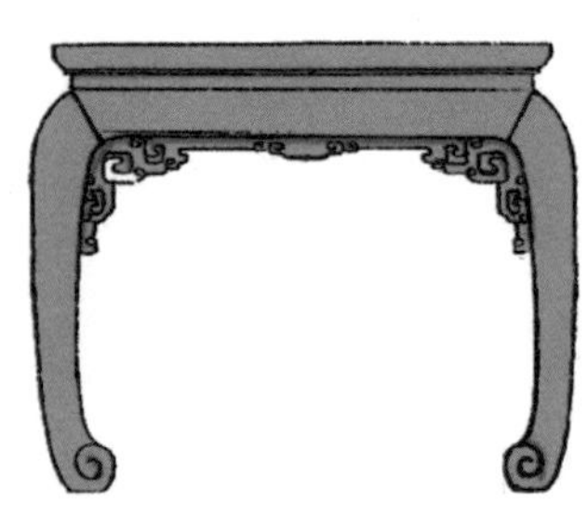

内翻马蹄腿拐子纹杌凳

洼堂肚牙子杌凳

壶门牙子杌凳

三弯腿有束腰杌凳

三弯腿是指杌凳腿足轮廓曲线成“S”形变化，三弯腿曲度变化较大，具活泼灵动感。三弯腿的轮廓曲线变化微妙，配合腿间牙子、枨子的处理，可以产生丰富的造型变化。

壶门牙子卷草纹杌凳

壶门牙子三弯腿杌凳

四面平杌凳

四面平杌凳的造型特点为杌凳的看面、侧面、坐面互相垂直。四面平杌凳是有束腰杌凳的变体，下承马蹄，不能连接圆腿。四面平杌凳马蹄腿、牙条、腿间横枨可以出现多种变化，产生不同的造型。

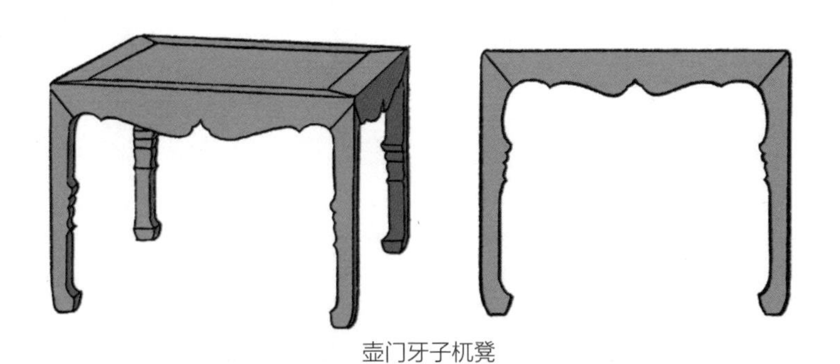

壶门牙子杌凳

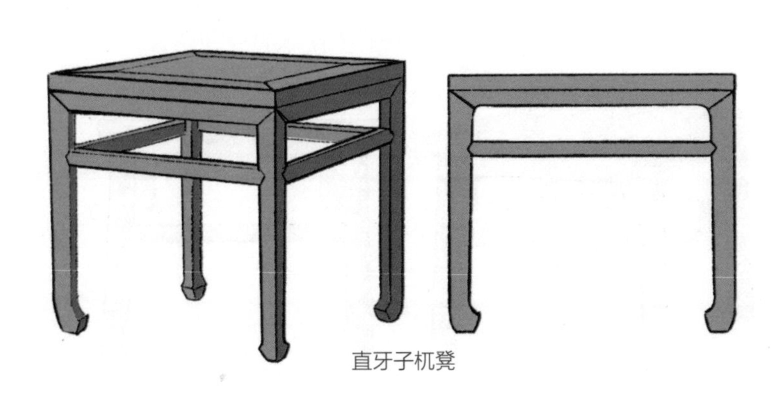

直牙子杌凳

洼堂肚牙子杌凳

乙·梁柱式杌凳

梁柱式杌凳主要的造型特点是坐面下直接连接四腿，直腿着地，坐面下腿间以牙子、横枨、梯子枨、罗锅枨、罗锅枨加矮老、罗锅枨加卡子花等构件连接，既起到加固作用，又是造型的基本组成部分。

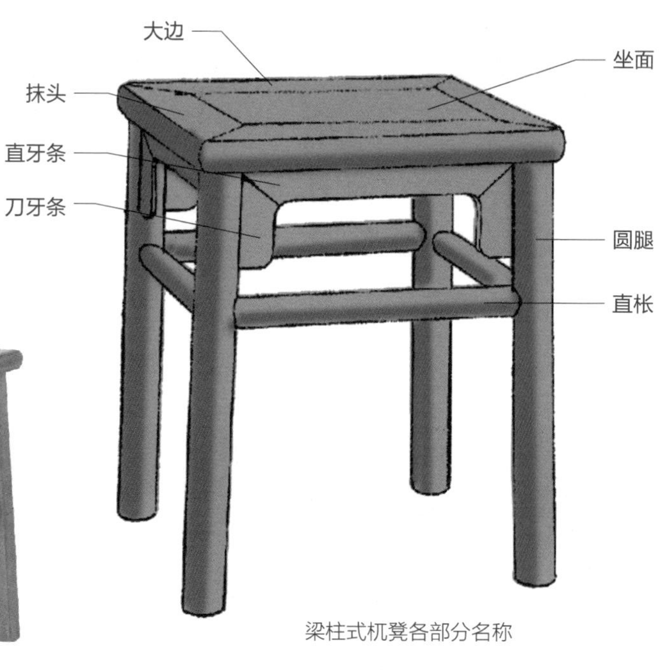

梁柱式杌凳各部分名称

刀板牙子杌凳一

裹腿枨杌凳

刀牙板子圆腿杌凳

梁柱式杌凳有一种经典的造型是刀板牙子、直枨、圆腿杌凳，其造型特点是坐面下接四圆腿，腿间使用刀板牙子，牙子下使用横枨连接相邻两腿。刀板牙子、横枨、圆腿杌凳简洁无饰，只有光素的构件连接，既具备了坚固功能，又产生了立体的空间感。

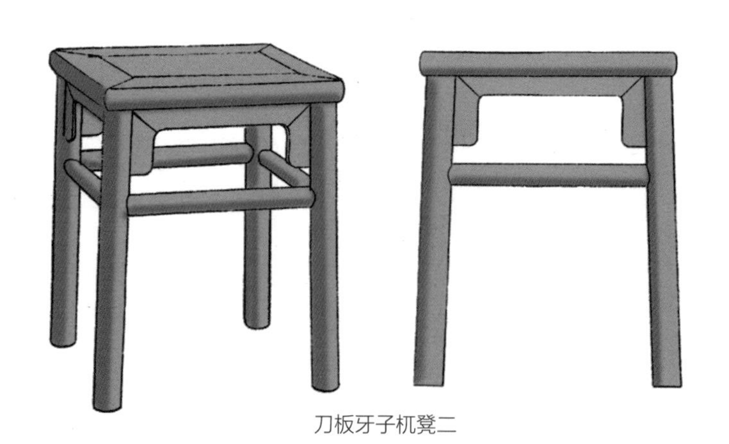

刀板牙子杌凳二

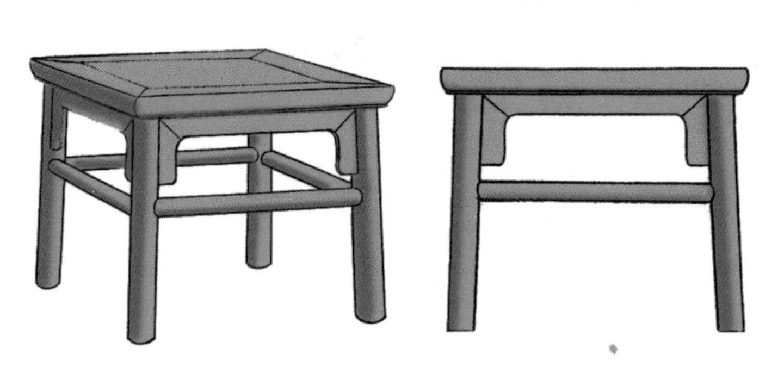

刀板牙子大杌凳

罗锅枨矮老杌凳

罗锅枨和矮老是经常搭配使用的构件组合，矮老将坐面和罗锅枨连接起来，将坐面受到的力通过罗锅枨传递至腿足。

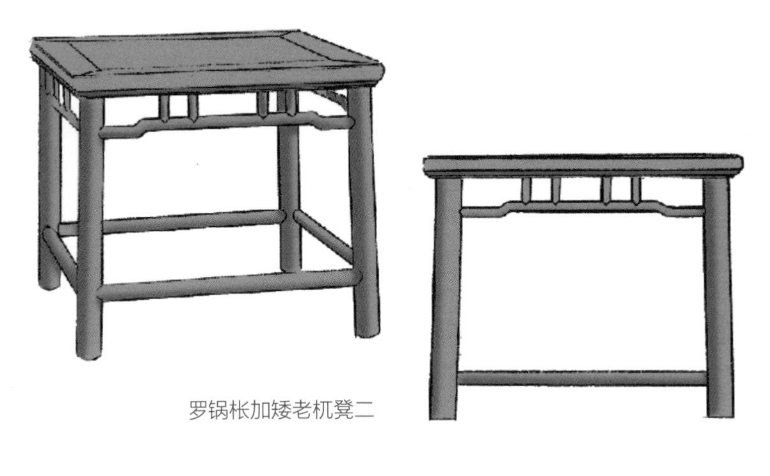

罗锅枨加矮老杌凳二

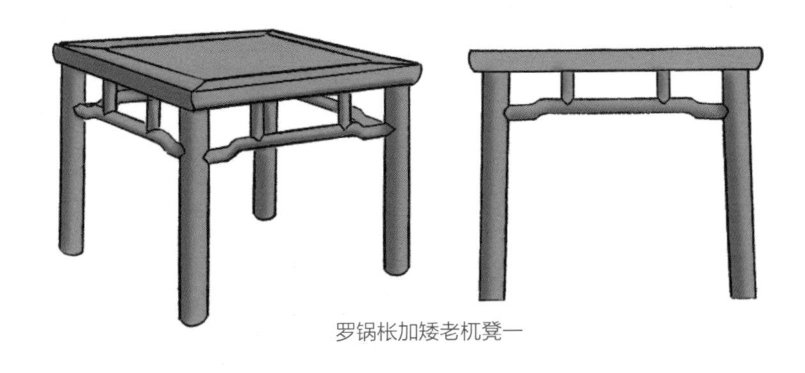

罗锅枨加矮老杌凳一

裹腿枨杌凳

裹腿枨是指四腿间的枨子在腿部的同一高度，枨子高出腿部表面且四面交圈，好像是将家具腿缠裹起来，是模仿竹制家具的一种做法。裹腿枨可以单独使用，也可以与罗锅枨、矮老、卡子花等结合使用，产生独特的造型样式。

裹腿枨卡子花杌凳

裹腿枨矮老绦环板杌凳

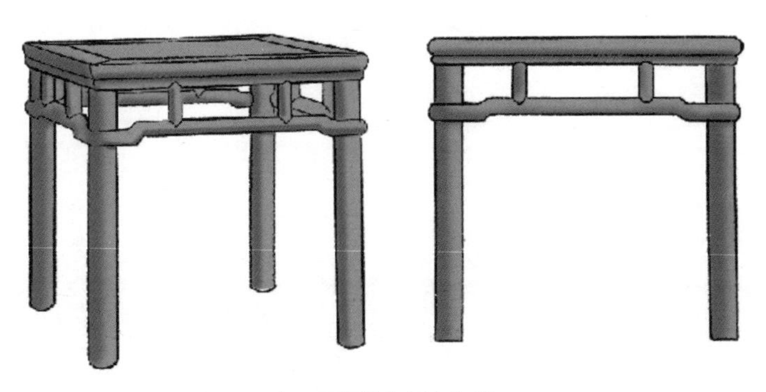

裹腿罗锅枨加矮老杌凳

有裹腿枨的杌凳中，经常可以看到坐面的踩边或劈料处理，产生与裹腿枨类似的造型样式。踩边是指顺着坐面边抹底面外缘加贴一根木条，借以增加边抹看面的厚度；劈料的做法正好与踩边相反，是指在坐面边抹上做两个或更多的平行混面线脚，看似坐面边抹好像是由多块叠加而成。踩边和劈料结合使用，与裹腿枨产生的交圈混面呼应。

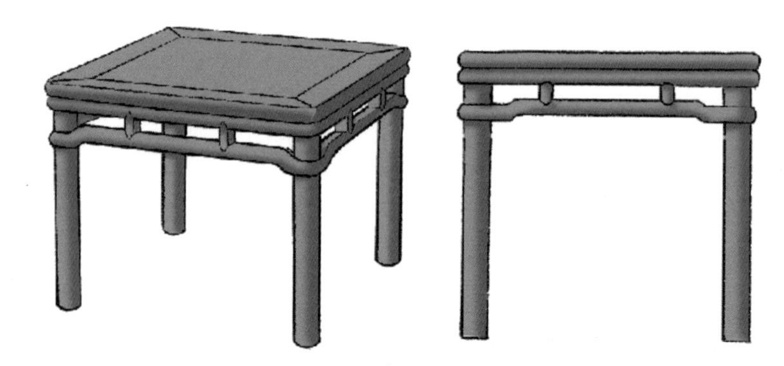

裹腿罗锅枨矮老杌凳

圆凳及其他形状面的杌凳

圆凳是指坐面为圆形的杌凳，其基本的造型元素有坐面、腿足、坐面与腿足连接构件、托泥等。因为坐面为圆形，圆凳的腿足也不是放于一般杌凳的坐面四角下，而是围着坐面下做四足、五足、六足或更多。如果圆凳有托泥，则托泥也为圆形，承接腿足，与坐面呼应。

壶门牙子四腿圆凳

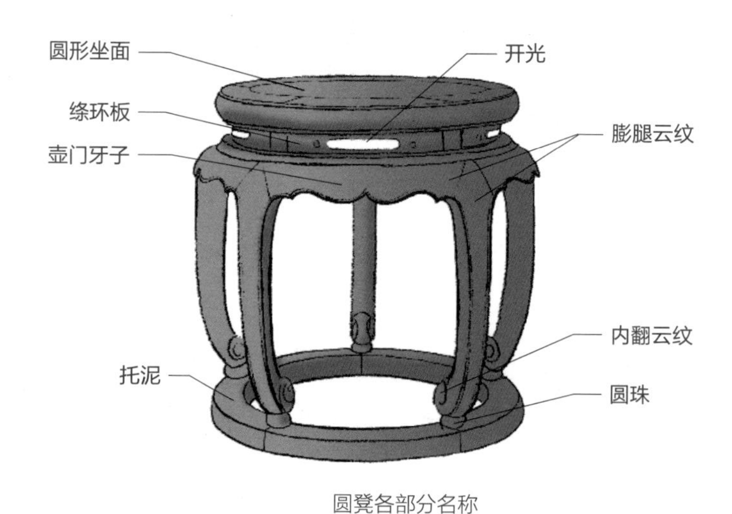

圆凳各部分名称

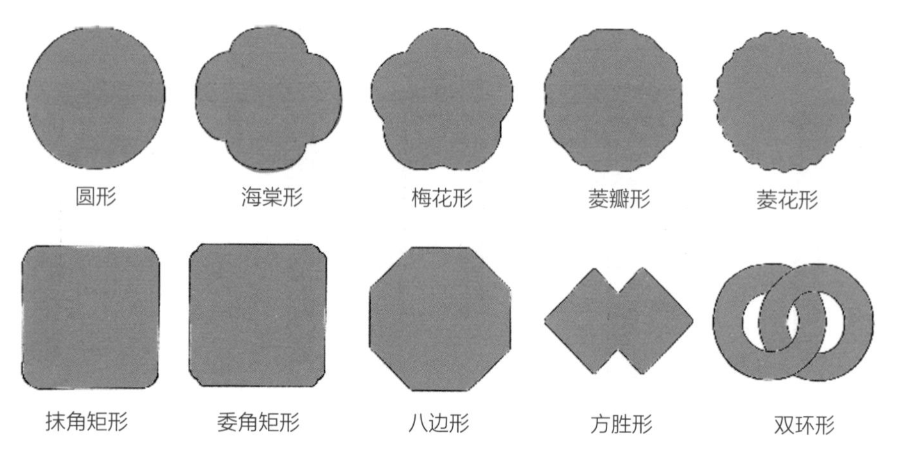

除坐面为圆形的圆凳外，也有一些坐面为异形的坐凳，如梅花式凳的坐面为五瓣梅花形；海棠式凳的坐面为四瓣海棠花形；还有方胜、双环等形状。

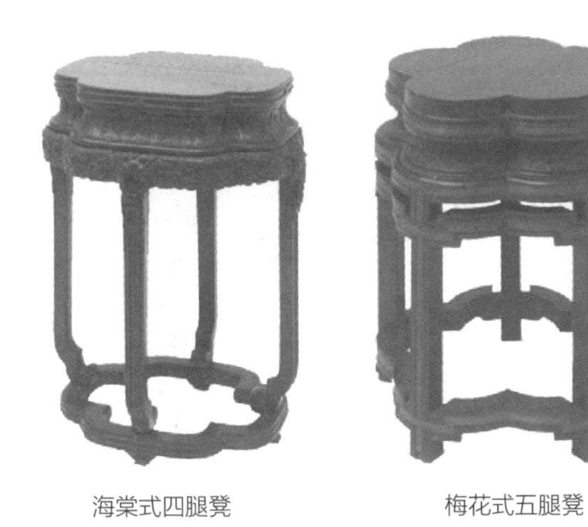

海棠式四腿凳　　梅花式五腿凳

贰 · 条凳、春凳

条凳是指窄而长的凳子，春凳则是指相对条凳较宽的长凳。条凳在北方使用较多，春凳则在南方使用较多。

云头牙子条凳

甲 · 条凳

条凳坐面窄而长，一般为独板，下接四腿，出挓明显，俗称四腿八挓，相邻两腿以枨、牙子加固。四腿出挓明显是因结构而产生的独特造型，因为坐面太窄，四腿落地时需要加大落地空间以保持条凳的稳定平衡。坐面下设牙子，因出挓明显，牙子随腿而略倾斜，牙子或为素牙子，或为花牙子。条凳根据坐面的长短又分为单人使用的条凳和多人使用的长条凳。在民间条凳多与八仙桌搭配使用，一张高桌子配两把或四把条凳，使用者围桌而坐，宋代张择端的《清明上河图》上已经出现成熟的一桌两条凳搭配使用的画面。条凳是简单实用的坐具，用料少，结构坚固，使用方便，是北方普通百姓使用最频繁的坐具之一。

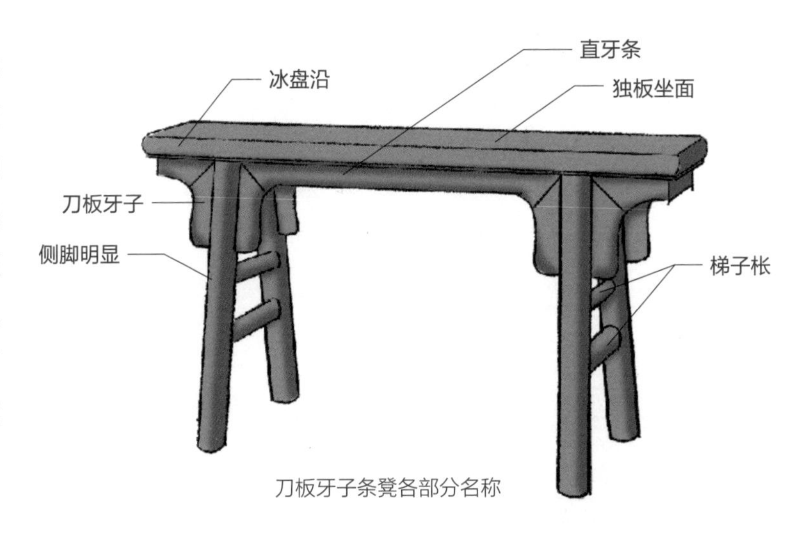

刀板牙子条凳各部分名称

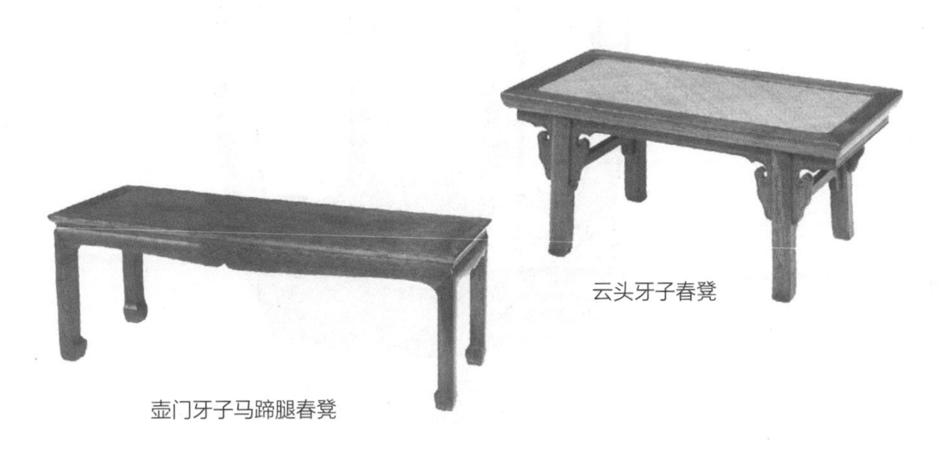

云头牙子春凳

壸门牙子马蹄腿春凳

乙 · 春凳

春凳是比条凳略宽的长凳，因坐面稍宽，不需要出明显的挓来保持平衡稳定。春凳的造型变化丰富，承具中桌案的造型变化都可以用在春凳中，如夹头榫云头牙子、腿间枨子的梁柱造型，以及内翻马蹄、罗锅枨或霸王枨的有束腰造型等。

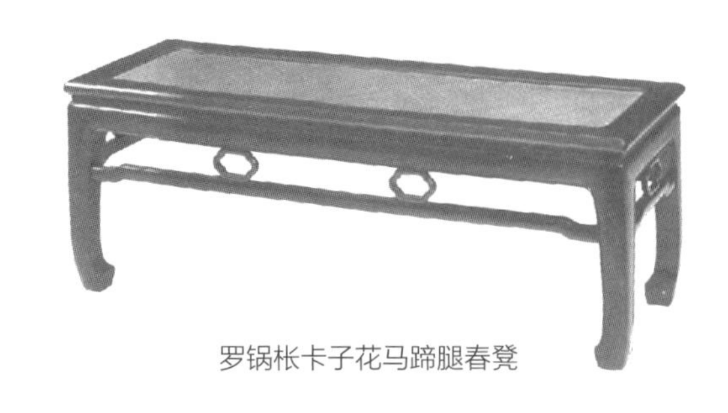

罗锅枨卡子花马蹄腿春凳

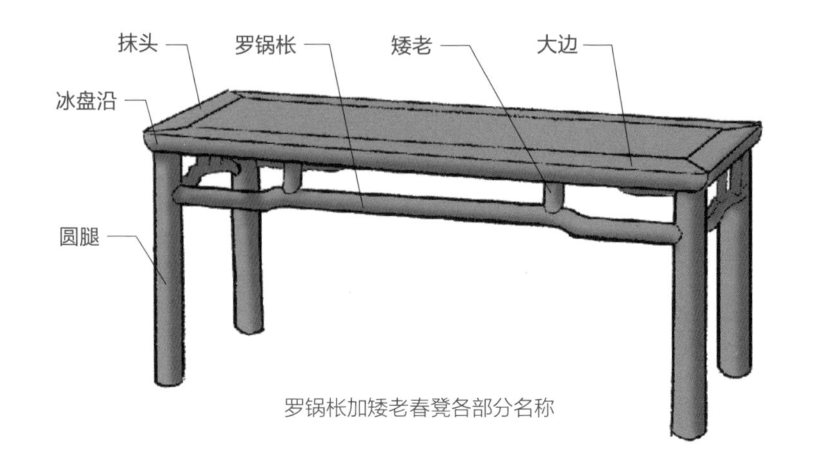

罗锅枨加矮老春凳各部分名称

直牙子五腿坐墩

叁·坐墩

坐墩是用于坐的圆形墩子，也称作绣墩、鼓墩。绣墩之意在于在坐墩之上经常铺设锦绣制作的垫子；而鼓墩之意在于坐墩多像木腔鼓的造型。鼓墩主要的造型特点为平顶坐面，坐面与下部托泥形状相同，皆为圆形或类圆形（海棠、梅花、瓜棱、椭圆等形状），在形态上与圆形的鼓面类似；其次，鼓墩在造型上与传统的木腔鼓造型相似，上下窄、中间宽，形成圆润的外凸曲线；最后，鼓墩看面上下做弦纹或鼓钉，传统木腔鼓的鼓面是由皮革蒙住，边缘用钉紧钉在鼓身，鼓墩忠实地模仿了传统木腔鼓的这一细节，大多鼓墩在靠近坐面和足部的墩壁都有几道弦纹和鼓钉。

海棠式开光鼓墩

夔龙纹坐墩

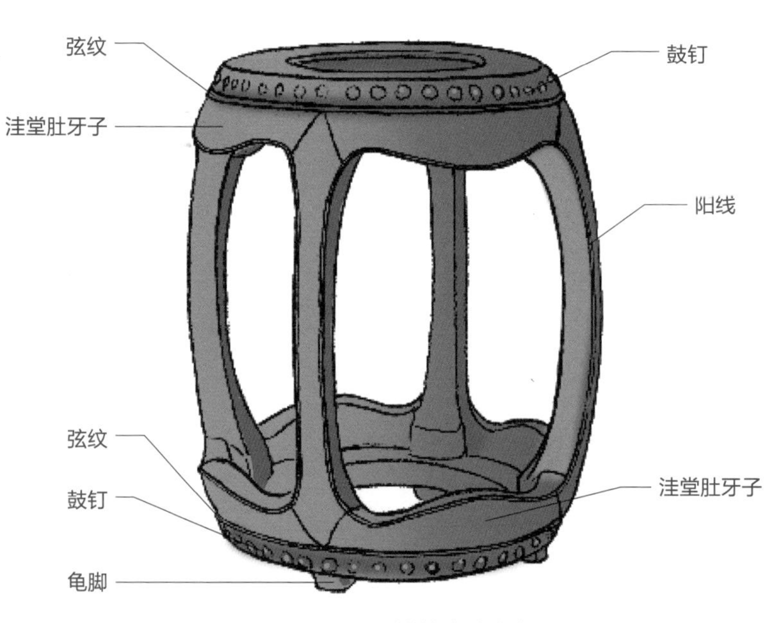

洼堂肚牙子四腿坐墩各部分名称

肆 · 靠背椅

靠背椅是指只有靠背、没有扶手的座椅，靠背给使用者必要的后背支撑。靠背椅相对扶手椅的不同在于没有扶手，也正因为没有扶手，靠背椅可以从前面和两侧三个方向就座，使用相对灵活。靠背椅相比扶手椅稍矮，使用者可以把脚直接落地就座。靠背椅的主要造型元素有搭脑、靠背板、坐面、四腿、坐面与腿间连接构件、赶枨等。所有造型元素不仅是结构的需要，还承担了塑造造型的重要作用，所有造型元素的不同处理组合产生了不同的造型样式。

搭脑是靠背之上横向的构件，主要用来承托使用者头部，使用者休息时可以将头部搭靠在上面，故得名搭脑。靠背板是使用者后背倚靠的长板，上连接搭脑，下连接坐面边抹。

坐面一般为正方形或长方形，也有少数扇形、六边形等异形坐面。坐面一般为大边和抹头四框攒成，攒框内装硬屉或软屉。坐面边抹的冰盘沿线脚可以有丰富的变化，对整体造型产生微妙的影响。

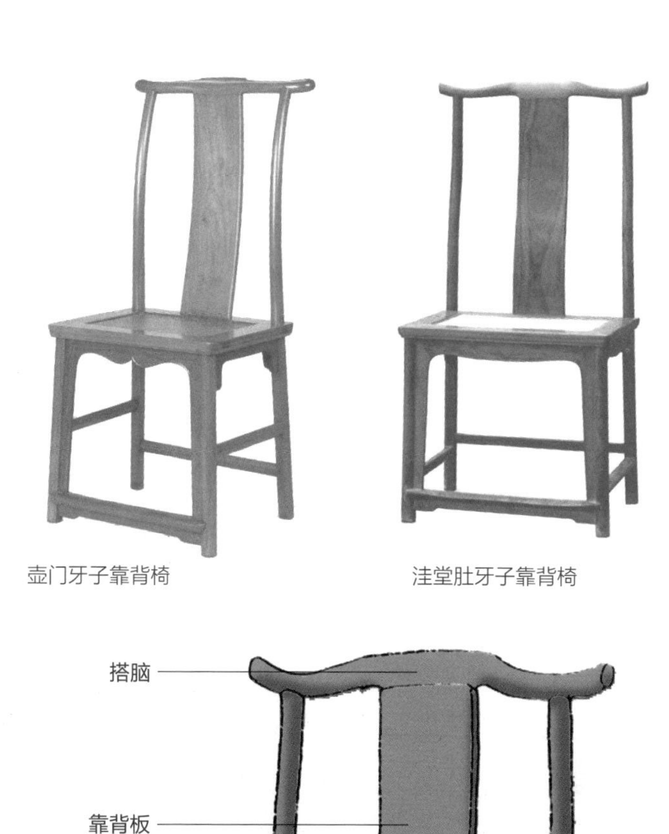

壶门牙子靠背椅　　洼堂肚牙子靠背椅

罗锅枨矮老靠背椅

直牙条券口靠背椅

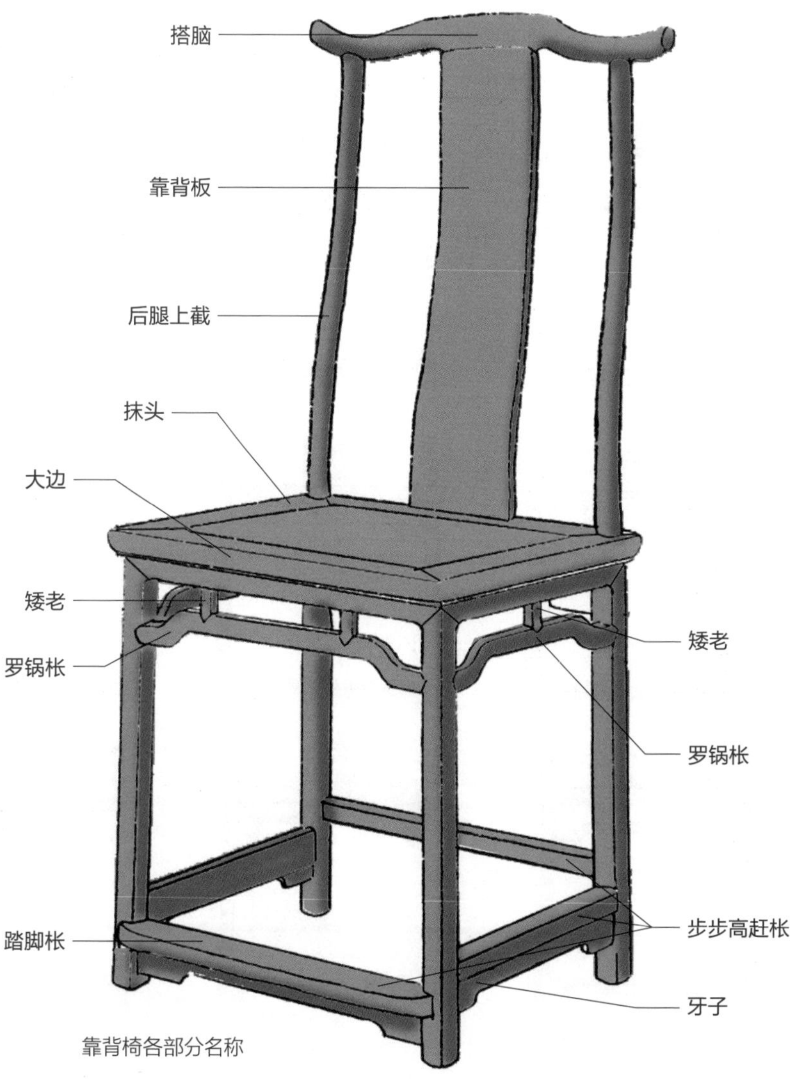

靠背椅各部分名称

靠背椅的四腿截面或为圆形，或内方外圆，或正方抹角等，四腿微挓，以使座椅更加稳定平衡。两后腿与坐面上后腿上截多用一木连做，但后腿和后腿上截截面各自不同。

坐面与腿间连接构件主要起到加固的作用，有多种不同的处理方法，有刀板牙子、直牙条券口、壶门券口、洼堂肚券口、罗锅枨、罗锅枨加矮老、罗锅枨加卡子花、角牙等，坐面侧面与腿间连接构件与正面做法相同或略作简单处理。

赶枨是连接四腿下部的构件，也起到加固的作用。赶枨可以是侧面高、前后矮的一般赶枨，也可以是前面矮、侧面稍高、后面最高的步步高赶枨。赶枨前面的枨子都是踏脚枨，可以用来放脚，踏脚枨因为长期使用而被磨损，多呈现圆润的微凹曲线。

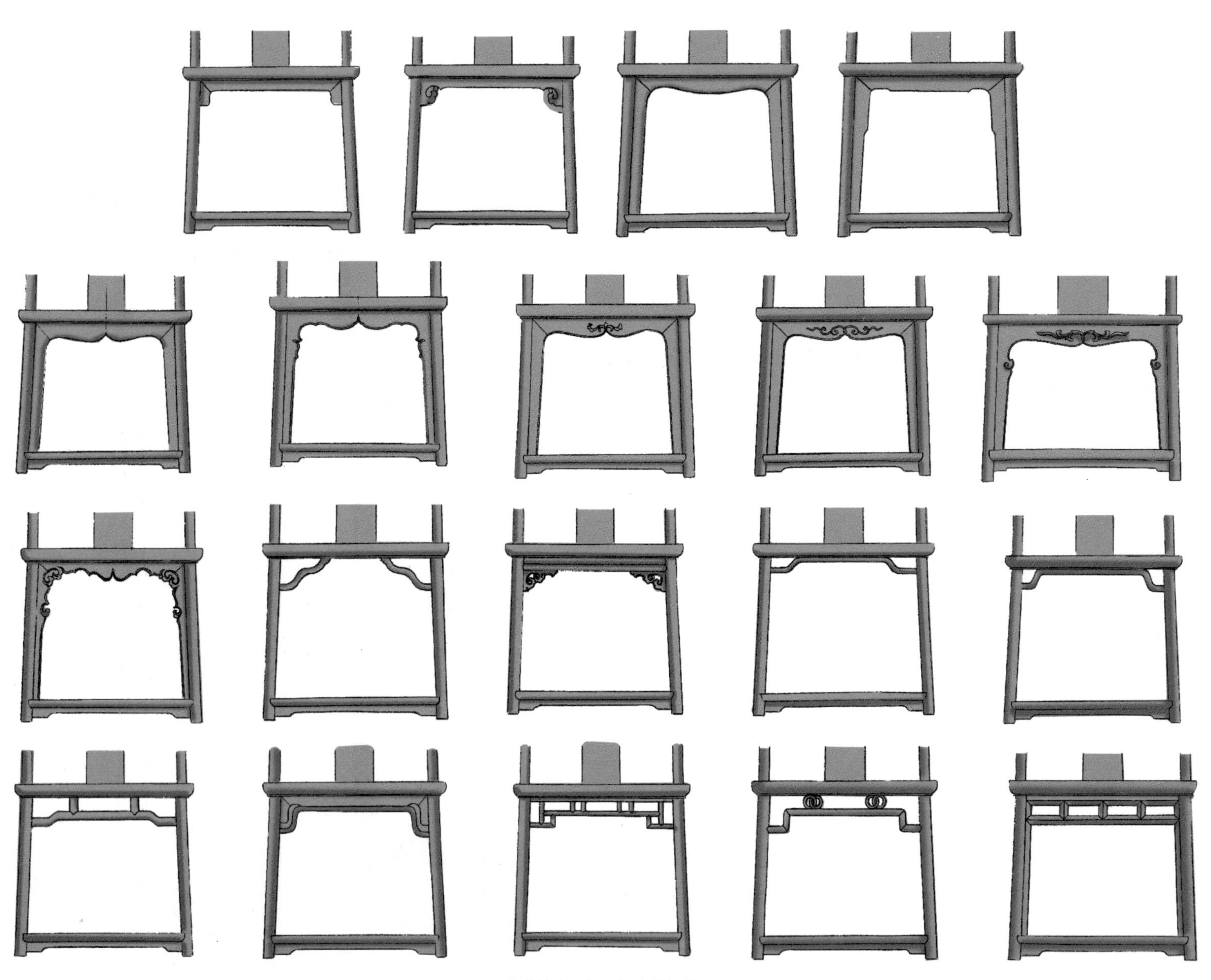

靠背椅坐面与腿间连接细节

伍·四出头官帽椅

四出头官帽椅是扶手椅的一种，是指搭脑和扶手外延皆出头的做法，因为多在北方使用，故又名北官帽椅。四出头官帽椅的靠背和扶手围合出坐的空间，使用者只能从前面就座，后背倚靠在靠背板上，胳膊和手搭在扶手上，当使用者后仰休息时，脑后部倚搭在搭脑上。四出头官帽椅比靠背椅多出扶手的构件，其他结构与靠背椅相似。四出头官帽椅的基本造型元素除了靠背椅所有的搭脑、靠背板、坐面、四腿、坐面与腿间连接构件、赶枨等之外，还增加了扶手、鹅脖、联帮棍等构件。

靠背板是连接坐面和搭脑的构件，用于承托使用者后背，使用者休息时将后背倚靠其上。靠背板用来承接使用者的后背，所以靠背板曲线主要依据人体脊柱曲线，或为S形，或为C形，有的直接采用直靠背。中国古典家具在旧时承载的不仅仅是休憩的使用功能，还体现了尊卑等级等社会因素。从人体工学的角度分析，S形靠背板的曲线是最利于后背倚靠的舒适曲线。靠背板与两侧的后腿上截共同组成了椅子的靠背，后腿上截的曲线多与靠背板的曲线相似，或者在相似中稍做变化，使靠背更有曲线的起伏变化。

壶门券口牙子四出头官帽椅　　洼堂肚券口牙子四出头官帽椅

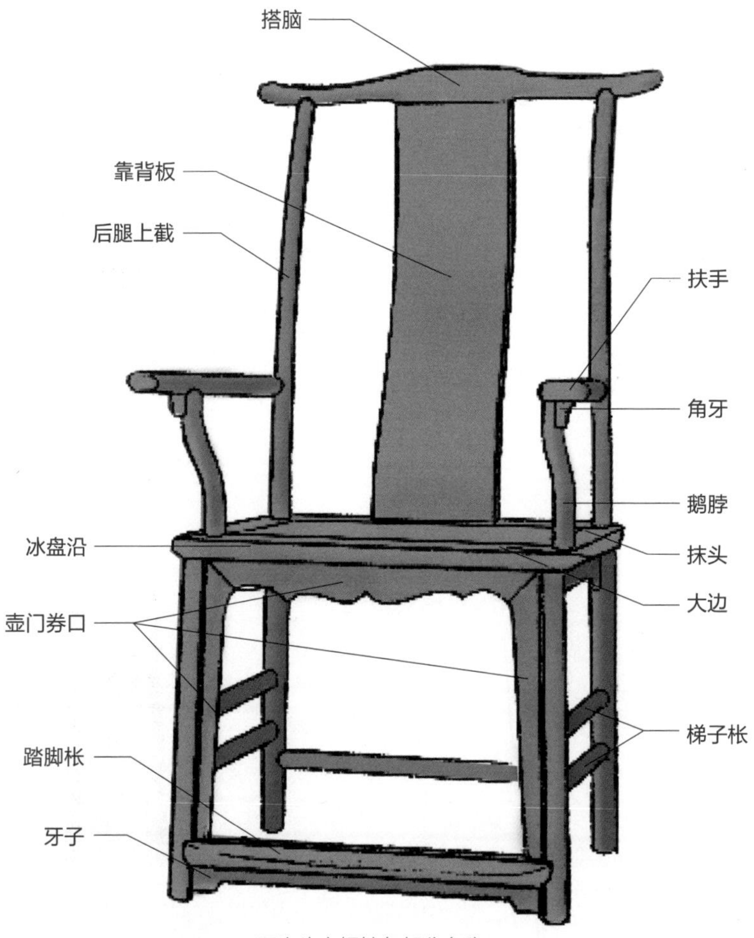

四出头官帽椅各部分名称

壶门券口牙子四出头官帽椅

刀板牙子四出头官帽椅

靠背板有的用整块木板做成，光素无饰，这样的木板一般纹理优美，且纹理的精彩之处往往在靠背板偏上部分，使整件座椅精神提气。有的则是在整木做成的靠背板偏上部分做浮雕或透雕纹样开光，有如意云纹、螭纹、卷草纹、麒麟纹等，这一细节也成为整件椅子的亮点。

有些靠背板不是整木做成，而是以横竖材三段攒成，上端依然做浮雕或透雕开光，中段或浮雕、透雕纹饰，或光素，或镶嵌瘿木、石材等，下端则多做亮脚，亮脚的做法也多变，或壶门，或卷草等。

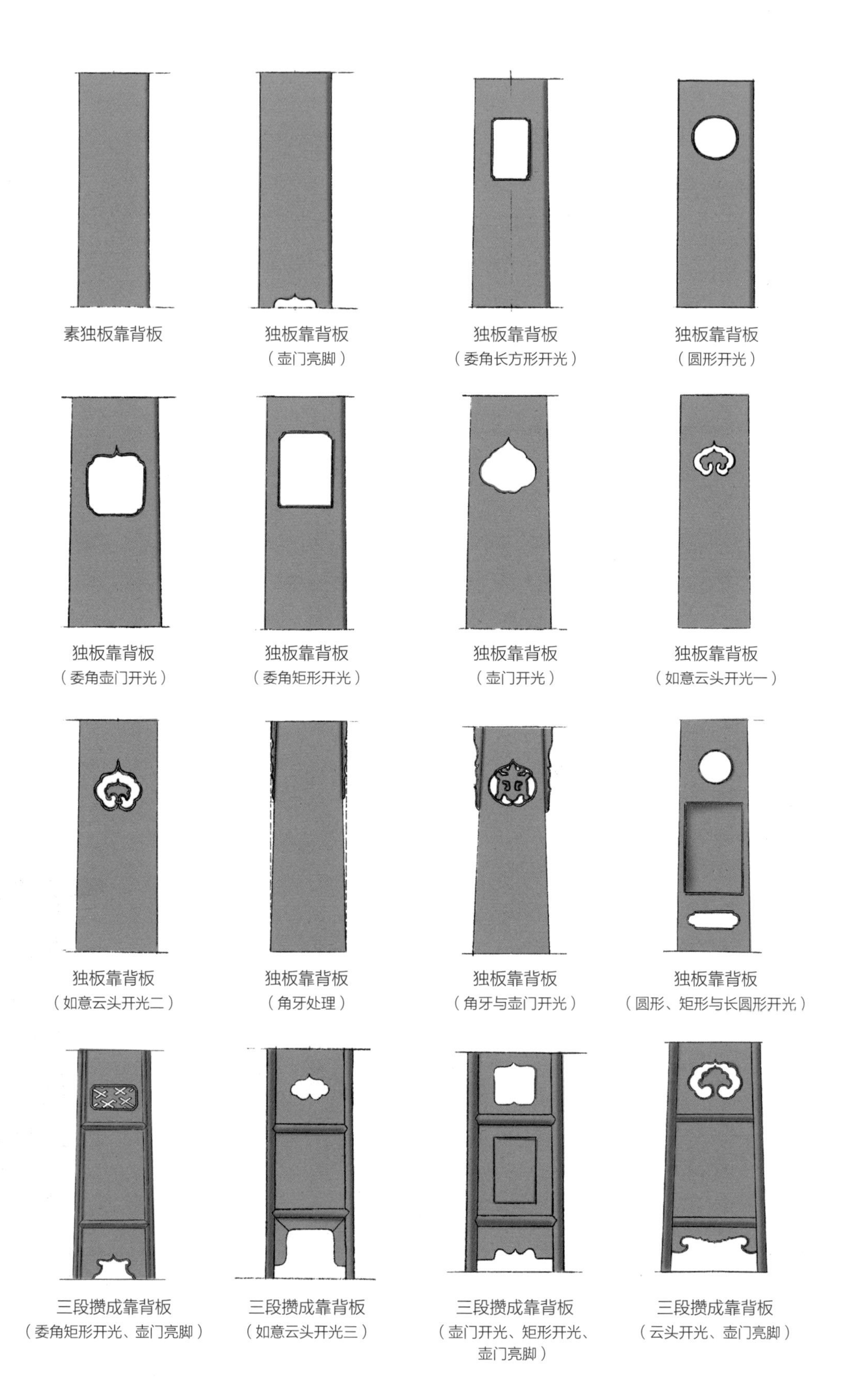

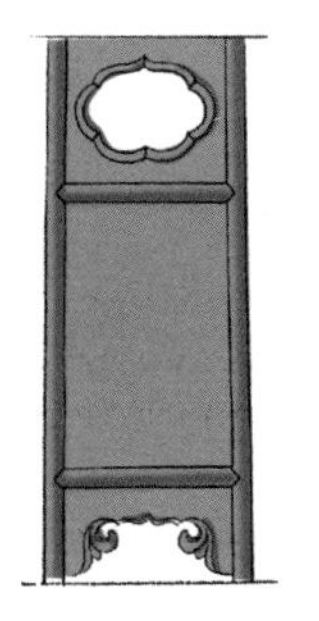

三段攒成靠背板
（壶门开光、壶门亮脚）

三段攒成靠背板
（矩形开光、双螭纹开光、壶门亮脚）

三段攒成靠背板
（壶门开光、云头亮脚）

三段攒成靠背板
（云头开光、委角矩形开光、壶门亮脚）

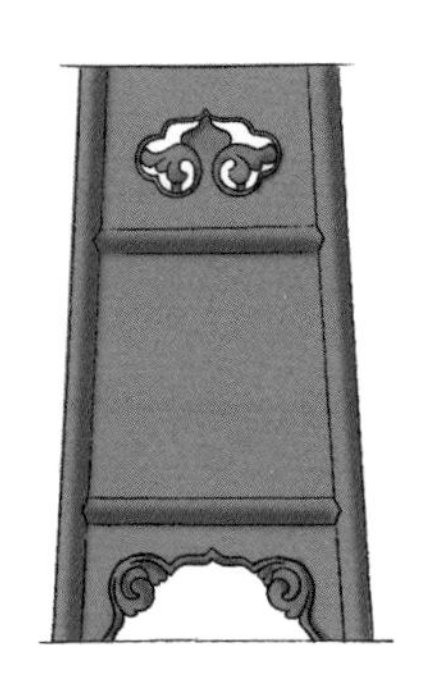

三段攒成靠背板
（壶门卷草开光、壶门亮脚）

三段攒成靠背板
（壶门开光、卷草开光、壶门亮脚）

五段攒成靠背板
（云头开光、麒麟纹开光、亮脚）

还有一些靠背板以横竖材五段攒成，每段处理方法与三段攒成的靠背板相似。

靠背板上的开光或为浮雕，或为透雕，所雕纹饰变化多样，或为几何造型，或为纹饰，是靠背板丰富的造型语言。

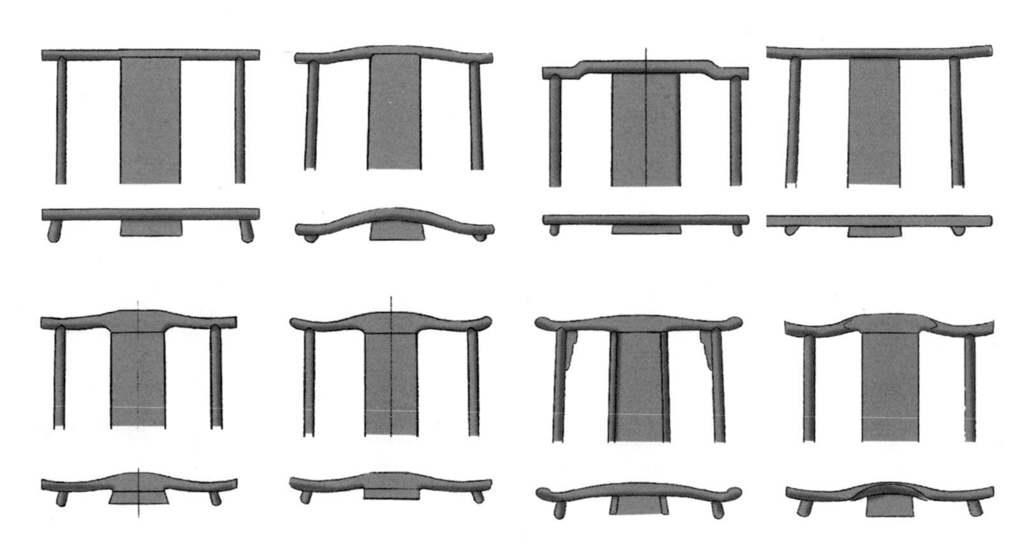

四出头官帽椅搭脑细节

搭脑在官帽椅中造型最为丰富多彩，搭脑因与人体接触，一般使用略带曲线的圆材，或者使用通直的圆材，其中部略宽、两边略细以承接头部。搭脑的造型和曲线与靠背和座椅其他线材曲线紧密相连，共同塑造整件椅子的靠背造型，或柔美细腻，或雄伟张扬，或内敛端庄，这些都在构件曲线的权衡中把握。

扶手置于坐面两侧上部，后与后腿上截相接，前与鹅脖相接，中间与联帮棍相接，主要起到承搭胳膊和手的作用。扶手的曲线多呈 S 形，前端一般外展，以舒适地承搭手部。扶手的曲线多与搭脑的曲线相合，两条曲线或劲挺，或温婉，或柔美。

鹅脖是扶手前端与坐面连接的构件，主要起到承接扶手的作用。鹅脖有两种不同做法：一种做法是鹅脖与前腿是一木连做，前腿穿过坐面上延成为鹅脖，鹅脖稍做曲线与扶手相连；另一种做法是鹅脖与前腿不是一木连做，而是在坐面上单独做榫连接，这样鹅脖的位置一般置于前腿与坐面接触点之后，鹅脖做成更大曲线与扶手前端连接。

联帮棍是为了加固扶手而另立于坐面和扶手之间的构件，如果鹅脖与前腿不是一木连做，鹅脖后置，代替了联帮棍的作用，一般不再单独设置联帮棍。在鹅脖与前腿一木连做的做法中，一般会增加联帮棍以加固。联帮棍上接扶手，下接坐面抹头，一般上细下粗，做适当曲线勾勒线条美，也有一些做雕刻装饰。后腿上截、联帮棍和鹅脖使坐面的侧面曲线多变，丰富了座椅的细节处理。

靠背板上的开光变化

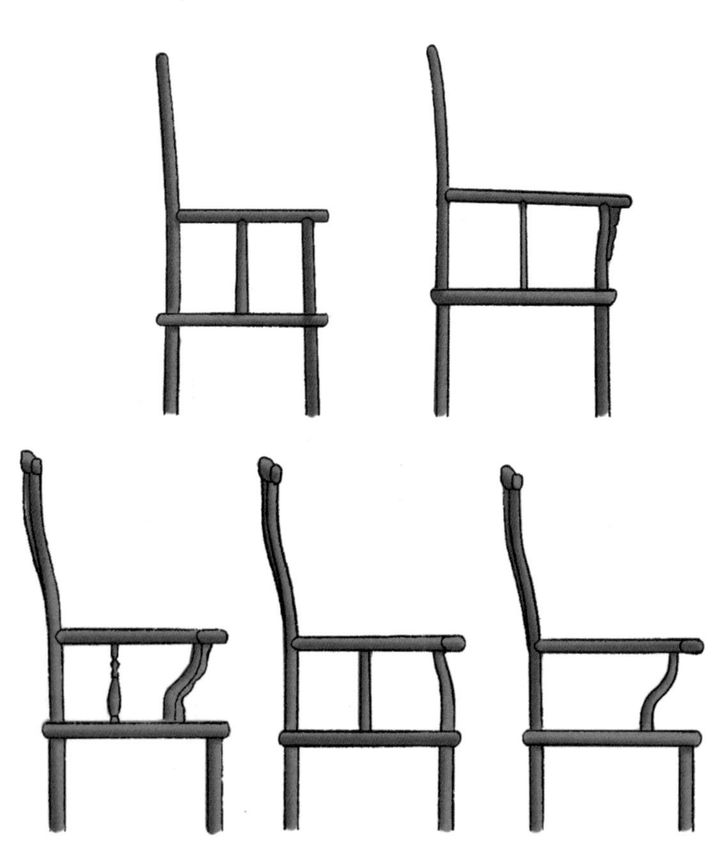

四出头官帽椅侧面细节

陆 · 不出头官帽椅

不出头官帽椅是扶手椅的一种，是指搭脑和扶手直接与后腿上截和鹅脖成角榫接，没有出头的做法，因多在南方使用，故又名南官帽椅。因搭脑和扶手的出头与否，南北官帽椅给人以不同的造型感。四出头官帽椅的搭脑和扶手一般向外舒展张开，给人挺拔、大气、张扬的感觉，而不出头官帽椅的搭脑和扶手的收尾曲线一般为内收，呈现端庄、温雅、内敛的气质。不出头官帽椅与四出头官帽椅只在搭脑和扶手是否出头上不同，其基本的造型元素与四出头官帽椅相同，主要有搭脑、靠背板、坐面、四腿、坐面与腿间连接构件、赶枨、扶手、鹅脖、联帮棍等构件。

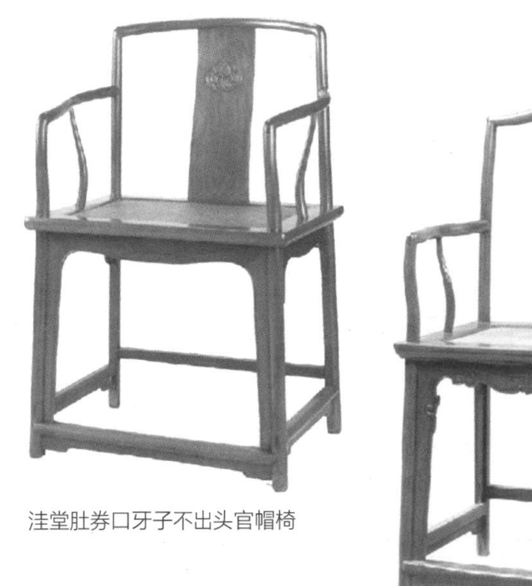

洼堂肚券口牙子不出头官帽椅

壶门券口牙子不出头官帽椅

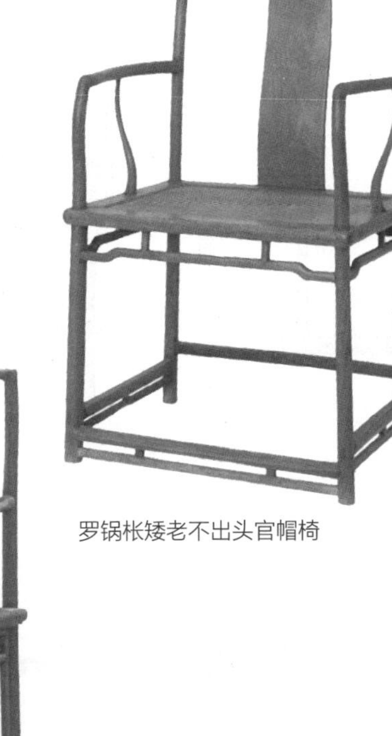

罗锅枨矮老不出头官帽椅

直枨矮老不出头官帽椅

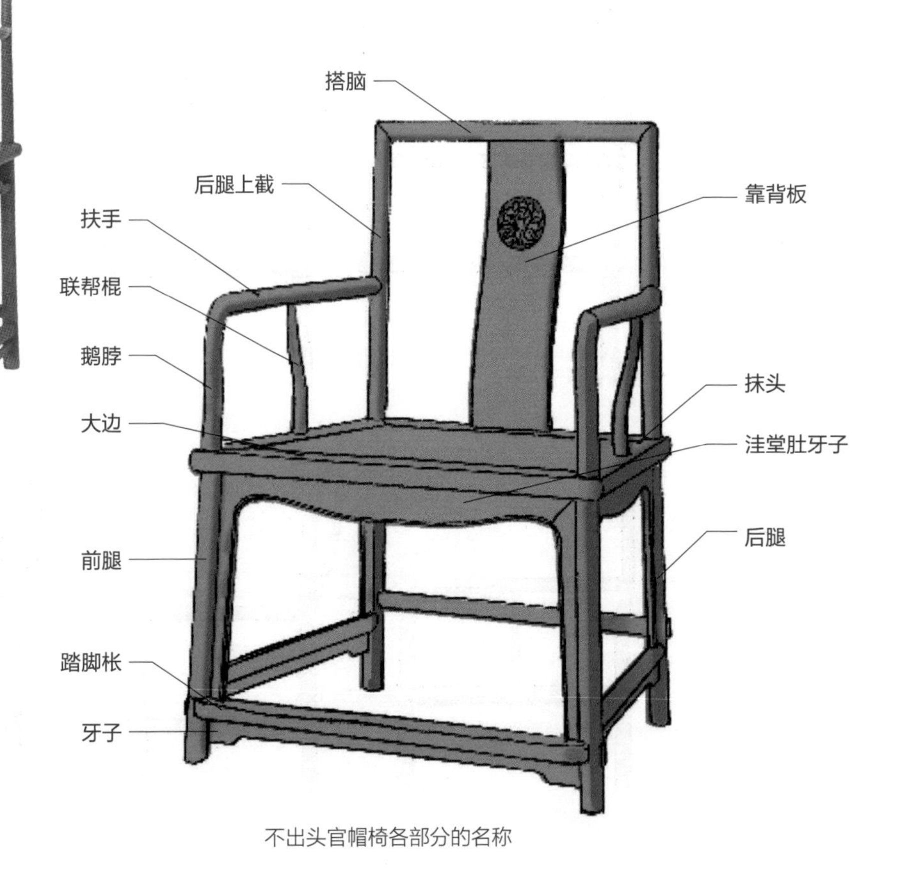

不出头官帽椅各部分的名称

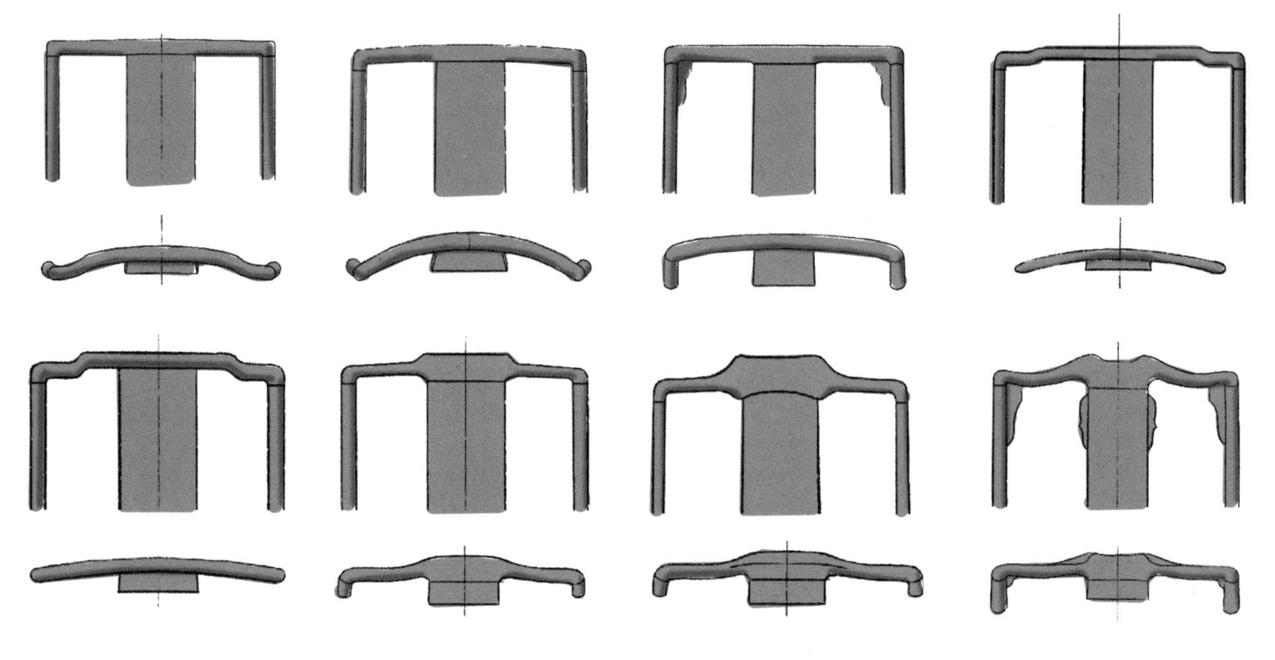

不出头官帽椅搭脑细节

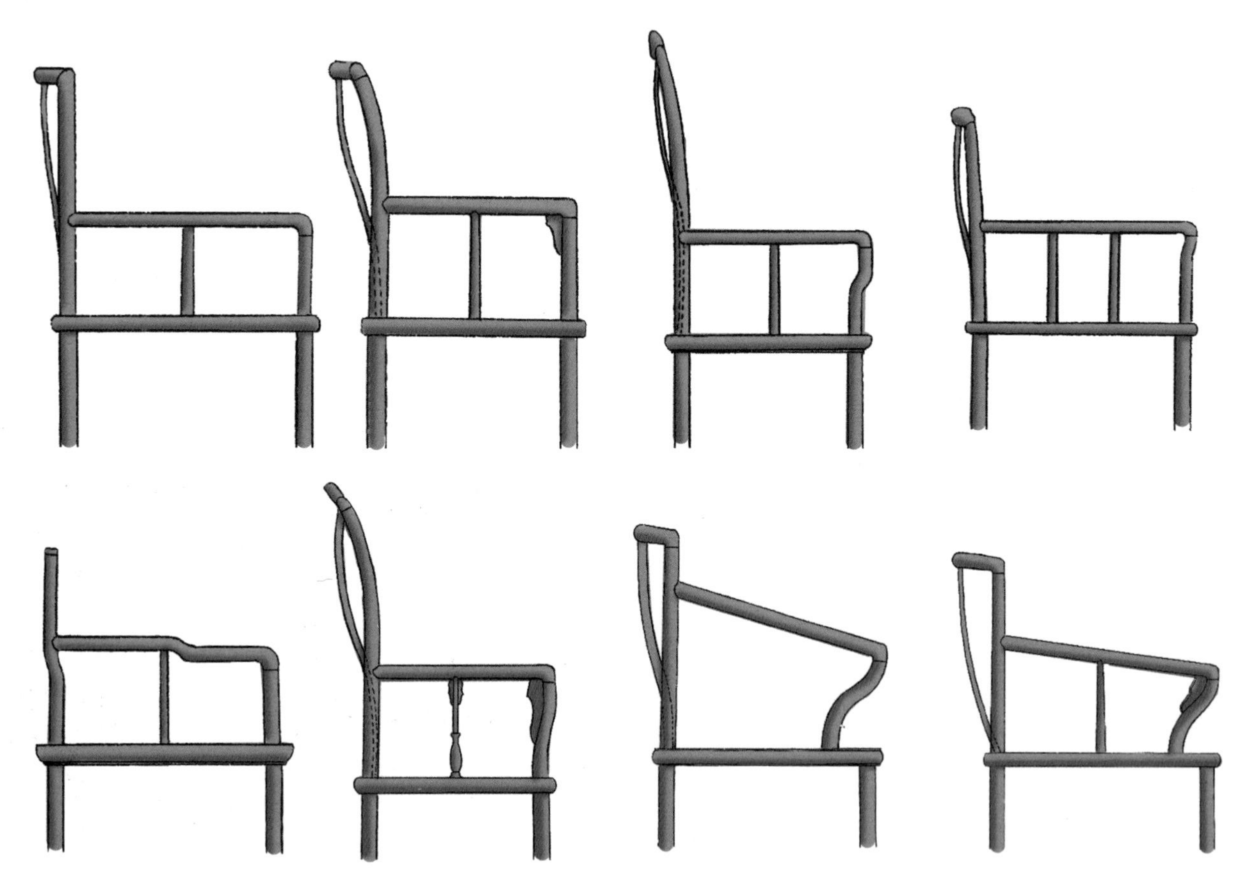

不出头官帽椅侧面细节

扇面形南官帽椅

扇面形南官帽椅一般为明清时期官宦及贵族所使用，因此在用料、结构、造型及功能上都极其考究。该椅形制大方得体，甚得文人喜爱，常设置于厅堂之上。

扇面形南官帽椅在明代流行于苏州一带，自然流露出几分南方细腻温润的情调。

“官帽椅”一词的由来并无正式记载，有专家认为因其整体造型“前高后低”，如同古代官吏所戴的帽子，因此得名。

扇面形南官帽椅各构件拆分

扇面形南官帽椅各部分名称

攒边打槽装板

椅面使用的是一种名叫“攒边打槽装板”的方法制作而成。这种做法由四根木材组成一个框架，长的木材两头开榫头，传统叫法为“大边”，短的木材两头凿卯眼，传统叫法为“抹头”，木框的内侧打好槽（榫槽），将木板的榫舌插进去。为了防止将木板坐塌陷，下方会再加一根或多根木条，称为“穿带”，并纳入大边的卯眼里。

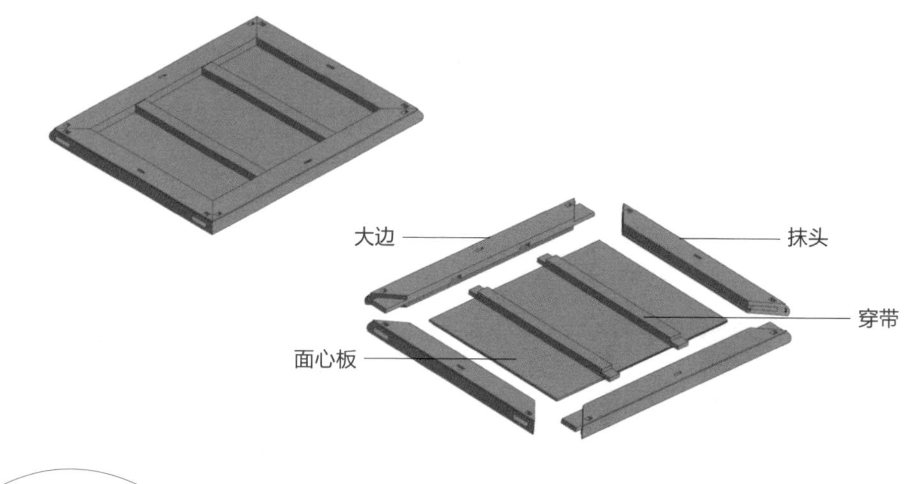

角接合

方材或圆材角接合，是指南官帽椅、玫瑰椅等搭脑、扶手和前后腿的接合。它们从外表看为斜切 45 度相交，但中有榫卯不外露，故为闷榫。

闷榫的做法有的两材尽端各出单榫，有的一端出单银锭榫，也有一端出双银锭榫的，当扣合后不能从平直的方向将它们拉开。

柒·圈椅

圈椅是指座椅的搭脑和扶手合成一圆形靠背，圆形靠背呈 C 形，前低后高，靠背板上部分最高，扶手部分最矮，椅圈于鹅脖之上部分内收并外展成扶手。椅圈一般为三段圆材或五段圆材通过楔钉榫连接而成，只有少数如水曲柳木圈椅的椅圈是使用热弯技术用整条水曲柳做成的。椅圈曲线很微妙的变化就会对圈椅整体造型产生很大的影响，也会对圈椅的舒适度产生很大的影响。设计成功的圈椅既舒适又优美，其中椅圈起到了至关重要的作用。圆润的椅圈粗细是不断变化的，也是舒展的。椅圈从后向前依次与靠背板、后腿上截、联帮棍和鹅脖相接，每一个构件的曲线配合在一起都是协调的、统一的。圈椅的坐面及坐面以下与其他扶手椅没有区别，可以参照靠背椅、四出头官帽椅和不出头官帽椅的基本造型元素。

刀板牙子圈椅

洼堂肚券口牙子圈椅

直牙条券口牙子圈椅

鼓腿膨牙卷草纹圈椅

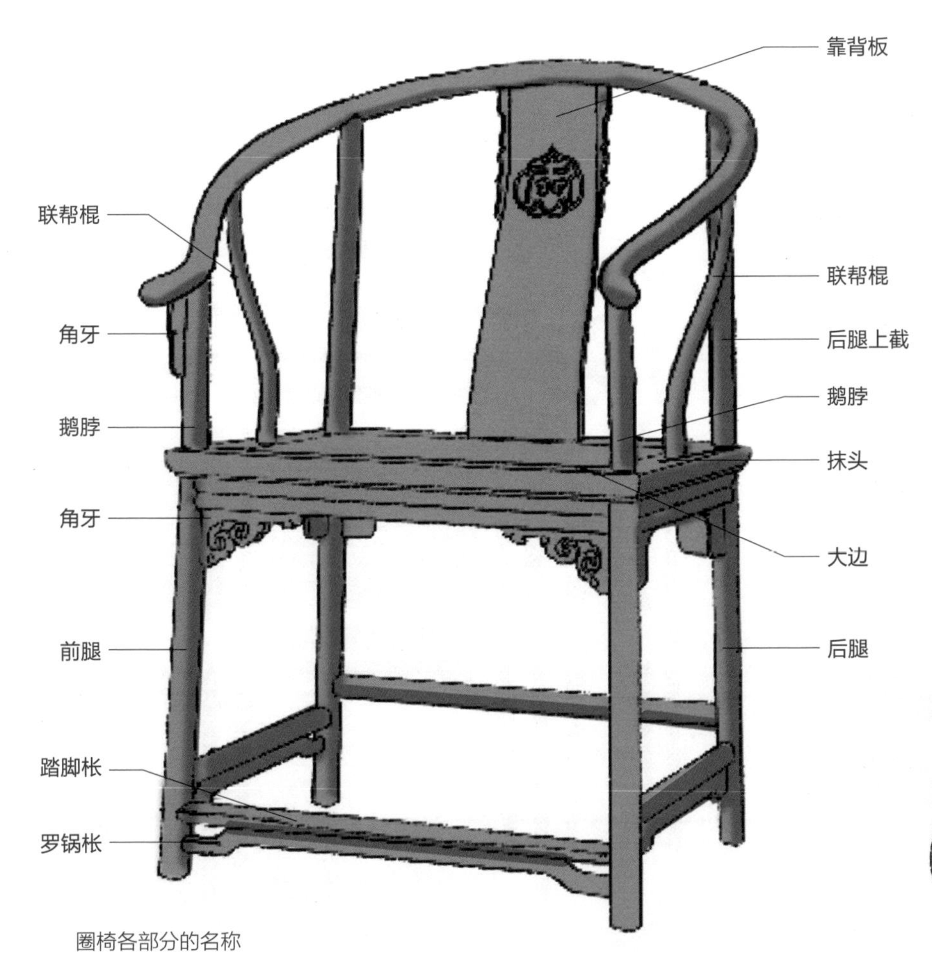

圈椅各部分的名称

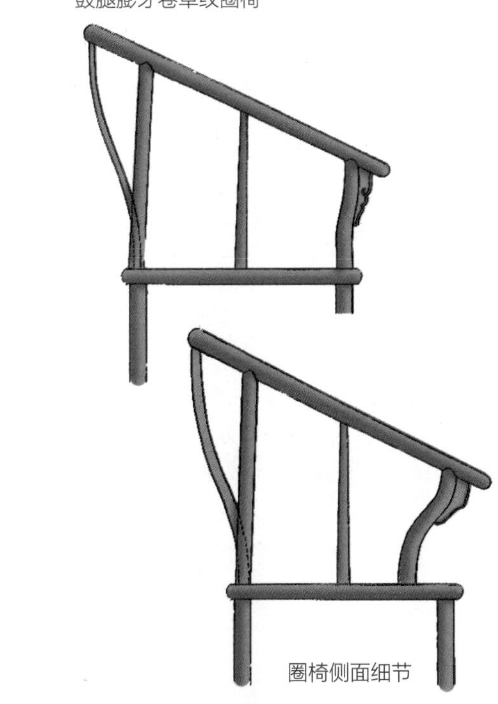

圈椅侧面细节

圈椅扶手变化

麒麟纹靠背圈椅

圈椅起源于中国唐代，是“靠背”和“扶手”接连而成的半圆形椅子。其造型圆婉优美，体态丰满劲健。圆形的扶手可令人在坐靠时整个身体被座椅包裹住，十分舒适。

其造型为上圆下方，外圆内方，兼受古人和现代人的喜爱。暗合中国传统文化中的乾坤之说，乾为天为圆，坤为地为方。而外圆内方则是中国传统文化中所崇尚的一种品德，虽在处事上有所圆滑，但内在却有所坚持。

《红楼梦》第十四回：“只听一棒锣鸣，诸乐齐奏，早有人请过一张大圈椅来，放在灵前。”

唐 · 周昉《挥扇仕女图》

麒麟纹靠背圈椅各构件拆分

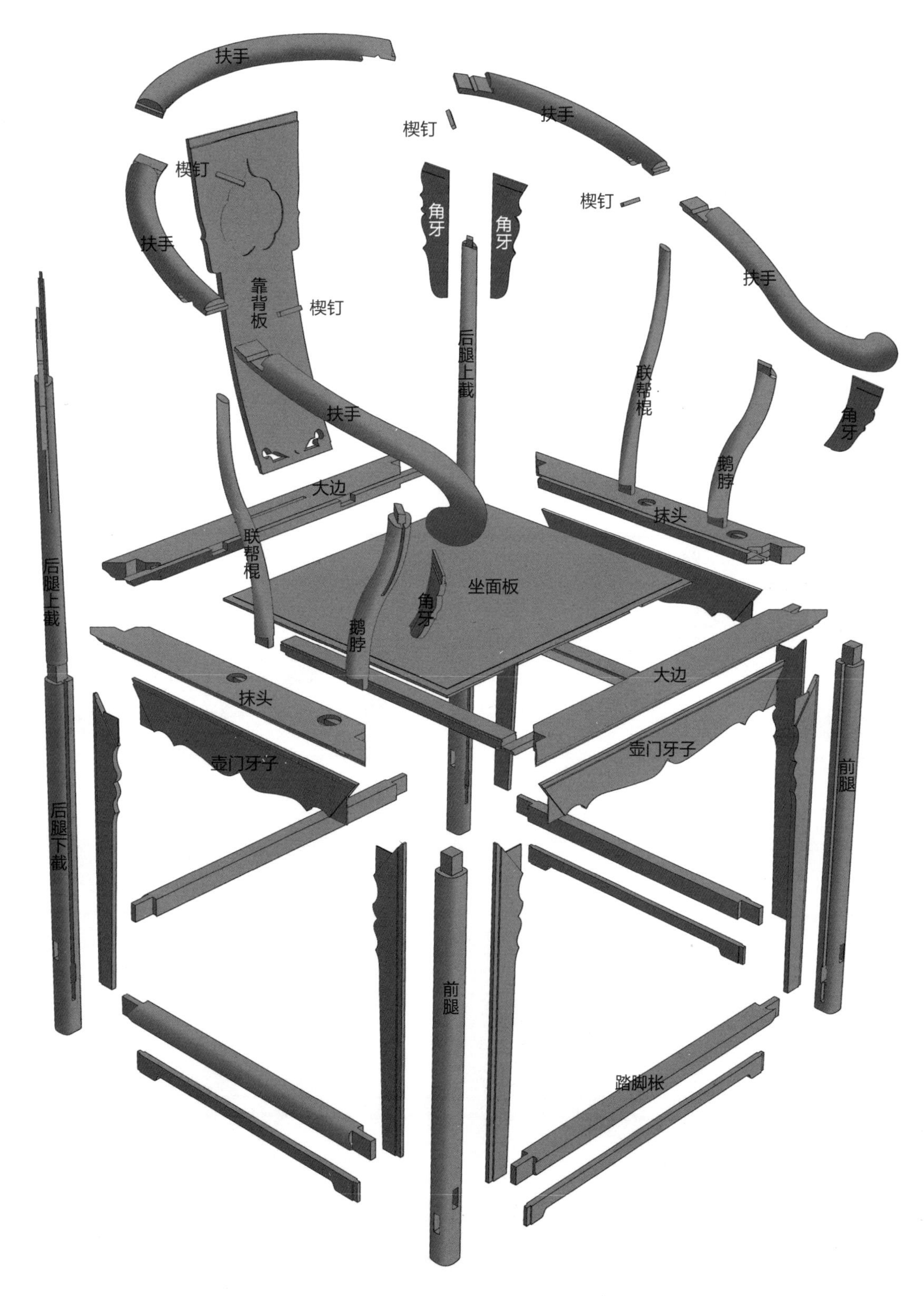

麒麟纹靠背圈椅各构件名称

楔钉榫

楔钉榫基本上是两片榫头合掌式交搭，但两片榫头尽头又各有小舌，小舌入槽后便能紧贴在一起，固定住它们，使其不能向上或者向下移动。此后于搭扣中部剔凿方孔，将一枚断面为方形，头粗而尾稍细的楔钉贯穿过去，使两片榫头在左右方向上不能被拉开。

裹腿枨

腿足与横枨交接的一小段需削圆为方，以便嵌纳枨子。枨子尽端外皮切成 45 度角，与相邻的一根格角相交，里皮留榫，纳入腿足上的卯眼，榫子有的格角相抵，有的一长一短。

圆材裹腿枨一

圆材裹腿枨二

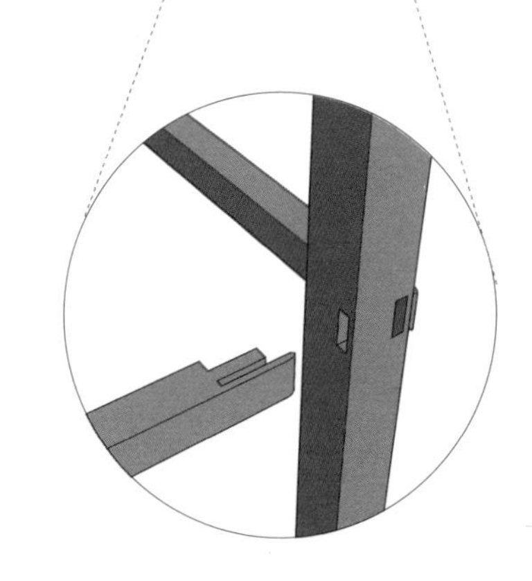

捌 · 玫瑰椅

玫瑰椅也是扶手椅的一种，相对于一般扶手椅体型较小，其造型特点是靠背较矮，靠背、扶手与坐面垂直，坐面之上、前后腿上截之间多设栏杆。玫瑰椅一般出自南方，多在厅堂亭榭里使用，因为玫瑰椅靠背较矮，可以直接放在厅堂隔扇窗或漏窗之下，不会挡住窗外风景。玫瑰椅一般制作精美，有的精雕细镂，有的纤细温婉，具空灵剔透之美，多在休闲娱乐的场合使用。玫瑰椅的基本造型元素包括靠背、扶手、栏杆、坐面、四腿、坐面与四腿连接构件、赶枨等。

玫瑰椅的靠背是由后腿上截和横材成角榫接而成，与坐面后大边组成一个方形的靠背空间，空间内或浮雕透雕花板镶嵌，或装饰券口牙子，下承栏杆。靠背内的空间装饰在玫瑰椅设计中起到很大的作用。

扶手一般由前后腿上截和横材成角榫接而成，与坐面抹头亦组成一个方形的扶手空间，一般装券口牙子，或壶门券口，或洼堂肚券口等，下承栏杆，或者直接做成圈口。扶手空间的设计多与靠背空间的设计相呼应，或一致，或稍做简化处理。

罗锅枨矮老玫瑰椅

壶门券口牙子玫瑰椅

刀板牙子玫瑰椅

罗锅枨玫瑰椅

栏杆是在坐面之上四腿足上截用横竖材攒成的低矮构件，是玫瑰椅最大的特点之一，栏杆的作用之一是连接加固，又因小巧低矮，使坐面上呈现丰富的空间变化，既围合又通透。栏杆的做法多为横枨下接矮老或卡子花。如果坐面和腿间连接的构件是罗锅枨加卡子花或矮老，则多与栏杆相呼应。

坐面与腿间连接构件以及赶枨的做法与其他扶手椅的做法相同，坐面和腿间连接构件可以是刀板牙子、直牙条券口、壶门券口、洼堂肚券口、罗锅枨、罗锅枨加矮老、罗锅枨加
面侧面与腿间连接构件与看面
面做法略作简化处理。赶枨
枨，也可以是步步高赶枨。

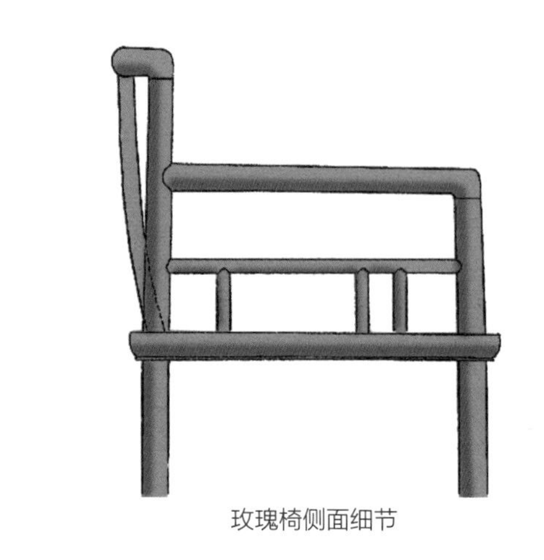

玫瑰椅侧面细节

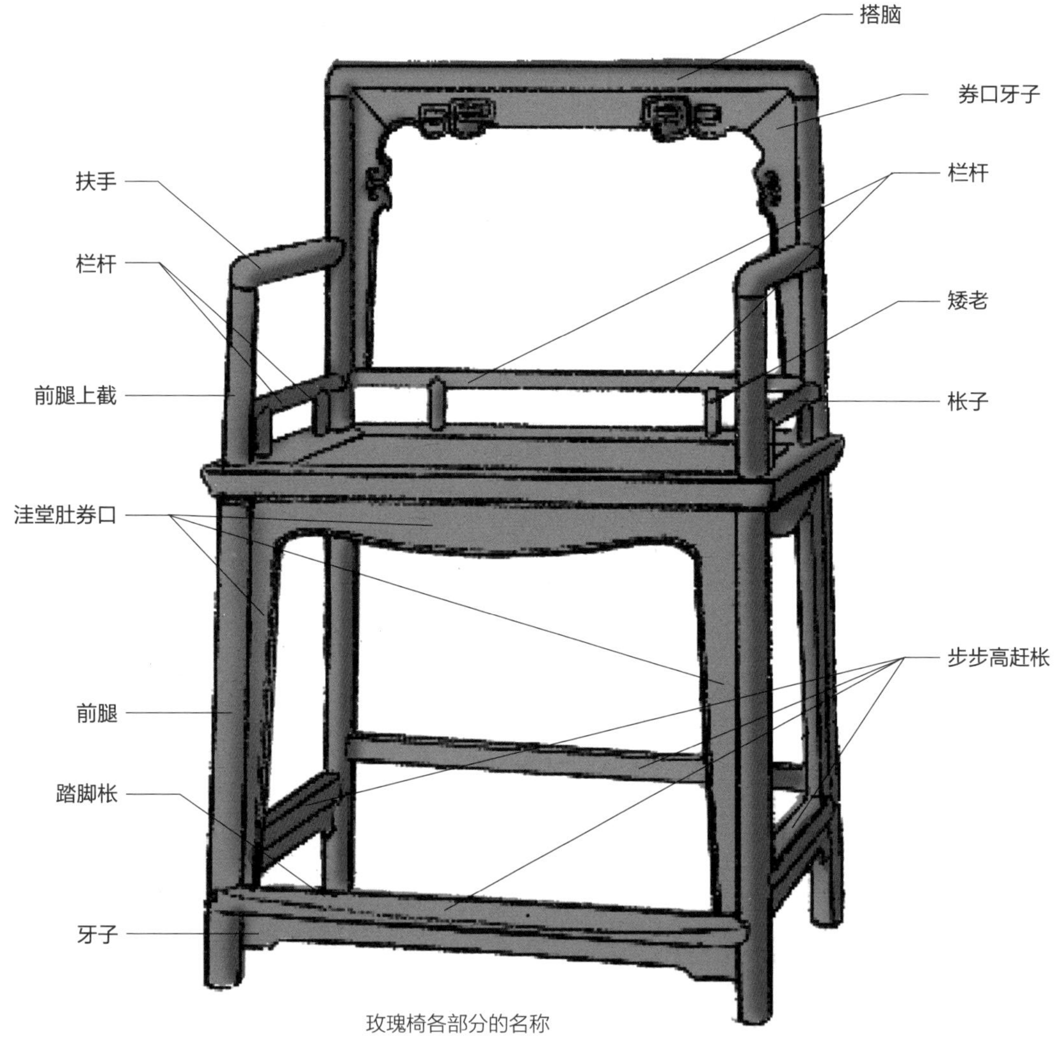

玫瑰椅各部分的名称

十二生肖扶手椅

十二生肖扶手椅以靠背上的生肖纹样而得名，十二个生肖分别雕刻在十二张椅子的靠背面心板上。椅子以紫檀木制成主体框架，配合瘿木雕制的扶手和靠背的面心板，材质上相得益彰。

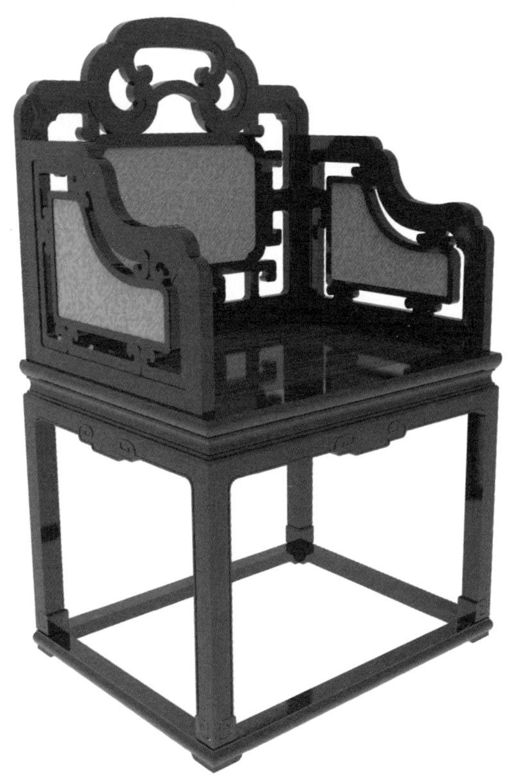

十二生肖椅各构件拆分

十二生肖椅当今能够见到的只有两把，一把虎椅，一把羊椅，现为颐和园收藏，其他生肖的椅子暂不知去向。

虎椅靠背板雕刻纹样

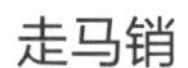

走马销

走马销即札榫。“走马销”为北方匠师的称呼，是“栽销”的一种，一般安在可装卸的两个构件之间。榫头由独立的木块做成，形状是下大上小，卯眼的开口是半边大，半边小。榫头由大的一端插入，推向小的一边，就可扣紧。“罗汉床”围子与围子之间或围子与床身之间常用到走马销。

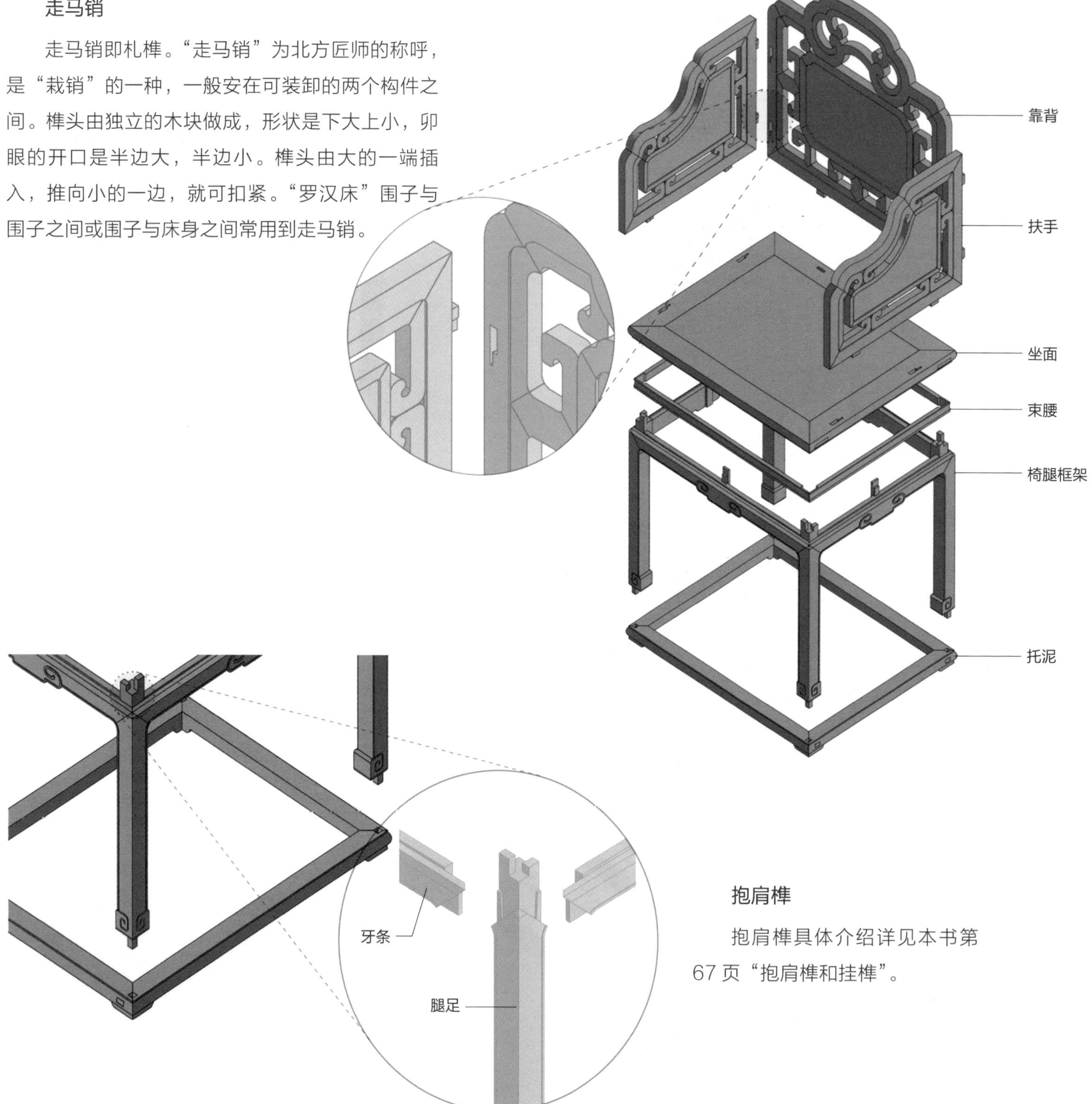

抱肩榫

抱肩榫具体介绍详见本书第67页“抱肩榫和挂榫”。

玖 · 交杌、交椅

交杌、交椅是指侧面两腿相交可以折叠的坐具。因其携带方便，古时多在狩猎、战争、郊游等活动中供人临时休憩使用，在行走时有专门的仆人背负前行。因为经常折叠和移动，所以对交杌、交椅的坚固度要求很高，多在木材连接处使用金属饰件加固，金属饰件也做出纹饰曲线，以做装饰之用。因此多数交杌、交椅为金属饰件和木材相结合，并做雕饰或金属表面处理工艺，使其华丽精致。

甲 · 交杌

交杌是指没有靠背扶手、可以折叠的坐具，也称马扎。古时交杌的使用非常广泛，交杌的造型特点是上下两横材做坐面和足的构件，坐面在横材穿孔编藤席，因为藤席是软性材质，可以收合。四根竖材两两相交，相交处使用轴钉做轴进行折叠，轴钉处多加护眼钱以加固保护。竖材与上下横材相接，下面的横材直接做足。有比较讲究的做法，即在前面的下横材上安装脚踏以承脚，脚踏多做铜饰件装饰，以防止磨损。

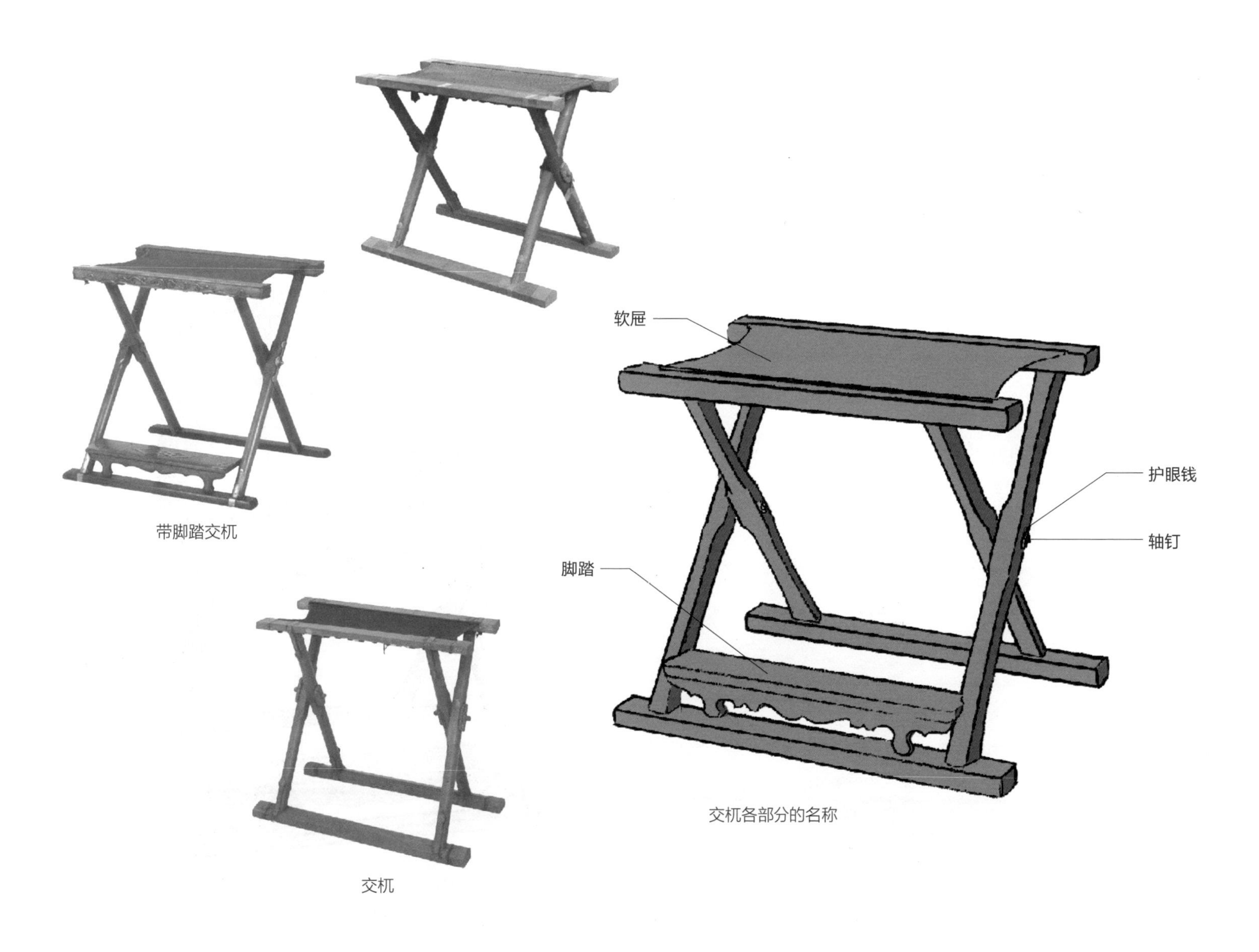

带脚踏交杌

交杌

交杌各部分的名称

乙·交椅

交椅是指带靠背扶手、可折叠的坐具。交椅根据靠背的造型可分为圆背交椅和直背交椅两种。交椅是等级较高的坐具，特别是圆背交椅。圆背交椅的造型特点是具有类似圈椅的圆靠背，椅圈与靠背和后腿上截连接，后腿上截弯折似鹅脖，与椅圈相交弯折处多用角牙加固。靠背与扶手椅的靠背做法相同，靠背下部与坐面后面的横材相接。坐面下连接两两相交的四腿，四腿连以落地两横材。前面的落地横材之上安装脚踏以承脚。为使木材连接之处更加坚固结实，多使用金属饰件加固，如铁、黄铜、白铜饰件等，饰件本身的轮廓就着意勾勒成云头、如意等吉祥纹饰。

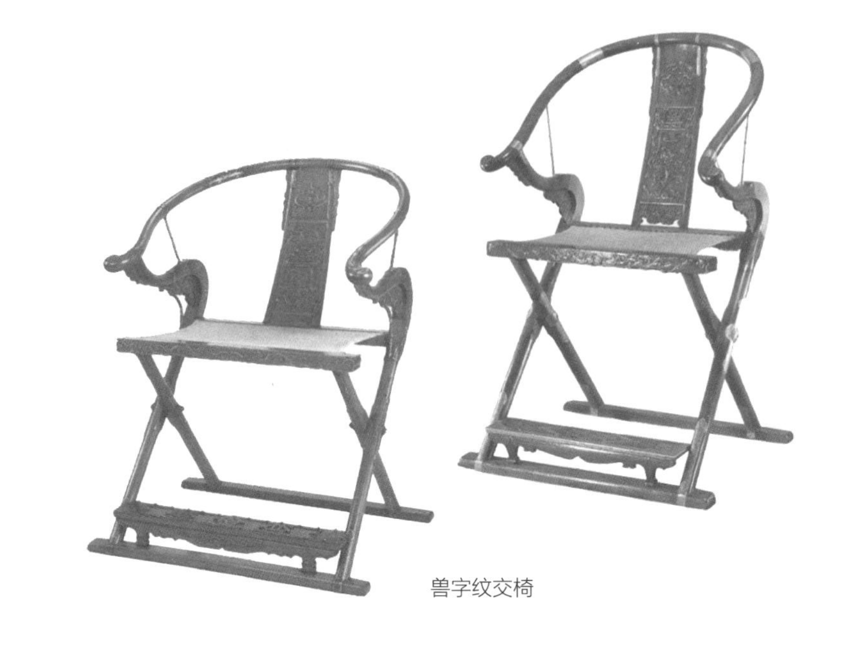

兽字纹交椅

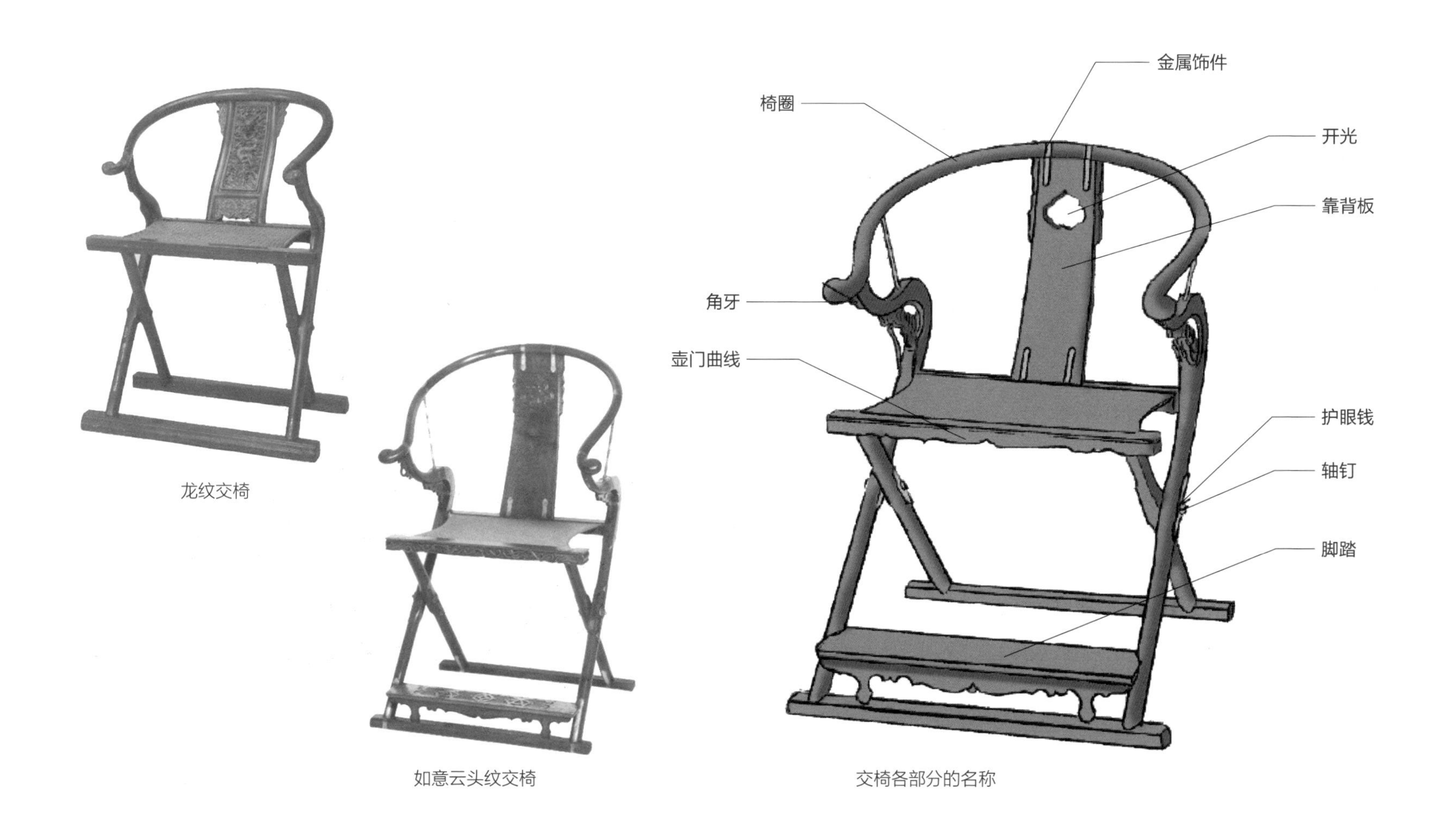

龙纹交椅

如意云头纹交椅

交椅各部分的名称

卧具

卧具是指休憩睡眠用的家具。小憩和睡眠概念不同，小憩是休息一会儿，和衣而睡，而睡眠则是脱衣而睡。使用的家具也有区别：如果是小憩，可以在榻、罗汉床上休息；如果是睡眠，则要睡在架子床或拔步床上。

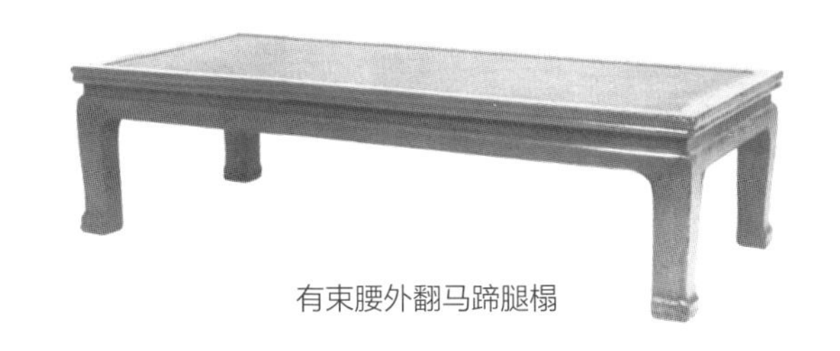

有束腰外翻马蹄腿榻

壹 · 榻

榻是指没有床围子的卧具。榻是日常生活中的主要家具之一，主人可以在榻上会见宾客，也可以在榻上临时小憩。与罗汉床、架子床、拔步床不同之处在于榻没有床围子，空间完全开敞，四面都可以上，比较自由。榻的基本造型元素包括榻面、四腿、榻面和四腿连接构件以及托泥等。

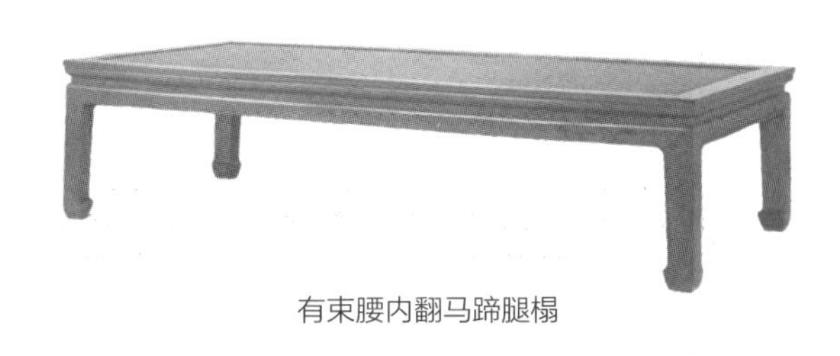

有束腰内翻马蹄腿榻

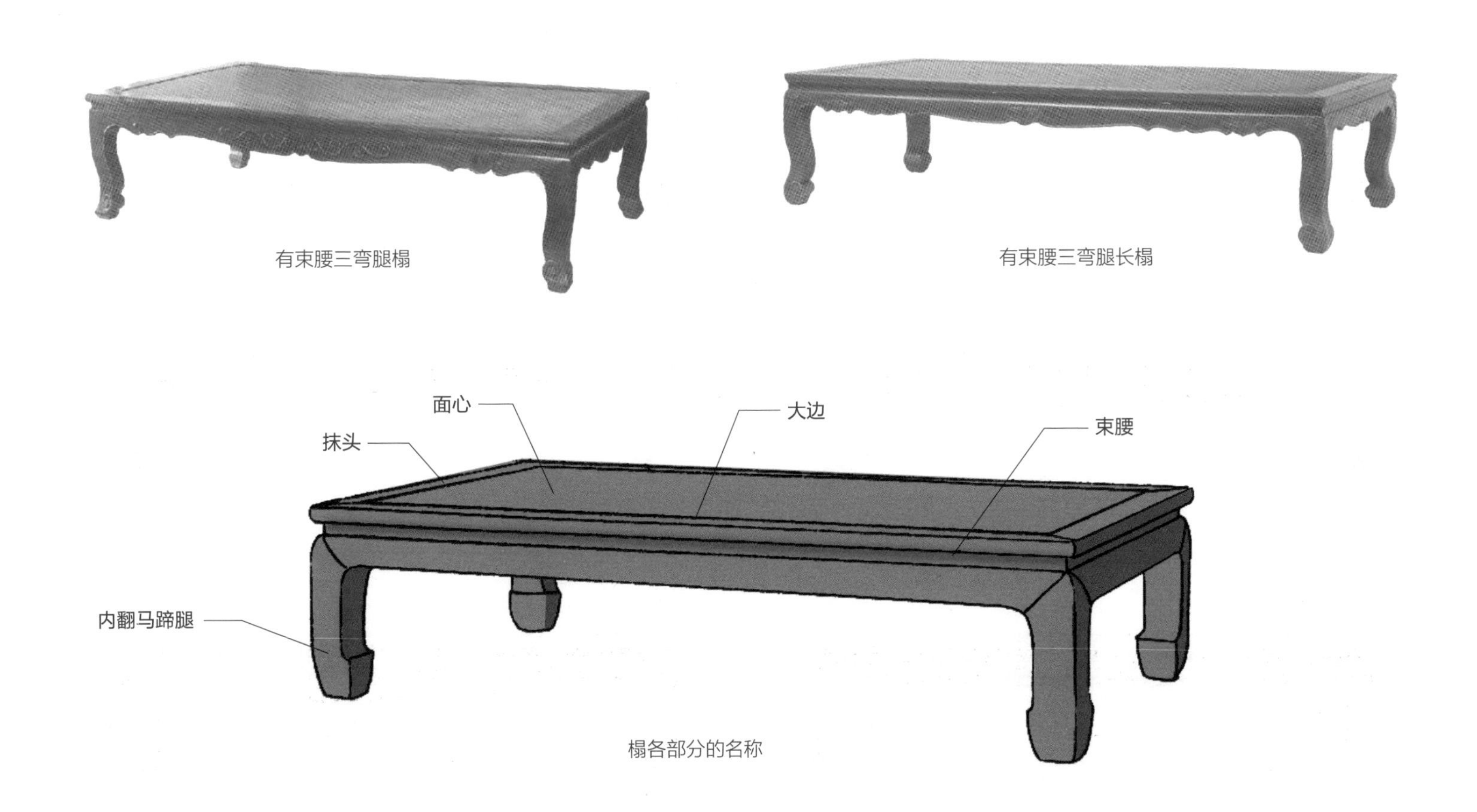

有束腰三弯腿榻

有束腰三弯腿长榻

榻各部分的名称

榻面一般为四框攒成，中间为藤屉或硬屉。榻面边抹冰盘沿可作多种线脚变化。

榻的四腿一般在榻面四角之下，没有吊头。如果是梁柱式结构的榻，则榻面下直接连接四腿，腿多为圆形或扁圆形。如果是有束腰结构的榻，则在束腰之下接四腿，腿足或内翻马蹄，或三弯腿等。鼓腿膨牙是一种独特的腿足造型，鼓腿是指腿足向外鼓出，膨牙则是指与腿足相连的牙条做外膨状。腿足自束腰处始向外膨出，至下端又向内兜转，以大挖内翻马蹄或其他纹饰收尾。如果是满雕纹饰的榻，则在榻的束腰、牙条和腿肩部都会雕琢纹饰。榻面和四腿连接构件有直牙子、壶门牙子、直穿、罗锅枨、罗锅枨加矮老、罗锅枨加卡子花等做法，根据结构和造型不同而不同。有少数榻为造型需要和保证坚固，会在四腿下部连接托泥。

内翻马蹄腿直牙条榻

鼓腿膨牙腿直牙条榻

内翻马蹄腿壶门牙条榻

三弯腿如意纹壶门牙条榻

三弯腿壶门牙条榻

三弯腿直牙条榻

三弯腿卷草纹壶门牙条榻

罗锅枨圆腿榻

贰 · 罗汉床

罗汉床是指有床围子的卧具。床围子使罗汉床有了方向，使用者只能从前面坐卧使用，与榻相比多了限制，也有了规矩。罗汉床主要承担会客和休息的双重功能，主人可以在罗汉床上会见宾客，也可以在罗汉床上临时小憩。会客的时候，一般于罗汉床中间置小炕桌，主人和客人分坐炕桌两边，而小憩的时候，则去掉炕桌卧于其上。罗汉床的基本造型元素有床围子、榻面、四腿、榻面和四腿连接构件以及托泥等。

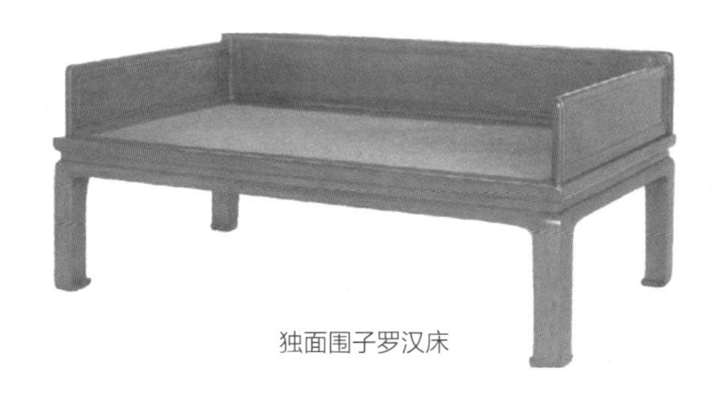

独面围子罗汉床

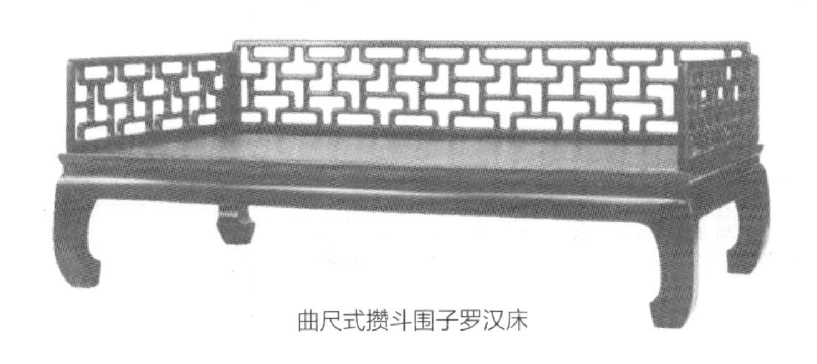

曲尺式攒斗围子罗汉床

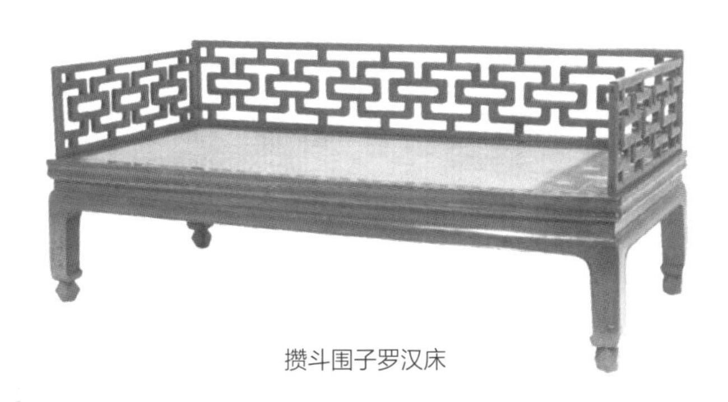

攒斗围子罗汉床

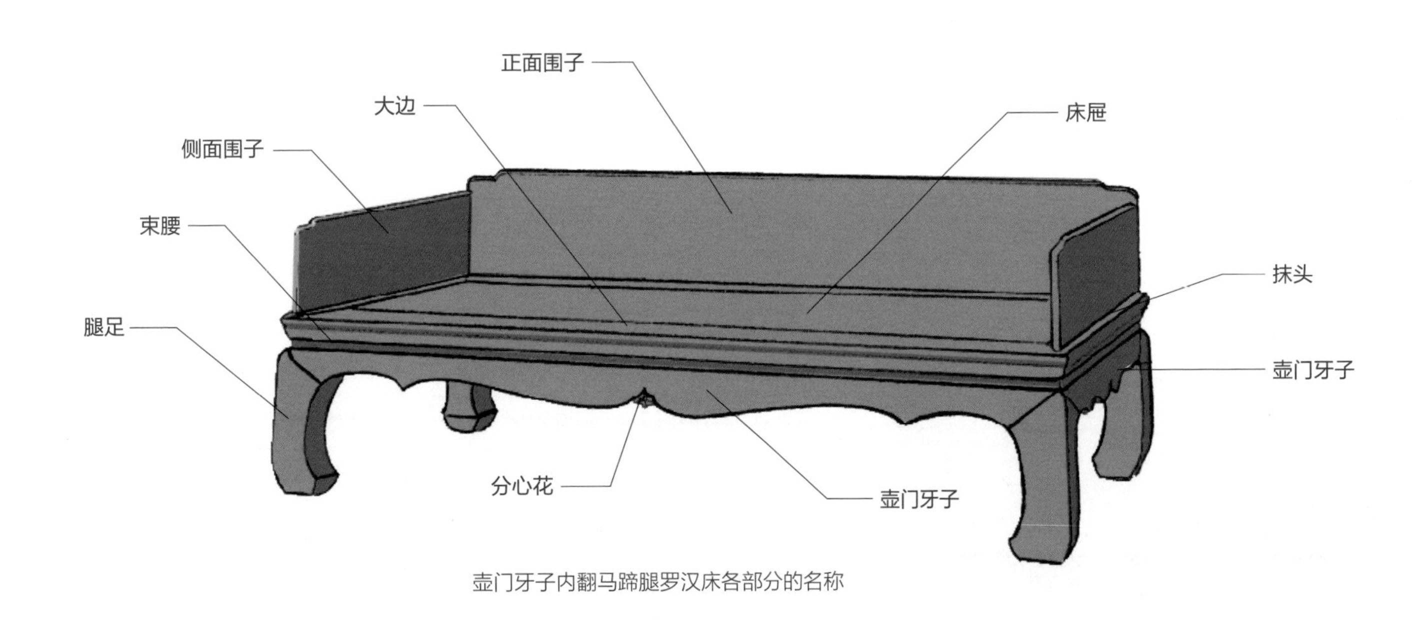

壶门牙子内翻马蹄腿罗汉床各部分的名称

床围子是指榻面两侧面和后面的三面围子。三面围子的作用是围合出床面的空间，并可供使用者倚靠，同时又相当于屏风的功能，有藏风聚气之意。三面围子高度有多种变化，或高度相同，或后面围子高于两侧面围子，或三面围子各做高度不同的攒边装板，成五屏风或七屏风式。床围子可以是独板做成，可以是攒边装板，也可以是横竖材界成；可以光素无饰，可以浮雕透雕纹饰，也可以攒斗成锦纹。

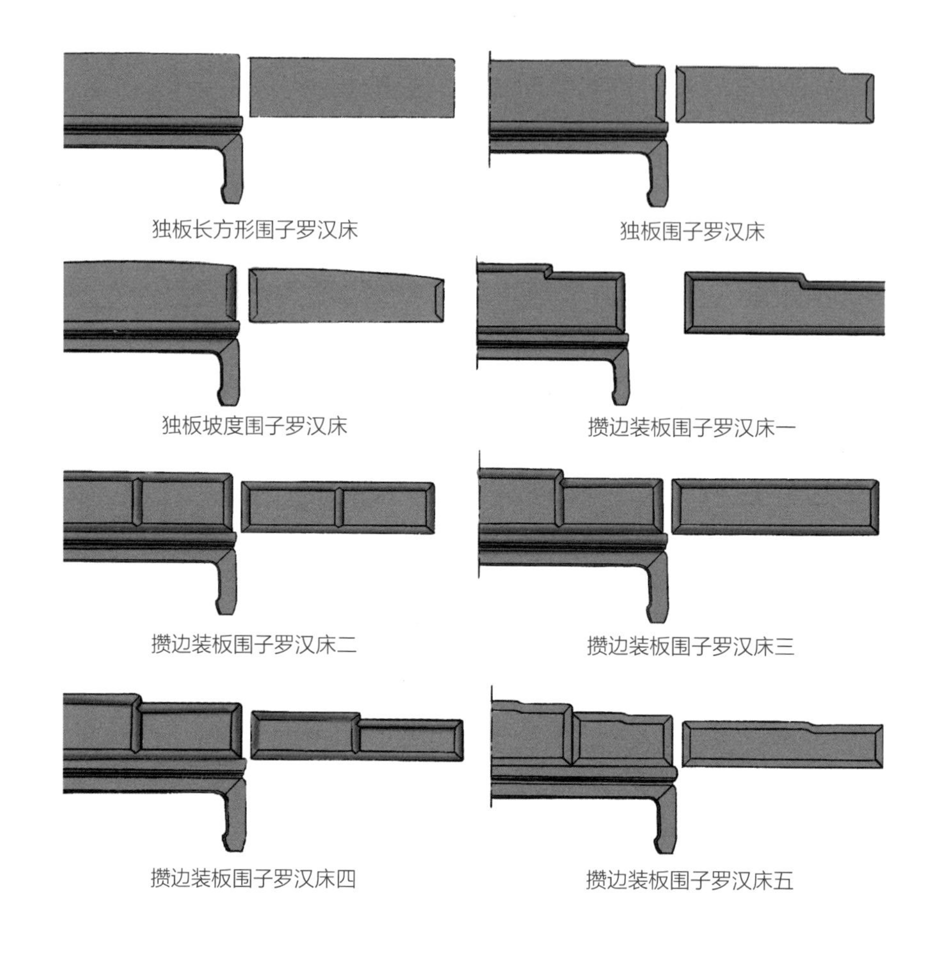

独板长方形围子罗汉床　独板围子罗汉床

独板坡度围子罗汉床　攒边装板围子罗汉床一

攒边装板围子罗汉床二　攒边装板围子罗汉床三

攒边装板围子罗汉床四　攒边装板围子罗汉床五

月洞式门罩架子床

叁 · 架子床

架子床是指床上设置立柱，上承床顶，立柱间安装围子的床。架子床在床面之上架出一个方形空间，下为床面，上有床顶，周围有床围子。架子床是专门用于睡眠的卧具，与罗汉床、榻不同的是不做会客之用。架子床多在立柱和床顶之上挂帷幔，白天用挂钩收起，晚上放下使架子床内部成为私密空间。

架子床的体型较大，床面多在 2400mm × 2000mm 左右，高度也达 2000mm 以上。因为体型大，不方便整体挪动，所以架子床所有结构都是可以安装拆卸的，不上胶，在需要挪动时，把架子床拆卸成一堆木板木条，以方便运输。

架子床按照床上立柱的数量可分为四柱架子床和六柱架子床。四柱架子床是指床面上有四根角柱的架子床；六柱架子床是指床面上有六根立柱的架子床，其中四根为角柱，两根为门柱。

甲·四柱架子床

四柱架子床在床面四角各立一角柱，角柱之间除正面外设三面围子，围子与罗汉床的三面围子功能是一样的，可以用来倚靠、围合空间。

架子床的三面围子多攒斗成锦纹，如“卍”字纹、四簇云头纹、灯笼锦纹等。攒斗床围子因为通透空灵的特点，使空间隔而不隔，界而未界。也有三面围子在攒框内打槽装花板，花板或透雕，或浮雕，雕双螭纹、花卉纹、如意云纹等吉祥纹饰，侧面围子的透雕花板多为双面雕，即在床内和床外都成相同的精细纹饰。

攒斗围子四柱架子床

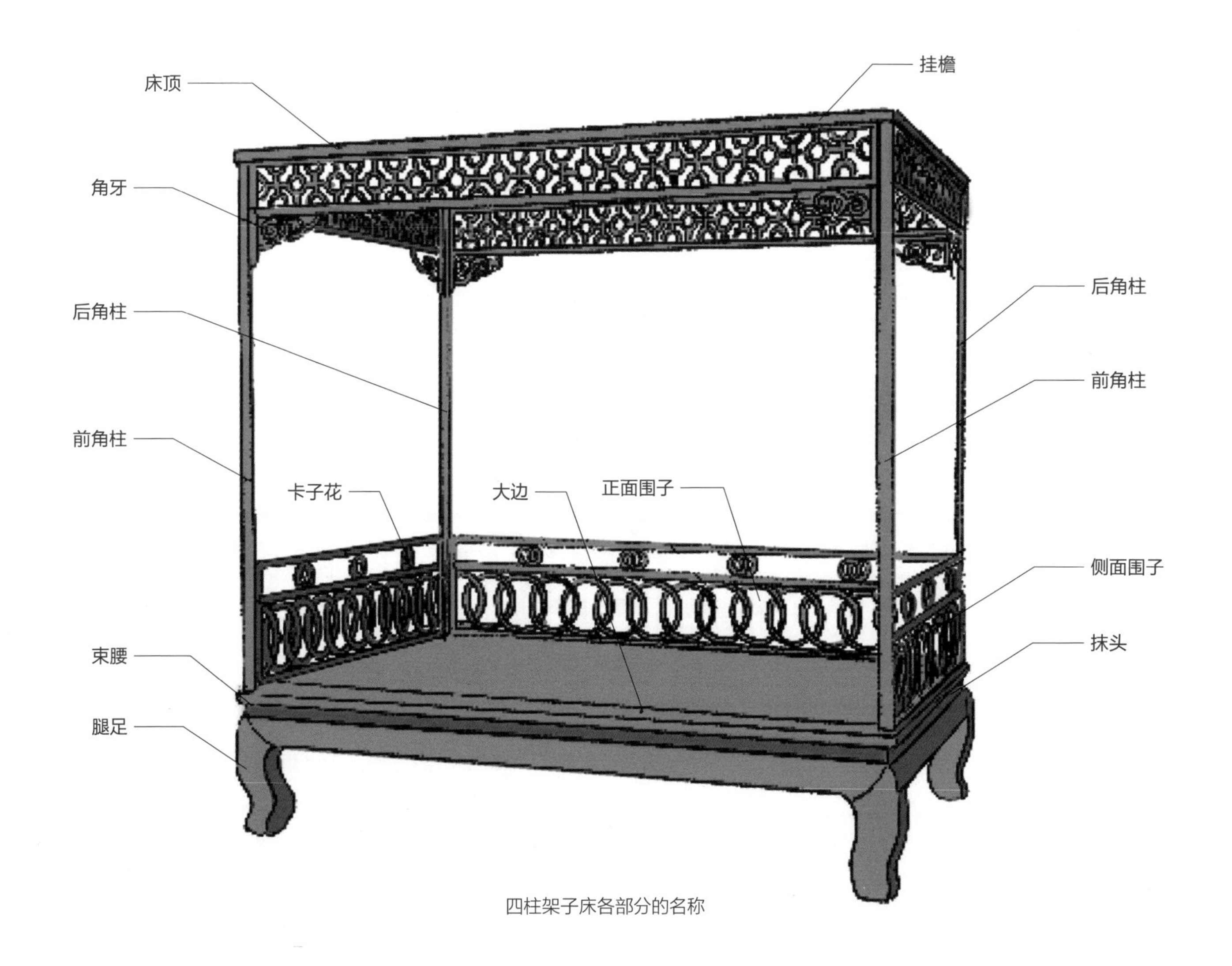

四柱架子床各部分的名称

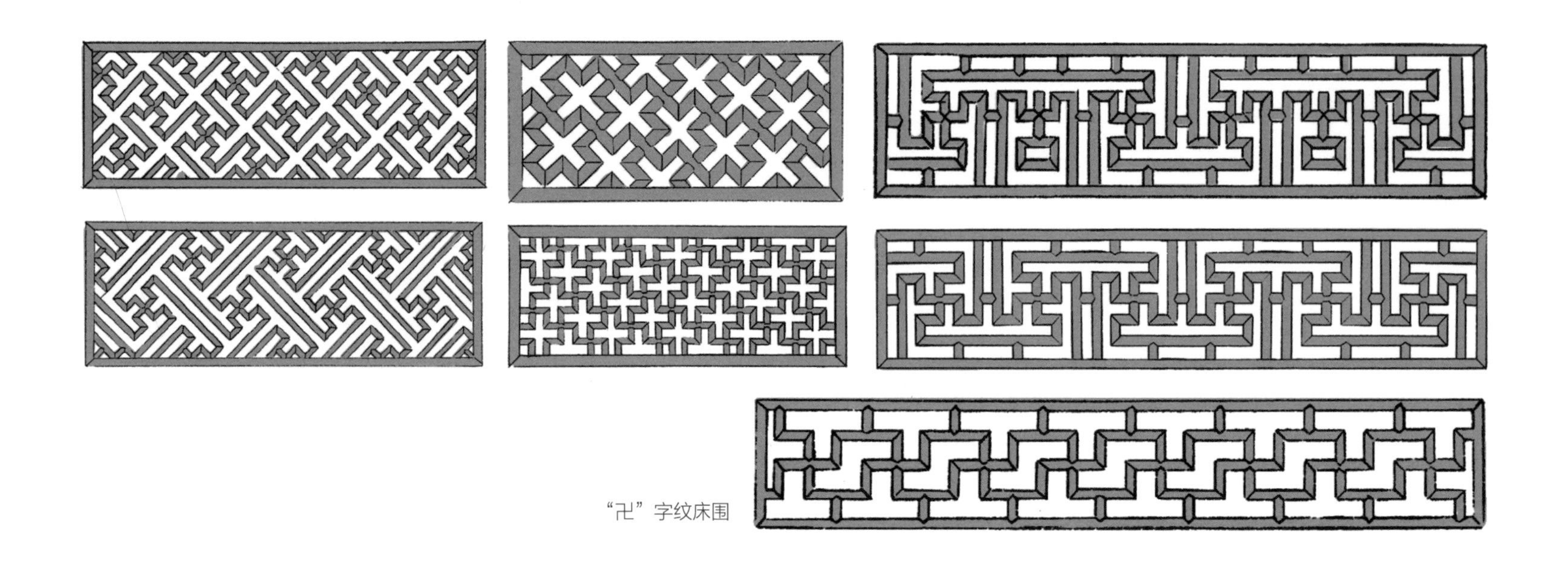
“卍”字纹床围

四簇云头加十字纹床围

十字纹床围

四簇云头绦环加十字纹床围

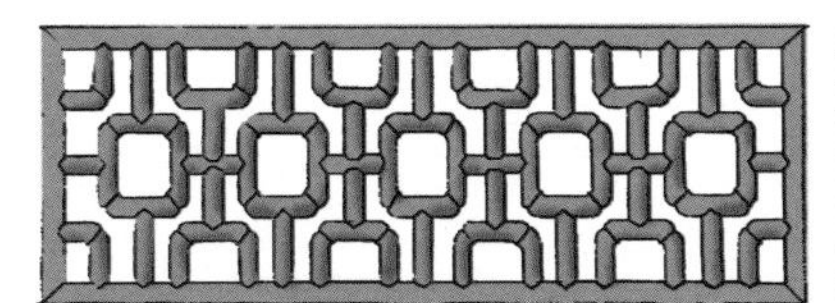
十字绦环纹床围

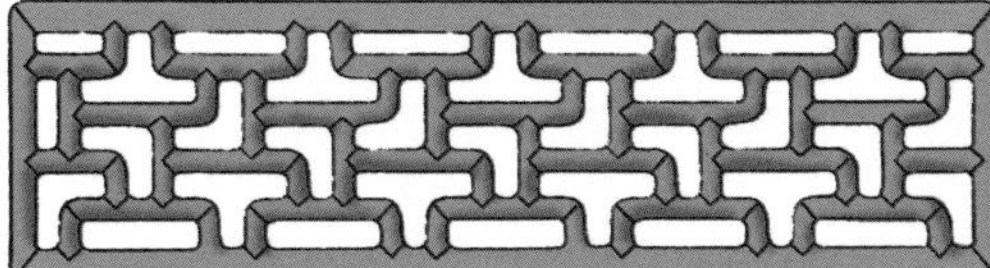
曲尺形床围

绦环加曲尺形床围

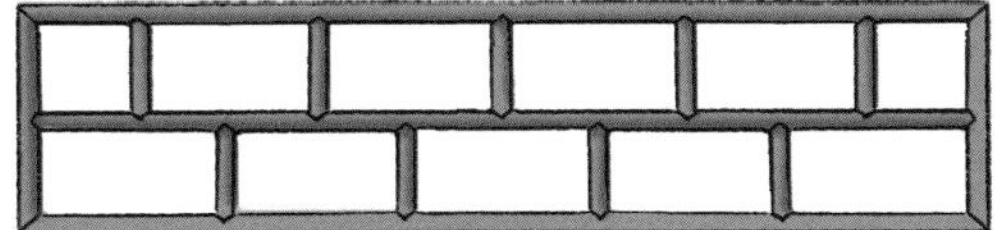
单笔管式床围

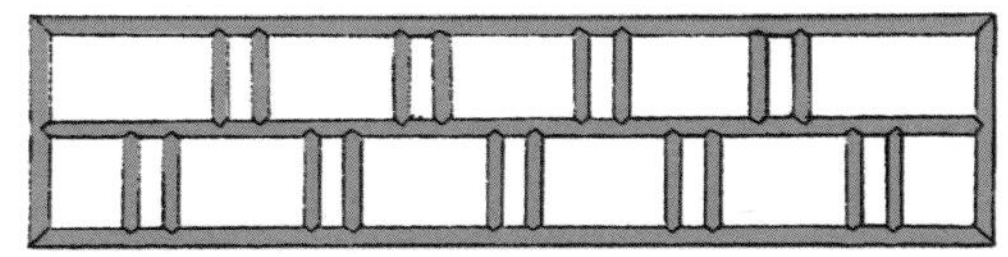
双笔管式床围一

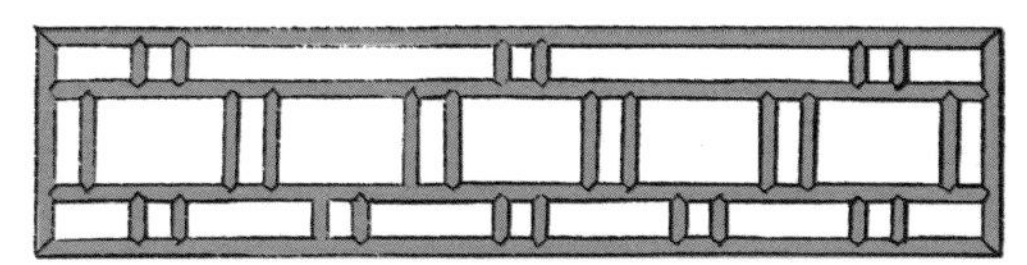
双笔管式床围二

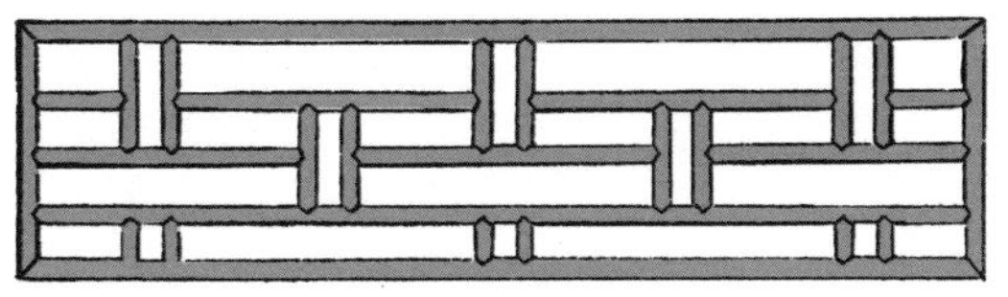
品字栏杆式床围一

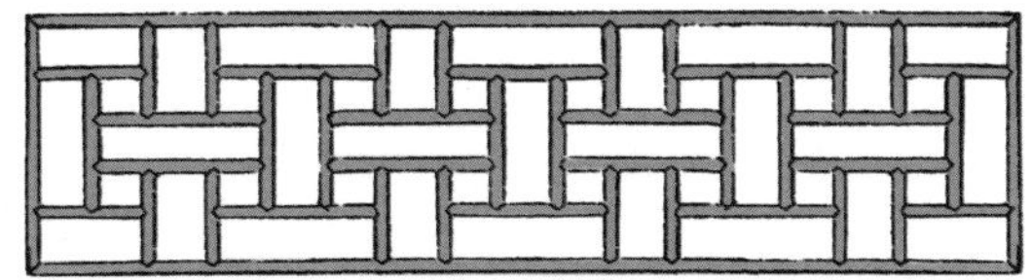
品字栏杆式床围二

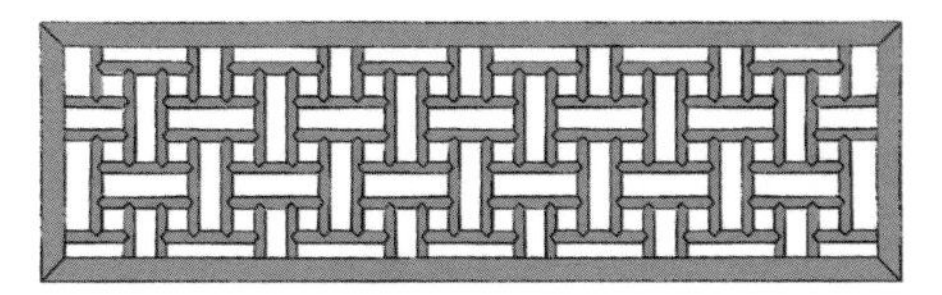
品字栏杆式床围三

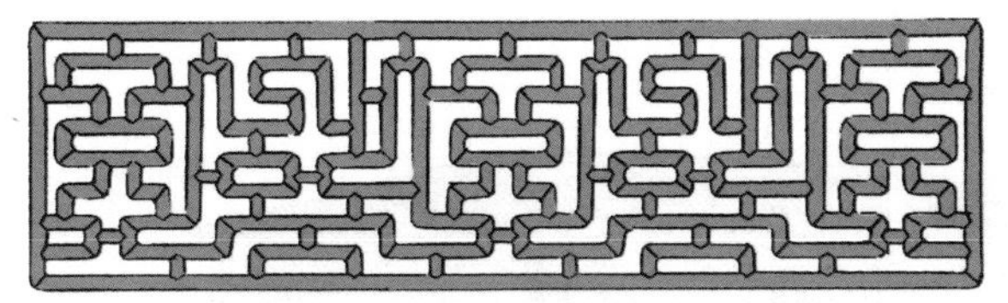
寿字纹床围

螭纹云头床围

四角柱之上为床顶，床顶为几根横竖材简单交错而成，主要用来承接帷幔。床顶之下、四角柱之间多增设横柱界出空间，做出装饰，称为挂檐。挂檐有多种不同做法，或整嵌花板，或用矮老界出多块空间，内亦镶嵌花板。空间内所嵌花板或为浮雕，或为透雕，或攒斗成锦纹，或做圈口牙子装饰等。

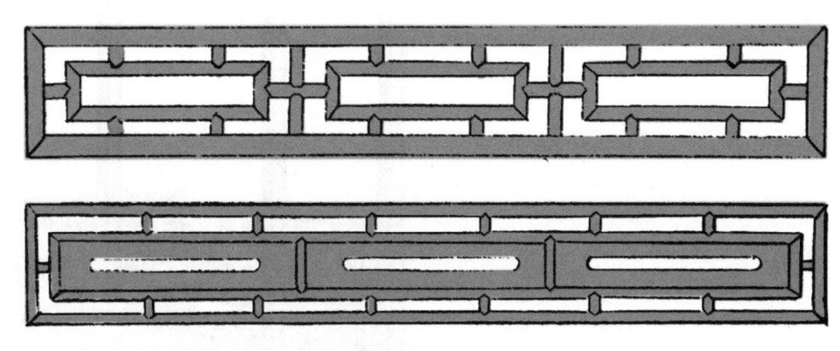
扁灯笼框式挂檐

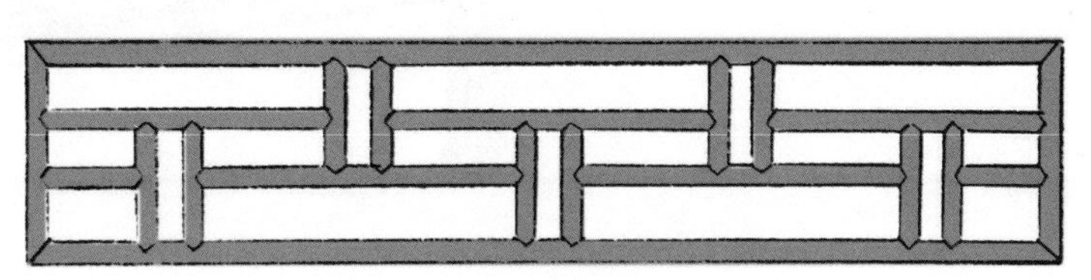
品字栏杆式挂檐

乙·六柱架子床

六柱架子床是指在床面四角设角柱之外，在前面再加两门柱，组成六柱。门柱和角柱之间，安装门围子，门围子的做法多与正面和侧面围子相同。门柱在架子床的前面又隔了一段空间，使空间更加紧凑明确，床内空间更有围合感，创造出更舒适的私密空间。

螭纹六柱架子床

十字绦环纹六柱架子床

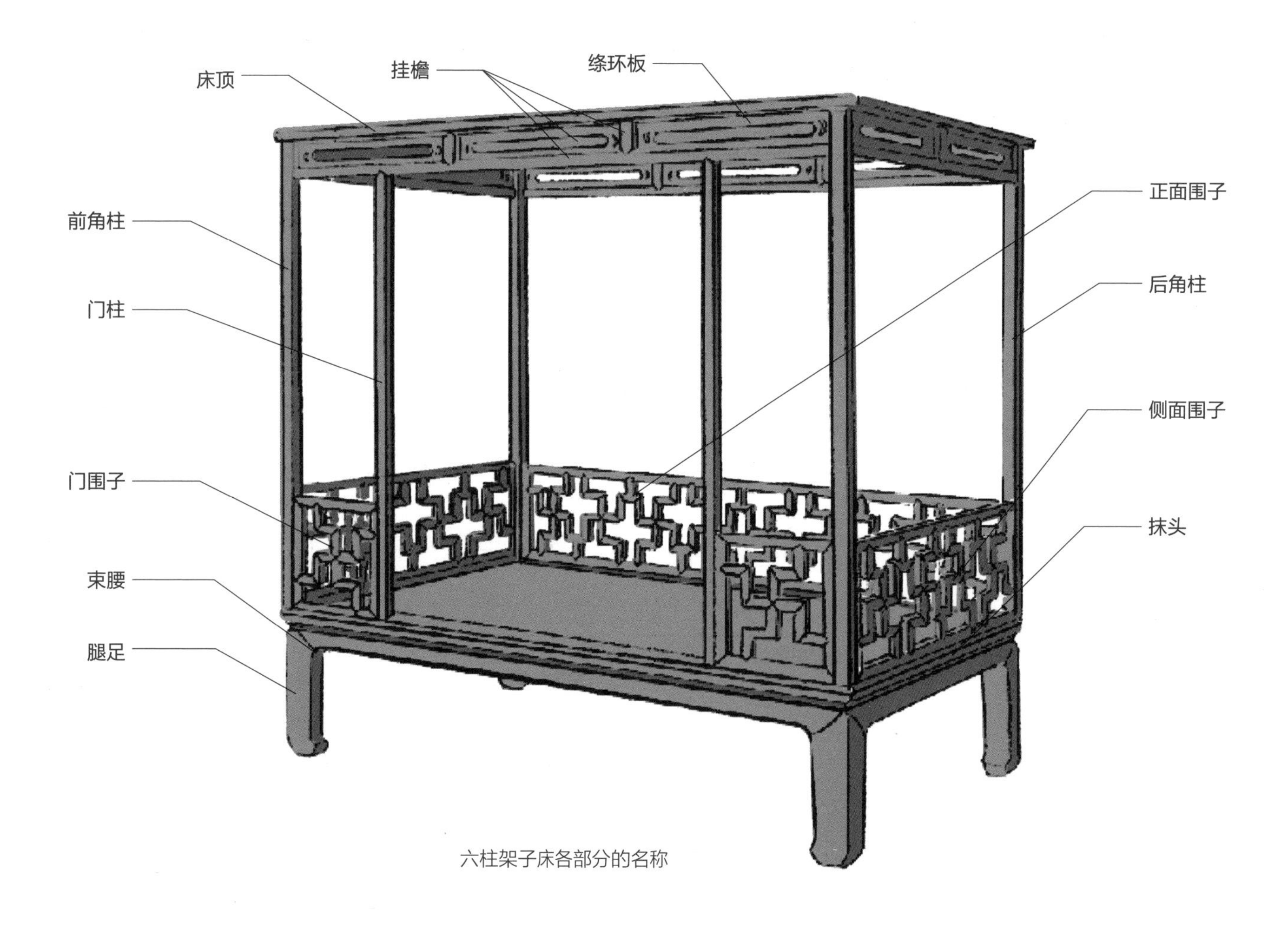

六柱架子床各部分的名称

肆 · 拔步床

拔步床是指前面设有小廊的架子床。拔步床在架子床的基础上向前扩展出一个空间，并在腿足下安装地平，前面再在地平上设置角柱和门柱，用围子将角柱和门柱之间围合起来，好似建筑中的廊。拔步床的帷幔将整个床围合起来，形成一个宽敞的小空间，廊子左右两空间可以放置小案、衣笼、灯架等，使用者垂足坐于床边，可以伸手够到需要的物品。

“卍”字纹拔步床

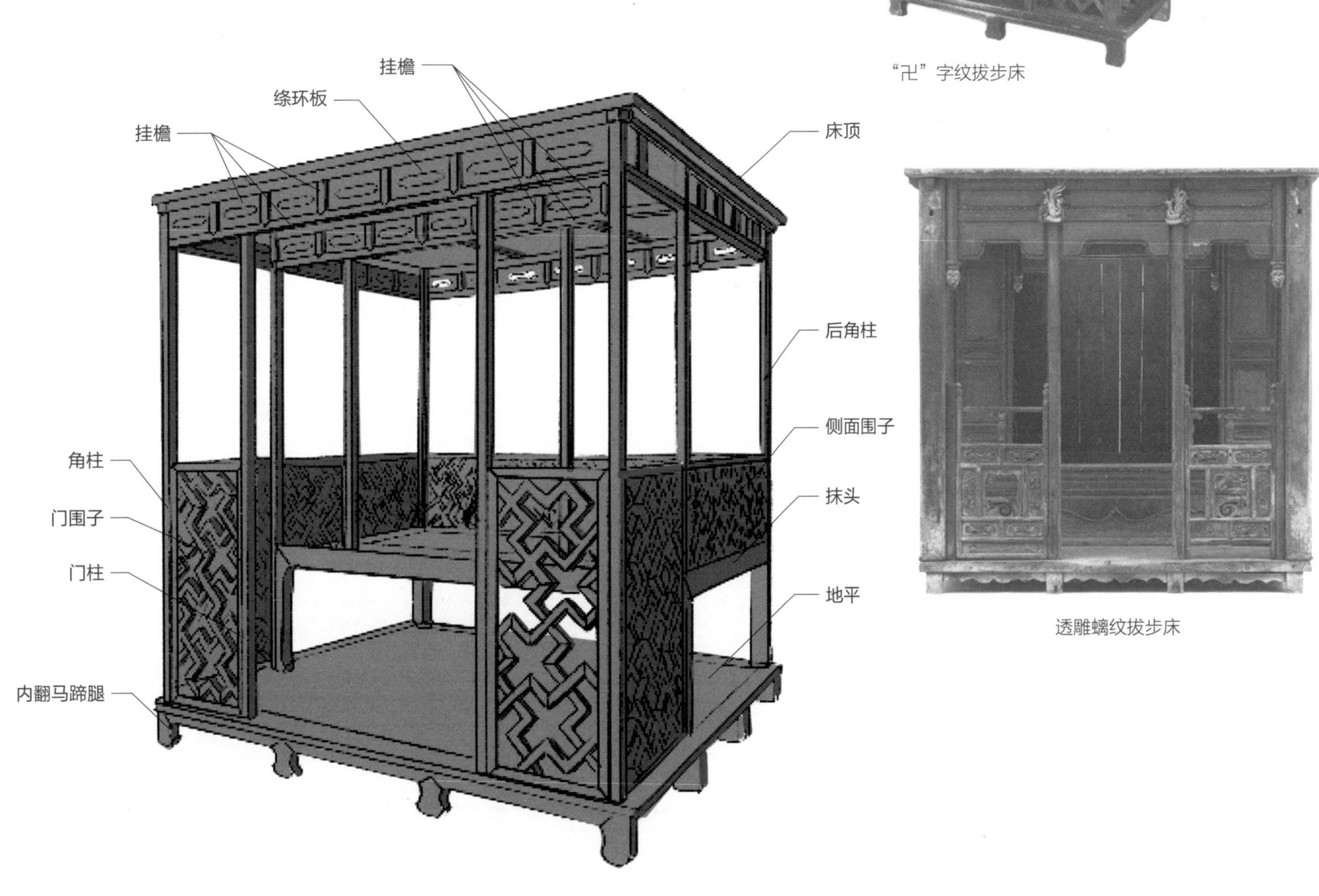

拔步床各部分的名称

透雕螭纹拔步床

承具

承具，是承接陈列之用的家具。承具是在高型坐具发展完善过程中频繁使用的家具种类之一，与坐具搭配使用，可以进行宴饮、办公以及待客等多种活动，逐渐成为人们日常生活中不可或缺的功能性家具之一。从造型角度主要分为桌类、案类、几类等，不同的种类有着不同的结构，因而产生不同的造型样式。

壹·平头案

平头案是没有翘头的案子，案面与腿足之间有吊头（吊头是指案面探出腿足之外的部分），主要由案面、牙子、腿和枨组成。案面有长方、正方之分；牙子有素牙子、花牙子之别；腿有圆腿、方腿、剑腿等以及线脚的变化；枨有横枨、罗锅枨、霸王枨以及线脚的变化。平头案案面、牙子、腿和枨的变化组合使平头案有了丰富的造型种类。

甲·刀板牙子、梯子枨、圆腿平头案

刀板牙子、梯子枨、圆腿平头案是明式家具最经典的造型之一，刀板牙子是指案面上使用刀板牙子，梯子枨则是指侧面腿足使用上下两横枨连接，圆腿则是指案腿截面为圆形或椭圆形。刀板牙子、梯子枨、圆腿平头案简洁合度，精简到只有因结构而使用的构件，这些构件光素无饰，却精致合宜，它们通过榫卯结构连接成有机的整体，使平头案既坚固又美观。

刀板牙子平头案

刀板牙子窄平头案

刀板牙子长平头案

铜包刀板牙子平头案

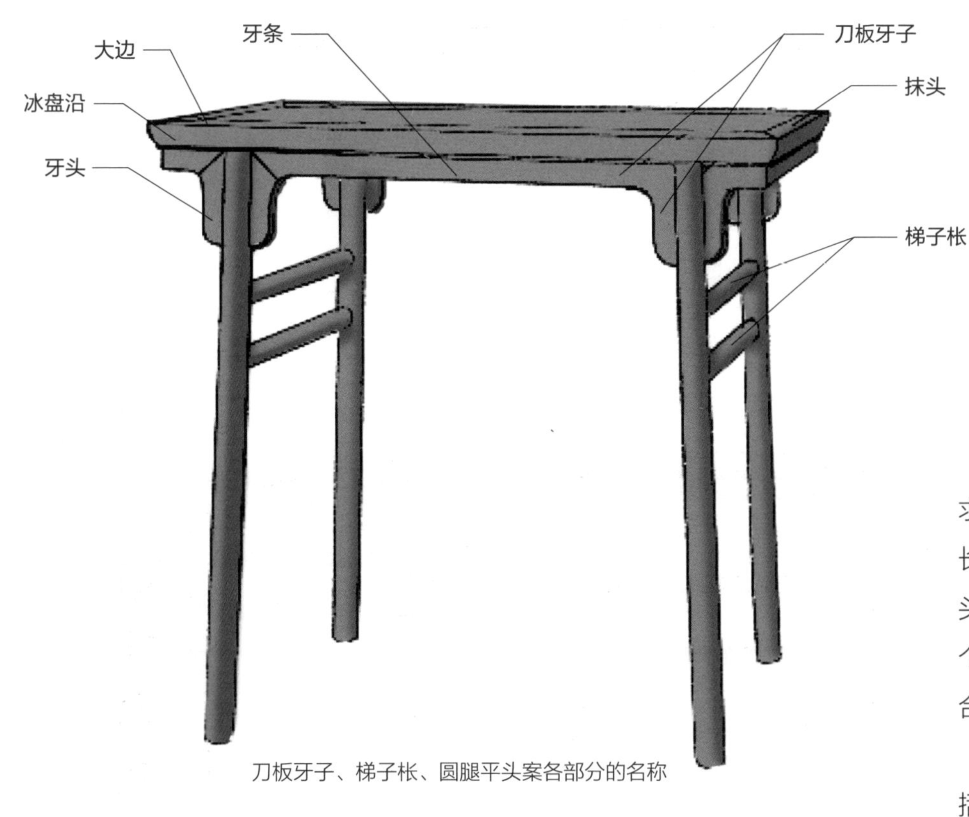

刀板牙子、梯子枨、圆腿平头案各部分的名称

在设计时，平头案的长度和宽度受使用者需求和木材材料的影响，有长 2000~3000mm 的长条平头案，也有长度不足 1000mm 的小型平头案。平头案高度一般控制在 800~850mm，这个尺度是配合中国古典坐具而设置的；如果是配合现代座椅，可适当降低案面高度。

在刀板牙子平头案的细节设计方面，主要包括案面边抹厚度、边抹线脚、吊头大小、牙条宽度、牙头长度、圆腿粗细、侧脚收分和梯子枨的粗细及位置的权衡。此类平头案简洁无饰，只在案面边抹线脚上做简单处理；案面厚度与牙条宽度相当；圆腿截面多为椭圆，正面略宽，侧面略窄；长平头案吊头比小型平头案略长，使整体比例更合宜；四腿略有分挓，使案子更显平稳；侧面梯子枨偏上，使案子精神提气，侧面梯子枨截面也多是椭圆，侧面略宽，俯视略窄。

标准牙子的平头案

长平头案吊头比小型平头案略长

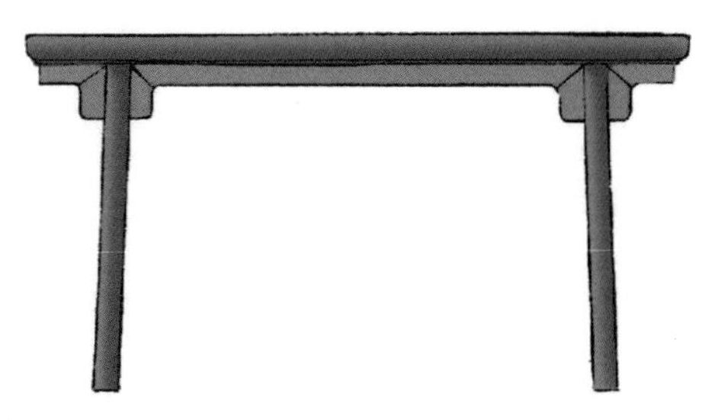
牙头略宽的平头案

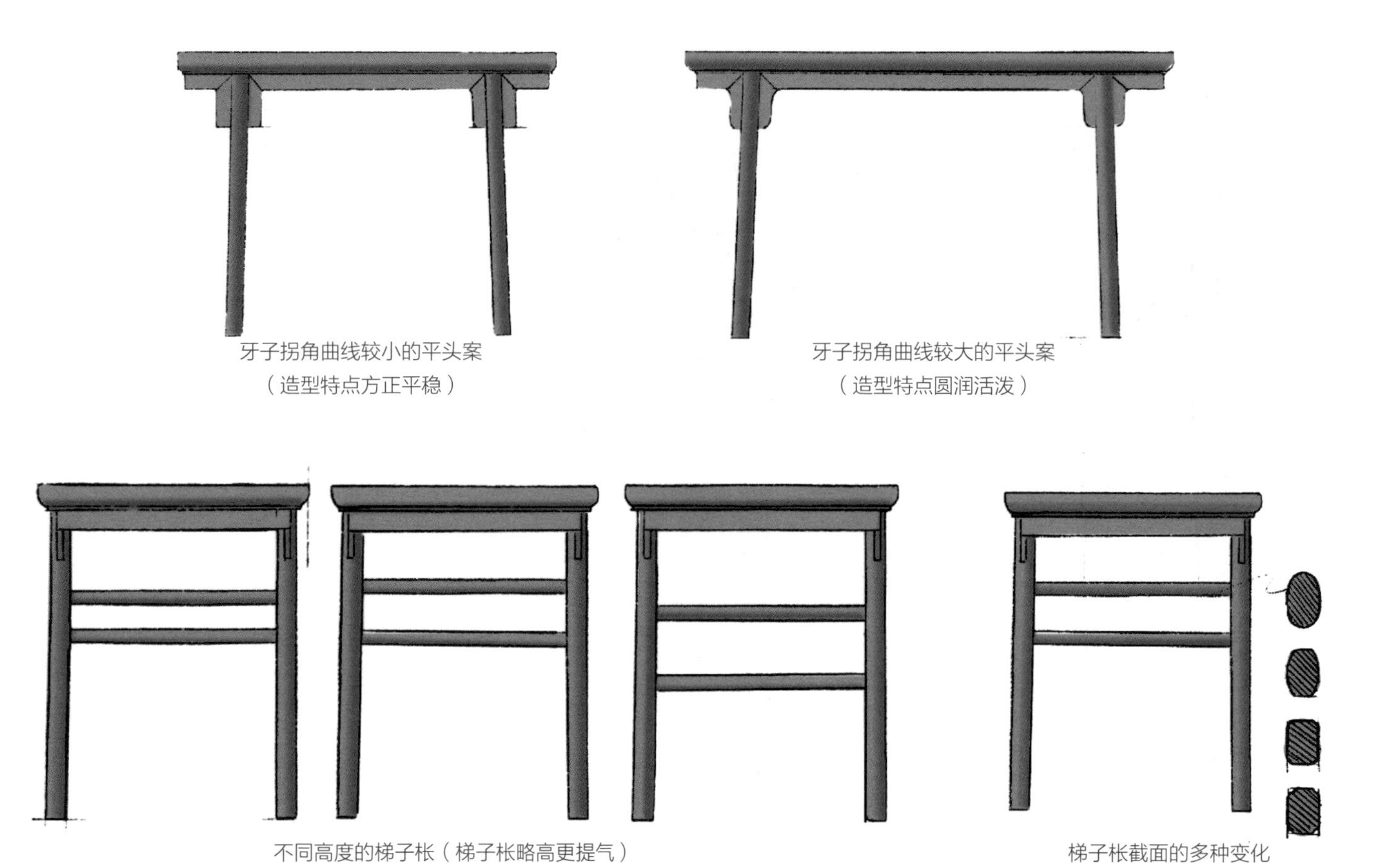

牙子拐角曲线较小的平头案
（造型特点方正平稳）

牙子拐角曲线较大的平头案
（造型特点圆润活泼）

不同高度的梯子枨（梯子枨略高更提气）

梯子枨截面的多种变化

乙 · 带屉平头案

带屉平头案是比较少见的平头案种类之一，主要特点是在平头案的四腿之间安装相同高度的横枨，并在四横枨中间装屉板，可用于摆放物品。带屉平头案长度一般为 600~800mm，尺寸较为小巧。带屉平头案的造型也比较简洁，只在牙头上做云头装饰，四腿略有收分，使分挓的腿足与案面呼应，平稳合宜。

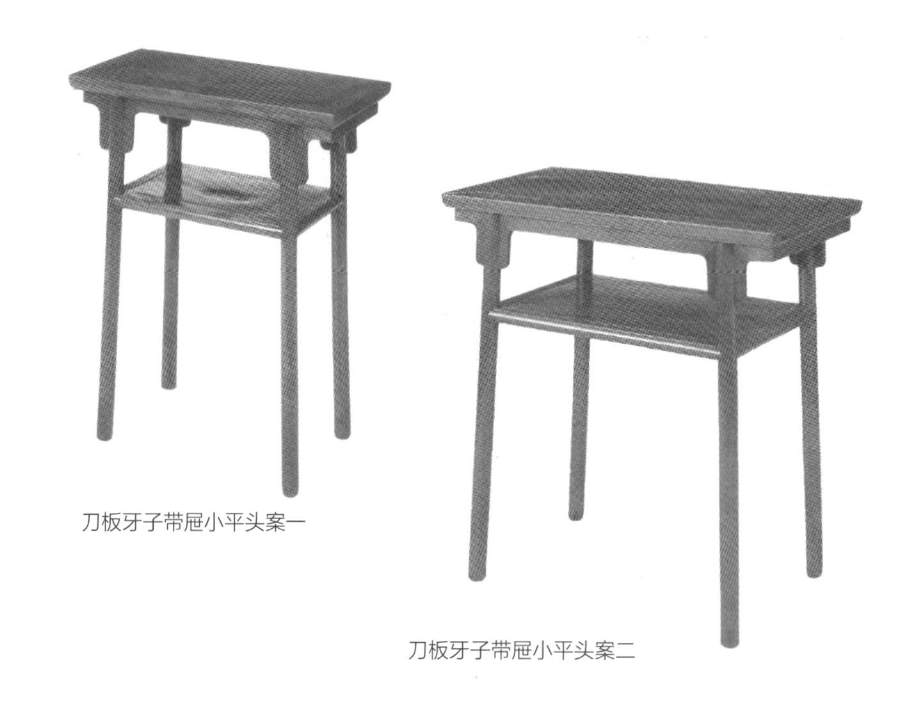

刀板牙子带屉小平头案一

刀板牙子带屉小平头案二

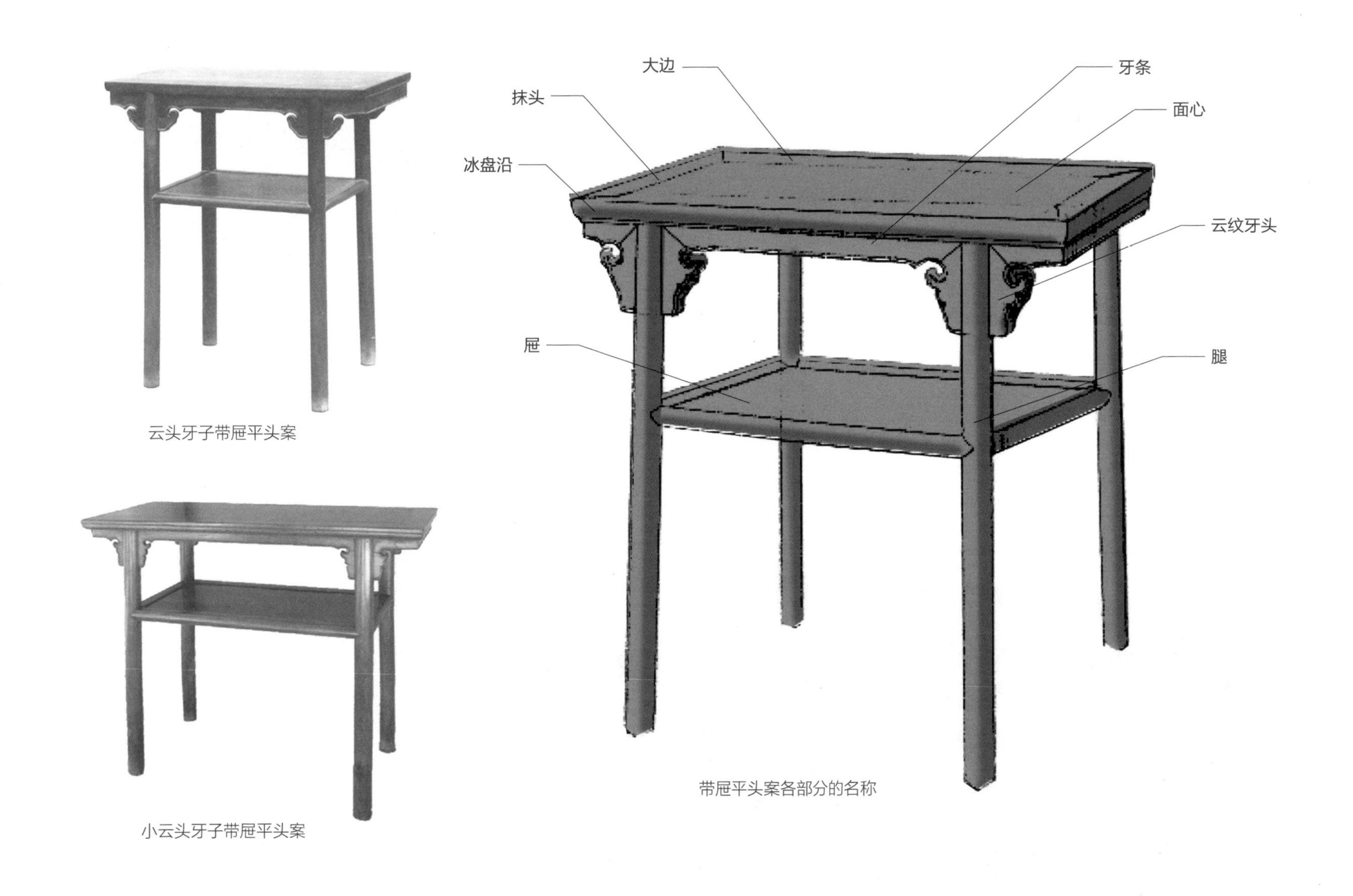

云头牙子带屉平头案

小云头牙子带屉平头案

带屉平头案各部分的名称

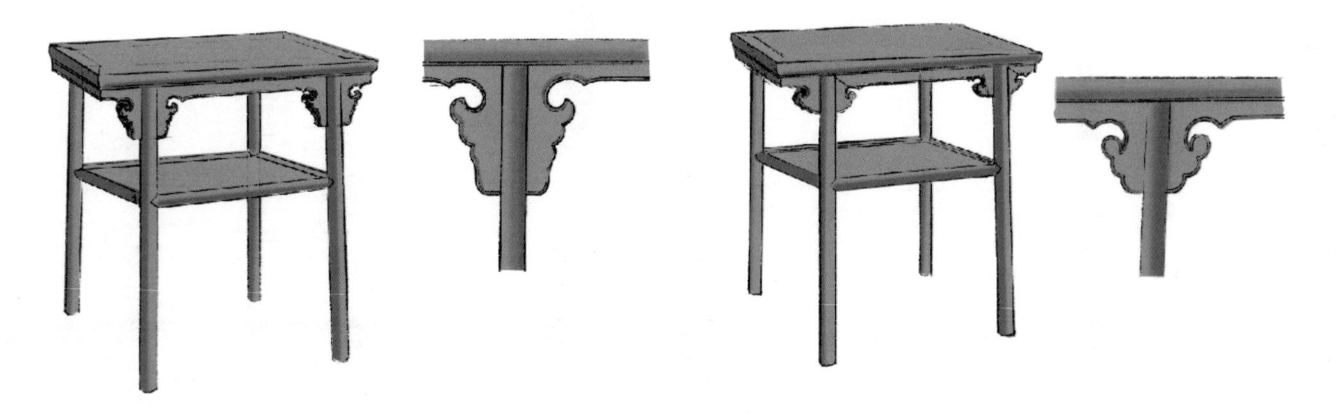
带屉平头案的牙头变化

案，亦可称为条几，一般置于中堂下侧，桌椅后侧，用于摆放装饰品之类物品，案面为窄长的条形，宽度约为其长度的十分之一。称“案”而不称“桌”，因其与桌子的脚足所处位置不同，因此采用了不同的结构方式。

带屉平头案各部分的名称

《后汉书·顺帝纪》:“而即位仓卒，典章多缺，请条案礼仪，分别具奏。”

南宋·佚名《槐荫消夏图》

夹头榫

夹头榫是案形结体家具中最常用的榫卯结构之一。四足在顶端出榫，与案面底端的卯眼结合。腿足上端张开，嵌牙条和牙头。

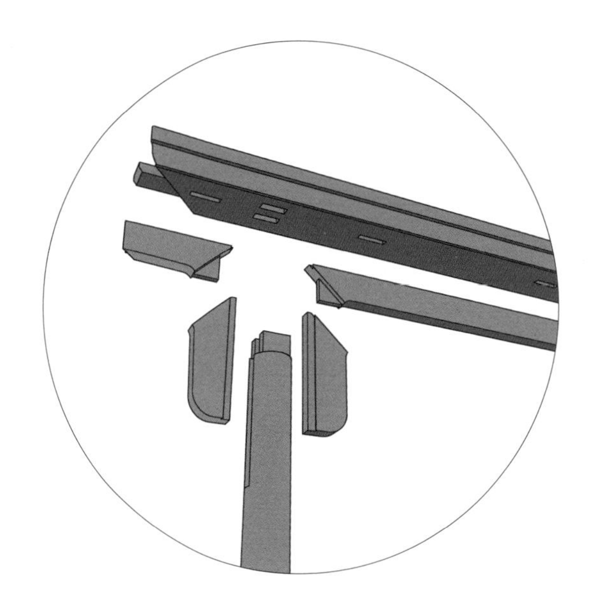

插肩榫

插肩榫也是案形家具中最常用的榫卯结构之一。外观与夹头榫不同，但结构差别不大。其中不同之处在于，它的腿足顶端出榫，和案面结合，上端也开口，嵌夹牙条。上端外皮削出斜肩。牙条与腿足相交处剔出槽口。当牙条与腿足拍合时，又将腿足的斜肩嵌夹进来，形成平齐的表面。插肩榫的牙条在受重压时，与腿足咬合更紧。

丙·花牙子平头案

花牙子平头案是指带有装饰牙子的平头案，有云头牙子、螭纹牙子、如意云头牙子等多种变化。花牙子平头案除花牙子之外，大多简洁，只有在案面边抹或腿足上稍做线脚处理。案面边抹线脚可以有多种变化，腿足有光滑无饰的圆腿，也有起阳线的方腿或扁方腿。牙条有宽有窄，牙头有长有短，配合不同的牙头装饰，呈现出不同的造型特点。

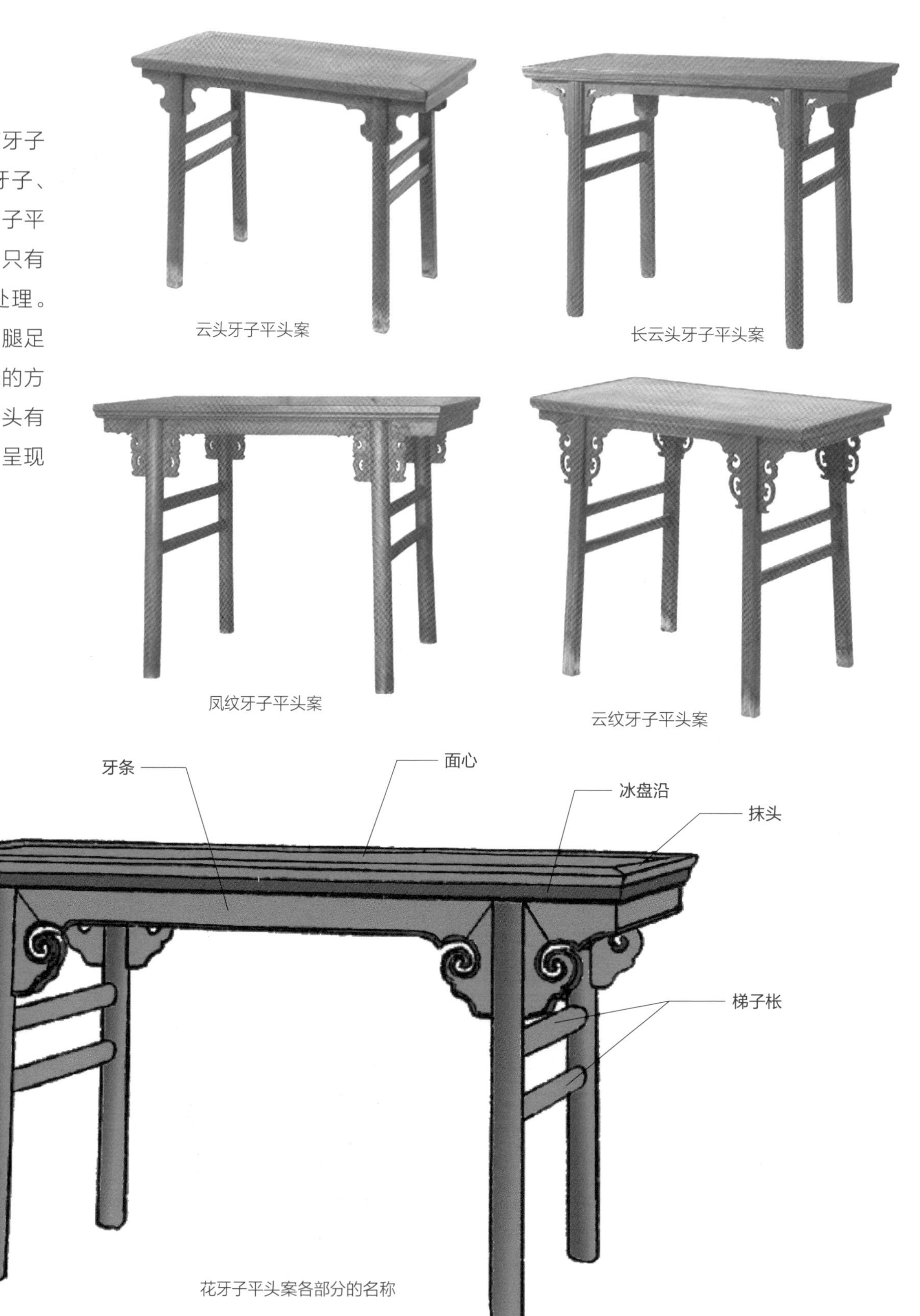

云头牙子平头案

长云头牙子平头案

凤纹牙子平头案

云纹牙子平头案

花牙子平头案各部分的名称

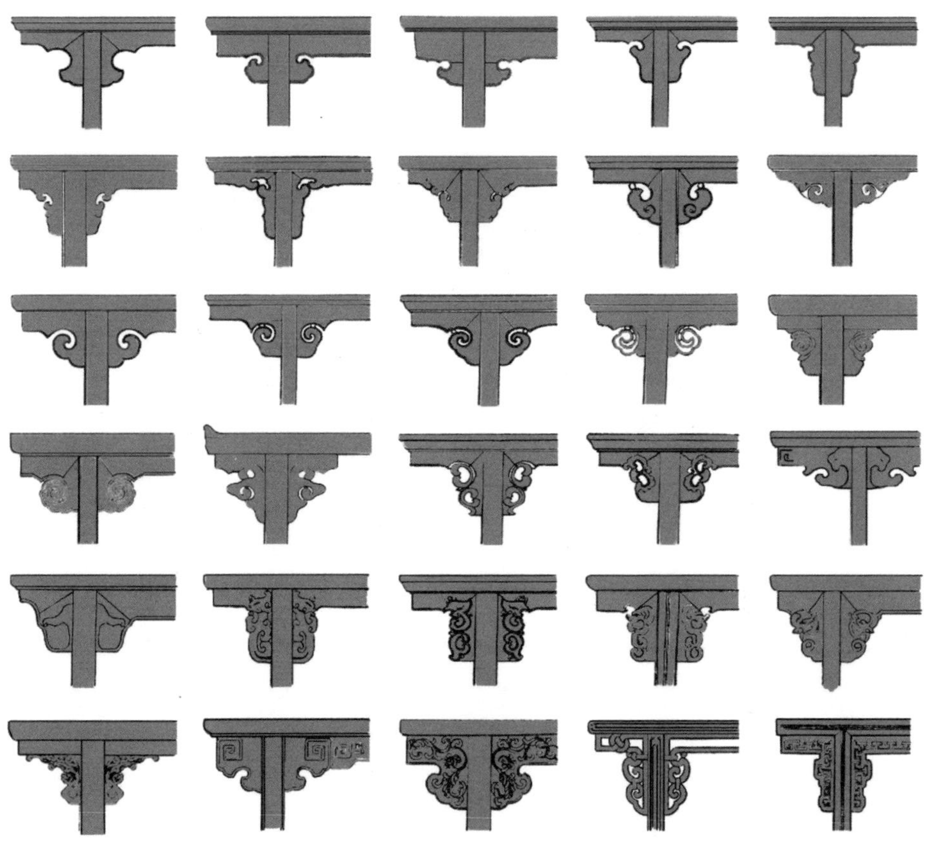

牙子的不同变化

丁·高罗锅枨平头案

高罗锅枨平头案是指在普通平头案的基础上，正面和后面的两腿之间设高罗锅枨，直顶到案下的直牙条上。高罗锅枨起到加固两腿的作用，相对于直枨又可以留出更多的容腿空间。高罗锅枨栱肩的部分或光素，或做如意纹、云纹或卷草纹装饰。案下的牙子或起阳线，或于牙头处作委角。腿足也有圆腿和方腿之分，侧面腿足之间多用梯子枨连接，其线脚变化与腿足线脚相类似，作为呼应。

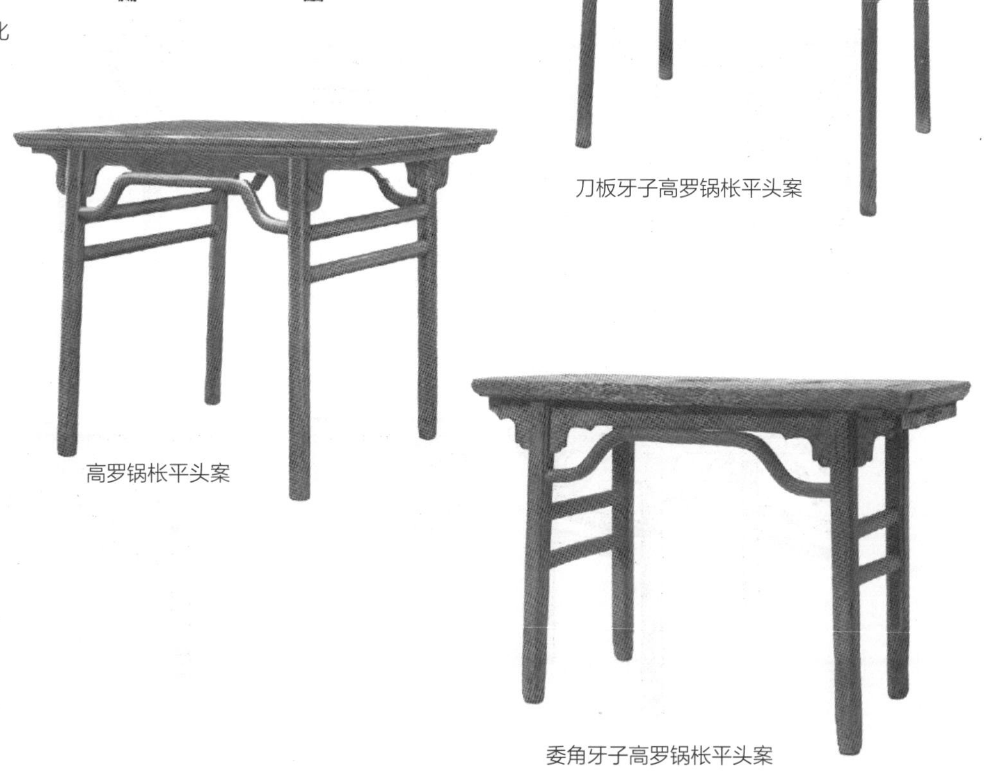

刀板牙子高罗锅枨平头案

高罗锅枨平头案

委角牙子高罗锅枨平头案

带如意云头高罗锅枨平头案

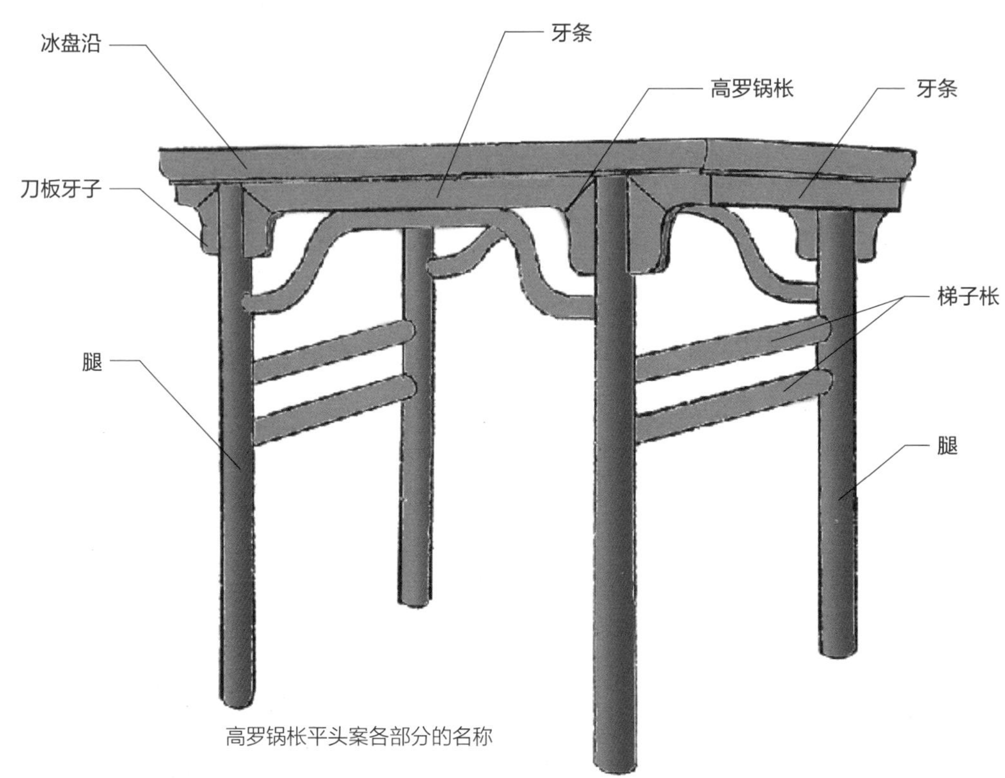

高罗锅枨平头案各部分的名称

光素高罗锅枨平头案

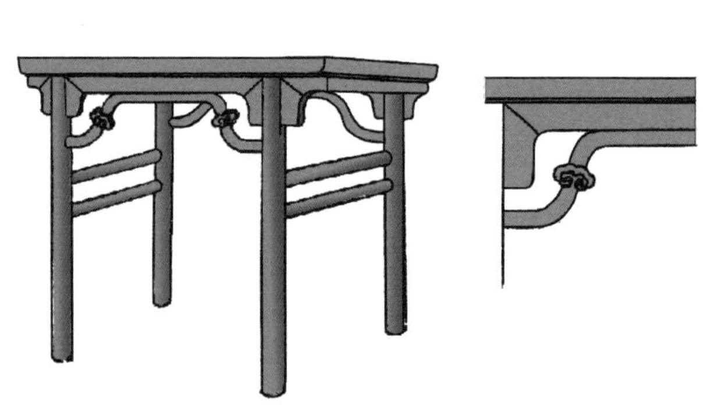

带如意云纹的高罗锅枨平头案

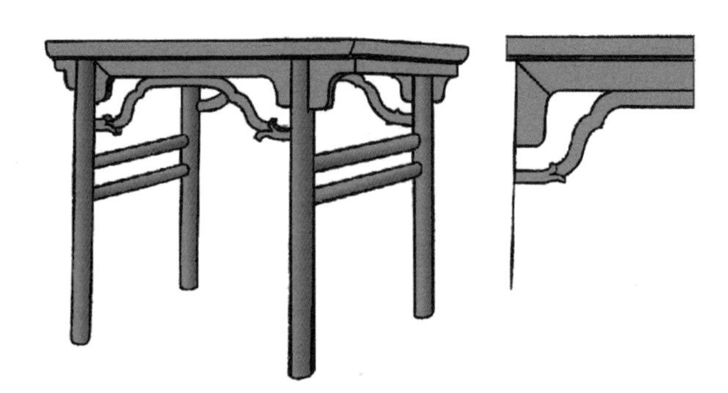

带卷草纹的高罗锅枨平头案

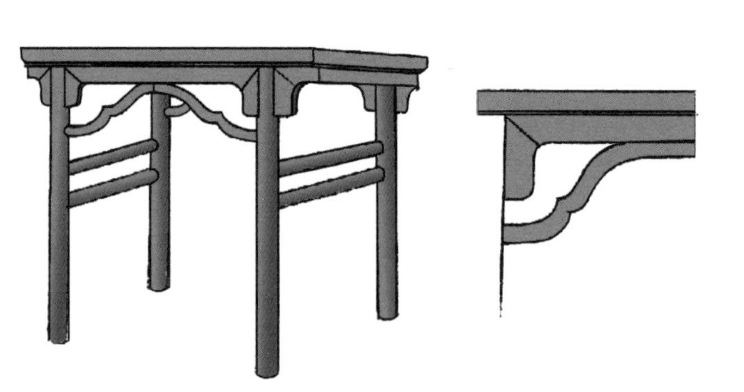

变体高罗锅枨平头案

戊·剑腿平头案

剑腿平头案是指腿足为剑腿的平头案，是中国传统家具中经典造型之一。剑腿是指在案形家具中，腿部中间起单阳线或双阳线，两旁成斜坡，形如宝剑起棱的线脚；同时，在腿偏下部分起花结，并以小马蹄收尾。剑腿平头案一般为长方，案面下壶门牙子和剑腿以插肩榫的结构连接，壶门曲线与剑腿的曲线自然相接，剑腿上又有花结的曲线相呼应。剑腿曲线的细节处理丰富，呈现多种变化，在剑腿中间起一道阳线称作一炷香，起两道阳线称作两炷香，花结的位置和曲线处理，以及剑腿下部细节也微妙多变，使剑腿的造型统一中蕴涵着变化。剑腿平头案侧面两腿一般以梯子枨连接，梯子枨上的线脚多与剑腿上的阳线相呼应。

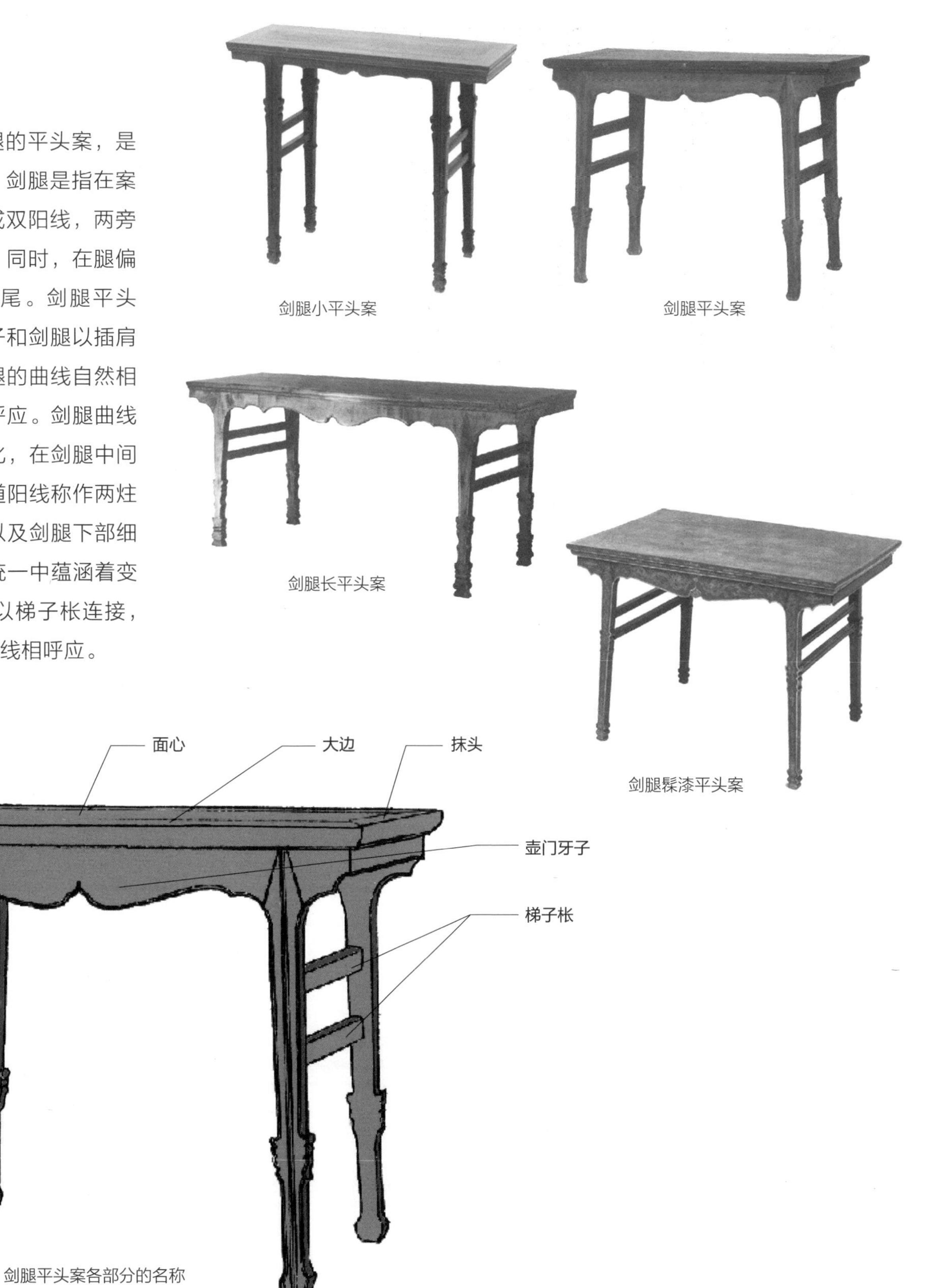

剑腿小平头案

剑腿平头案

剑腿长平头案

剑腿髹漆平头案

剑腿平头案各部分的名称

剑腿细节的丰富变化

己 · 有挡板腿平头案

有挡板腿平头案是指侧面两腿下装托泥，两腿之间打槽装板的平头案。有挡板腿的平头案多为长条案，根据案面长短确定吊头大小。案下花牙子多为云头牙子，分饰腿足两侧。腿足为方腿或扁方腿，略做线脚。挡板内的雕花板或透雕，或浅浮雕，有独朵云头，有如意云纹，有双螭纹等，也有挡板内做圈口牙子或攒斗等不同做法。

洼堂肚圈口挡板腿平头案一

洼堂肚圈口挡板腿平头案二

洼堂肚圈口挡板腿平头案三

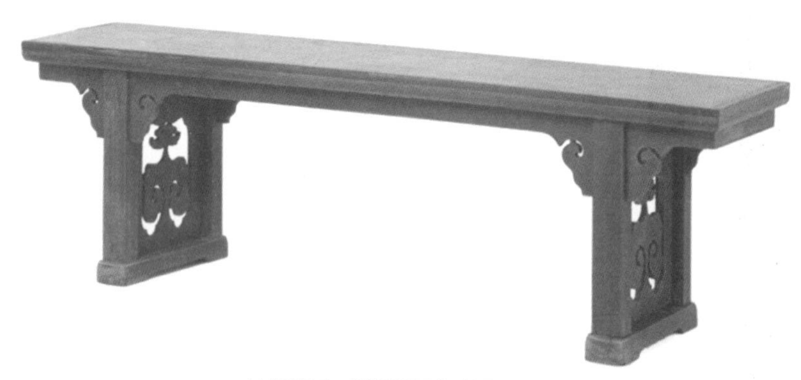

洼堂肚圈口挡板腿平头案四

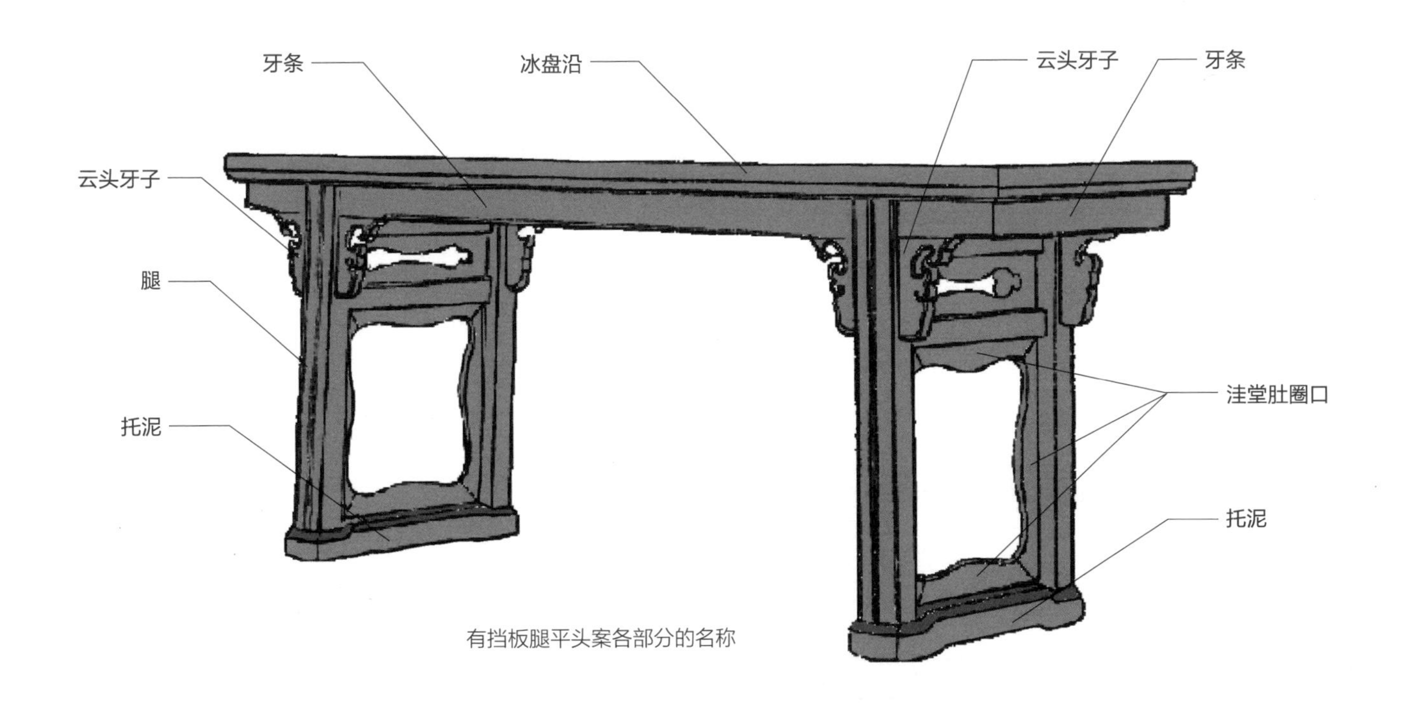

有挡板腿平头案各部分的名称

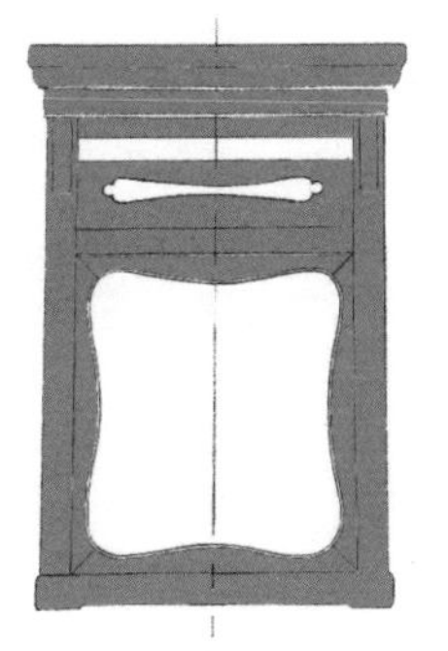
腿间设横枨做洼堂肚圈口牙子

壶门圈口

大朵如意云头花板一

大朵如意云头花板二

龙纹花板一

龙纹花板二

假山形花板一

假山形花板二

下垂云头花板

双螭纹花板

万字锦攒斗花板

四簇云头攒斗花板

平头案挡板腿细节

庚 · 架几案

架几案是由两个相同的几做支架支撑案面的案子，一般较长，案面多为较厚的独板，才能保证案面稳定不易变形，架几案的高度一般在 800~850mm。

架几案的两个几一般为直腿落地，或承托泥，四腿之间有横枨连接，横枨和腿间或设抽屉，或设圈口牙子，或打槽装板，不仅使架几案更加坚固，还在腿间增加使用空间，可以储藏或展陈物品。架几案的案面若略宽一些，达 700mm 以上，就可以作画案使用，称作架几画案。

马蹄腿带屉架几案

云纹券口牙子带屉架几案

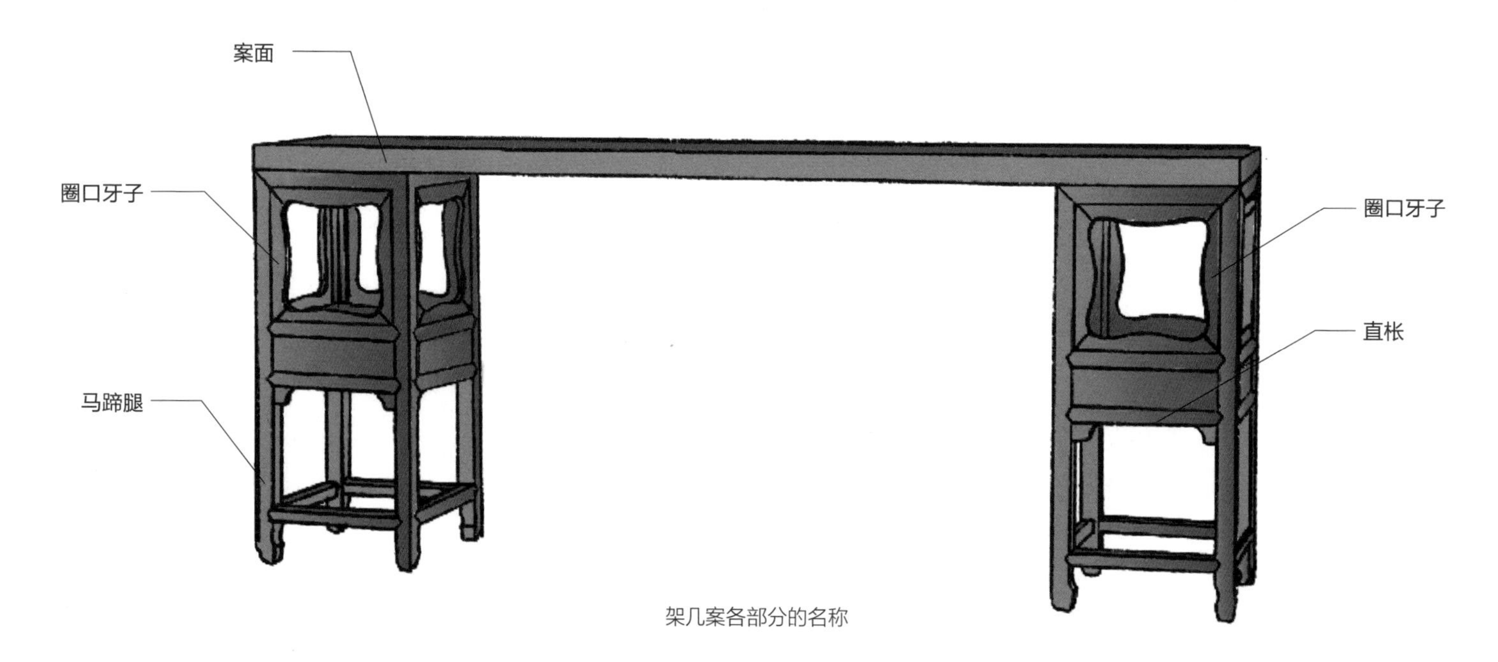

架几案各部分的名称

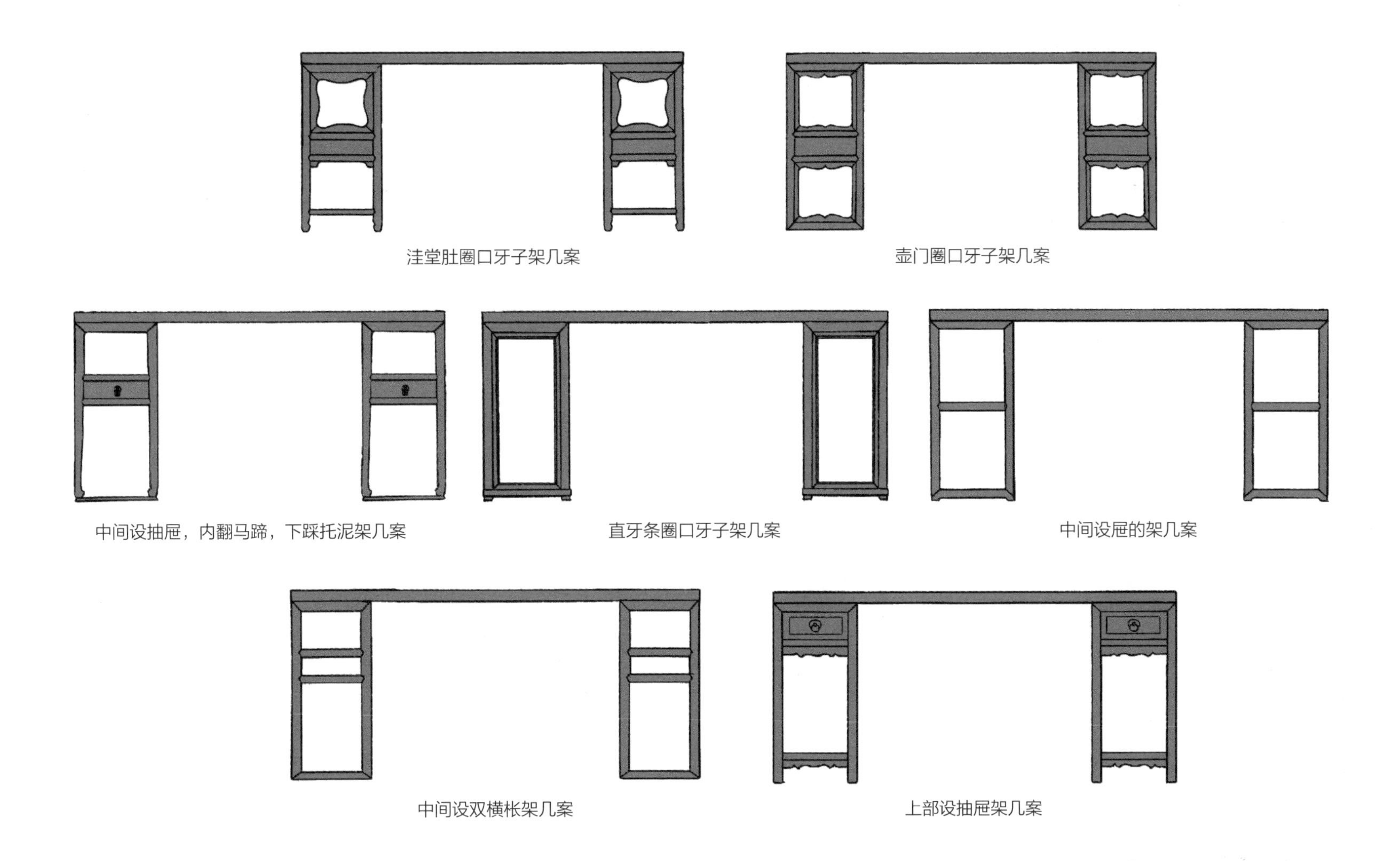

洼堂肚圈口牙子架几案

壶门圈口牙子架几案

中间设抽屉，内翻马蹄，下踩托泥架几案

直牙条圈口牙子架几案

中间设屉的架几案

中间设双横枨架几案

上部设抽屉架几案

贰 · 翘头案

翘头案是指案面两端起翘头的案子，其称呼是相对于平头案而来的，案面与腿足之间有吊头，主要由案面、牙子、翘头、腿和枨组成。翘头案一般为长方形，有长度较长的长条案，也有长度适中的小条案。翘头或与案面一木连做，或与案面抹头一木连做，或在抹头之外另榫接或胶接；牙子有素牙子和花牙子之分；腿有圆腿、方腿之别，也有两侧腿下设托子、之间安装挡板的腿足。枨子一般设置在两侧腿足之间，其线脚变化与腿足的线脚相呼应。翘头案的翘头与平头案的最大区别在于翘头的大小、形态、曲线等细节对翘头案造型影响较大，翘头案的设计应在平头案的基础上注意翘头曲线与整体案子的呼应。

甲 · 花牙子翘头案

花牙子翘头案与花牙子平头案造型相似，只是在案面之上起翘头，呈上展之势。花牙子翘头案牙头多为云头牙子，侧面两腿之间多以梯子枨连接。腿有圆腿、方腿、扁圆腿、扁方腿之分，又各有多种线脚，或起阳线，或起两炷香（即两根阳线），或委角，或打洼处理，使腿足有了更丰富多变的装饰。翘头的曲线微妙，轻微的变化就可以使整件桌案有不同的造型感。因为具有上扬的翘头，花牙子翘头案比平头案更为舒展。

云头牙子小翘头案

云头牙子梯子枨翘头案

云头牙子花枨翘头案

花牙子翘头案各部分的名称

翘头的丰富变化

乙 · 有挡板腿翘头案

有挡板腿翘头案是在有挡板腿平头案的基础上增加翘头，使案面两端收于翘头。侧面两腿下设托泥，两腿之间打槽装板。有挡板腿翘头案的翘头、牙子和挡板是其设计重点，翘头的曲线、牙子的雕镂，以及挡板的装饰使有挡板腿的翘头案呈现了丰富的造型变化。挡板腿下所设托泥主要起到固定挡板、保护腿足不受腐蚀的作用，其微妙的造型变化也会影响腿足的造型。

云头牙子如意云头挡板腿的翘头案

螭纹牙子有挡板腿的翘头案

云头牙子有挡板腿的翘头案

云头牙子圈口挡板腿的翘头案

有挡板腿的翘头案各部分的名称

叁·方桌、半桌和条桌

方桌是指桌面为正方形的桌子，根据桌子尺寸的大小可以供八人、六人、四人使用，因此有八仙桌、六仙桌和四仙桌的名称。其实很少有八仙桌能宽敞舒适地承纳八人，一般也就四人使用，八仙之称只是概数，也有认为是受到八仙的影响而产生的名称。方桌没有吊头，四腿落于桌面四角，这是桌与案主要的区别。

半桌是指相当于半张八仙桌而略宽的长方桌。条桌是指比半桌要窄的长方桌。比较而言，半桌要略宽，条桌则是窄而长的高桌。画桌是指比条桌要宽、比半桌要长的桌子。方桌、半桌、条桌和画桌只在尺度上有差别，在造型上基本相似，故将方桌、半桌、条桌和画桌放在同一条目分析。半桌、条桌和画桌造型特点基本与方桌相似，最主要的区别是半桌、条桌和画桌有正面和侧面之分，较长的一面是正面，较窄的一面是侧面，在细节处理上两面会略有区别。使用者从不同角度观察半桌、条桌和画桌会有不同的视觉效果，因此对半桌、条桌和画桌比例尺度的把握尤为重要。

甲·有束腰马蹄腿的方桌、半桌和条桌

有束腰马蹄腿的方桌、半桌和条桌是比较多见的桌子造型，其造型特点是桌面下收束腰，束腰下接牙板及方腿，方腿与桌面、牙板以抱肩榫连接，方腿以内翻马蹄落地。内翻马蹄是指腿足从束腰处起顺势向下延伸，至尾以马蹄内收结束。因马蹄是从腿足木材中斫出的，所以腿足内部向下逐渐内收，为收尾时翻出马蹄做准备。故除去马蹄部分，腿部自上而下不断收细。因为方腿与桌面、牙板连接仅在抱肩榫处，比较单薄，多另加部件加固，一般有角牙、霸王枨、横枨、罗锅枨、罗锅枨加卡子花等部件，这些部件不仅起到加固的作用，还是方桌造型的重要部分。有束腰马蹄腿的方桌整体造型的细节把握主要包括桌面边抹线脚、牙条的曲线和纹饰、腿上部抱肩榫的肩膀曲线、腿下部马蹄的曲线以及角牙、霸王枨、横枨、罗锅枨、罗锅枨加卡子花等构件的细节。

有束腰马蹄腿的半桌

罗锅枨有束腰马蹄腿的半桌

霸王枨有束腰马蹄腿的方桌

罗锅枨有束腰马蹄腿的方桌

有束腰马蹄腿的方桌各部分的名称

设角牙的有束腰马蹄腿的桌除角牙之外全身简素，角牙多做装饰，或透雕，或浮雕，或攒斗，角牙的纹饰有云纹、龙凤纹、卷草纹等吉祥纹饰。角牙是整件方桌的亮点，不同的角牙设计会使整件方桌的造型呈现丰富的变化。

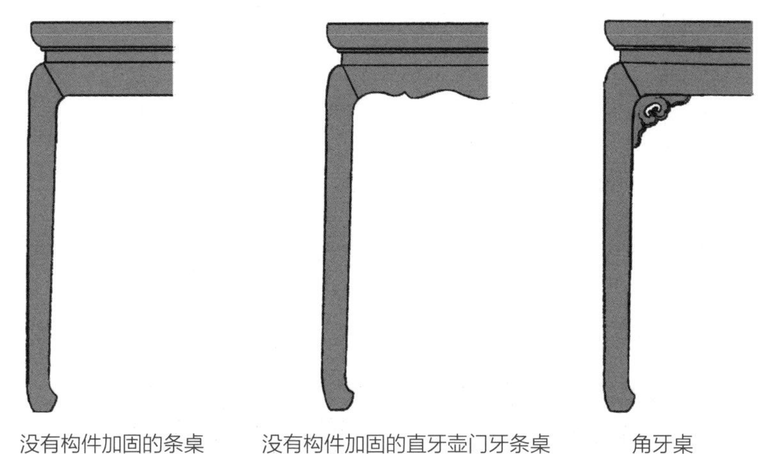

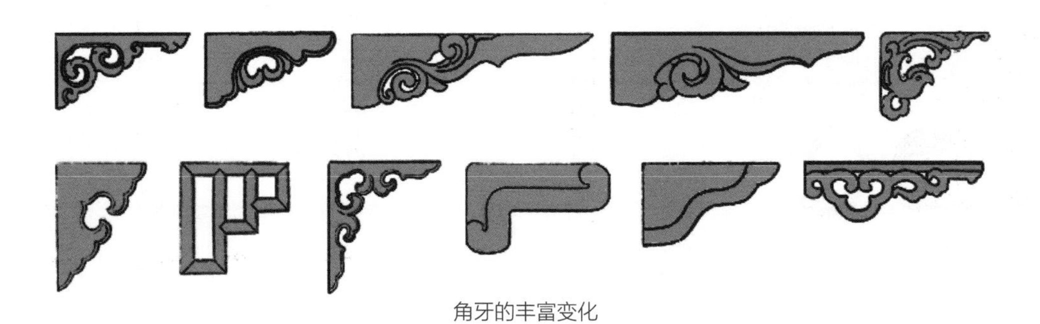
角牙的丰富变化

有束腰马蹄腿的桌也多使用霸王枨来固定桌面和腿足，并将桌面受到的力均匀地分散到四腿，使整件桌更坚固耐用。霸王枨与束腰、马蹄的结合使用使其更加彰显张力。也有的桌会将霸王枨和角牙结合在一起使用，霸王枨和角牙都可以使桌更加坚固，又不会减少桌面下的空间，是比较合理的处理方法。

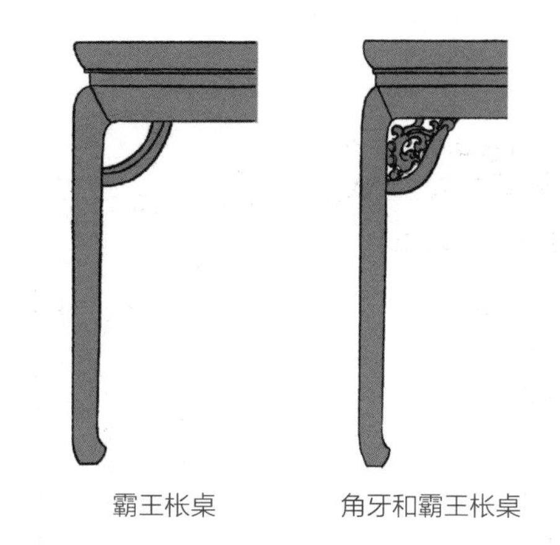

霸王枨桌　　角牙和霸王枨桌

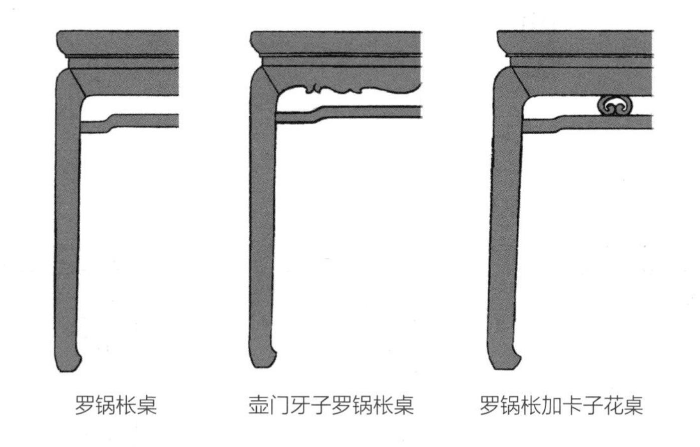

罗锅枨桌　　壶门牙子罗锅枨桌　　罗锅枨加卡子花桌

同时，也有的桌使用横枨加固腿足，横枨虽然能起到加固的作用，但是减少了桌面下的容腿空间，不是科学的处理方式，所以比较少用。不少有束腰马蹄腿方桌使用罗锅枨来连接四腿，罗锅枨因为中间部分高起，既加固了四腿，又不会太浪费桌面下的容腿空间。罗锅枨或单独使用，或结合卡子花、矮老与桌面下牙条相连。

卡子花的丰富变化

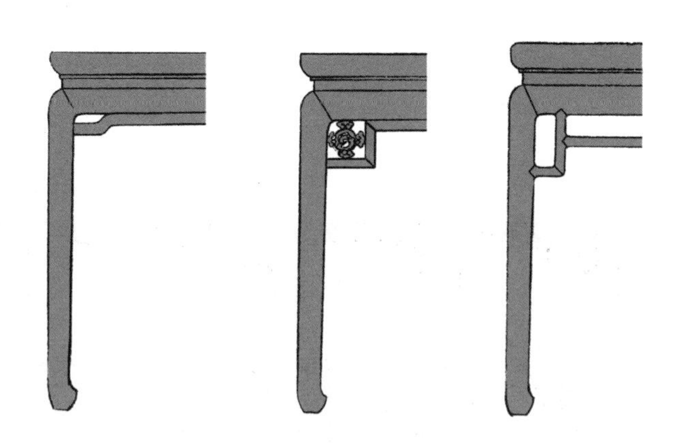

罗锅枨上顶到牙条桌　　变体罗锅枨桌一　　变体罗锅枨桌二

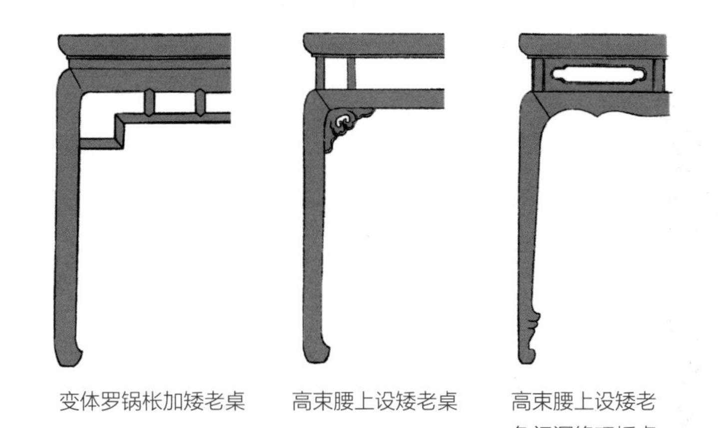
变体罗锅枨加矮老桌　高束腰上设矮老桌　高束腰上设矮老鱼门洞绦环板桌

有束腰马蹄腿的方桌也有在桌面之下加高束腰的处理方法。高束腰的处理方法很多，一般会增加几道矮老界出空间，空间内使用绦环板装饰。绦环板或光素无饰，或开鱼门洞，或雕花板，或打槽装抽屉。高束腰方桌的设计重点是在保证整体比例协调适宜的基础上进行高束腰部分的处理。

乙·梁柱式直腿方桌、半桌、条桌

梁柱式直腿方桌、半桌、条桌也是较为常见的桌造型，其造型特点是桌面四角直接连接四腿，四腿着地，四腿间多以牙子、霸王枨、罗锅枨、罗锅枨加卡子花或罗锅枨加矮老等构件来加固四腿和桌面。梁柱式直腿桌整体造型的细节把握主要包括桌面边抹线脚、腿足粗细和线脚，以及四腿间的加固构件。梁柱式直腿桌要处理好整体长宽高比例以及加固构件与整体方桌的比例关系。

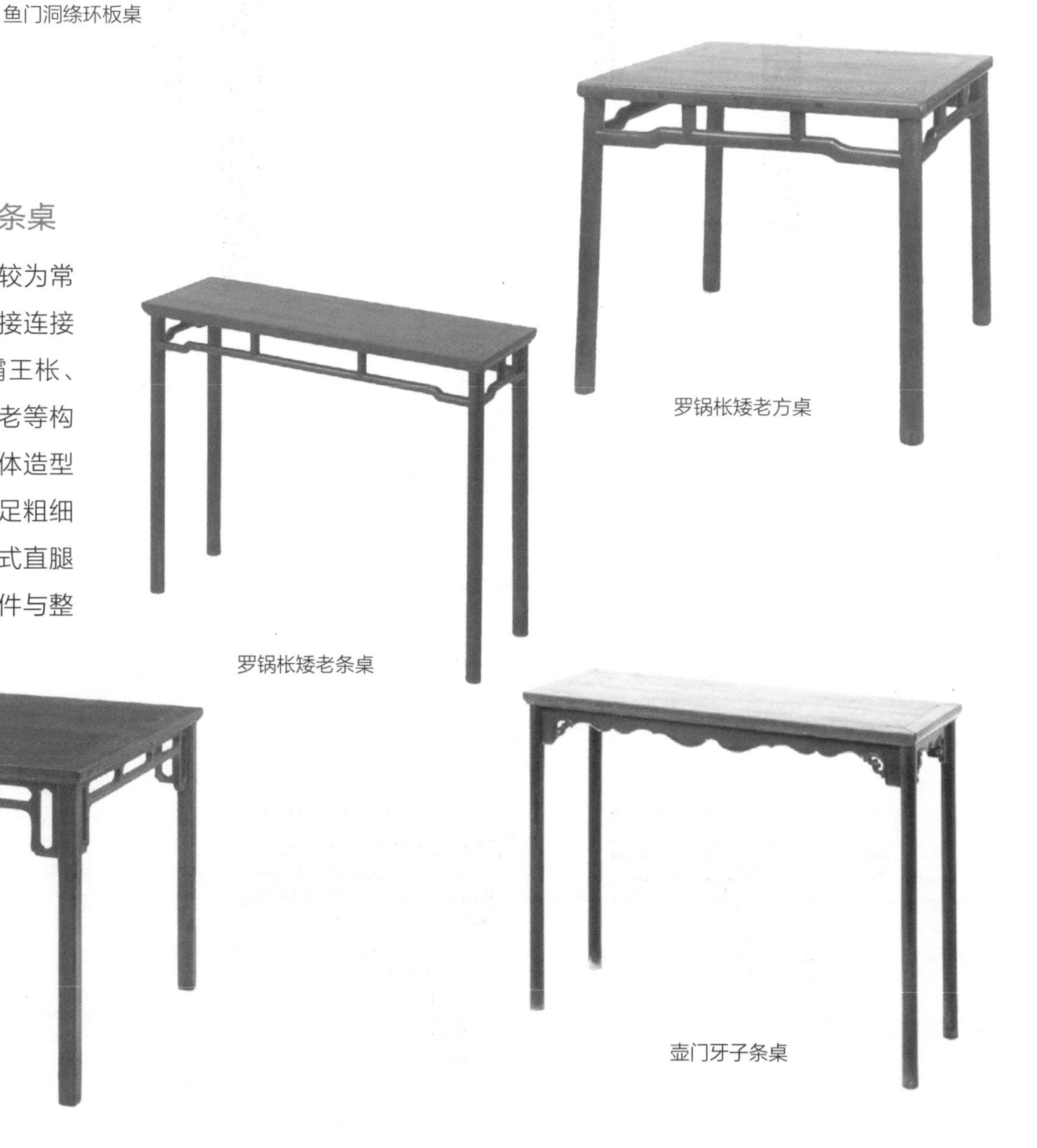
罗锅枨矮老方桌

罗锅枨矮老条桌

攒牙子方桌

壶门牙子条桌

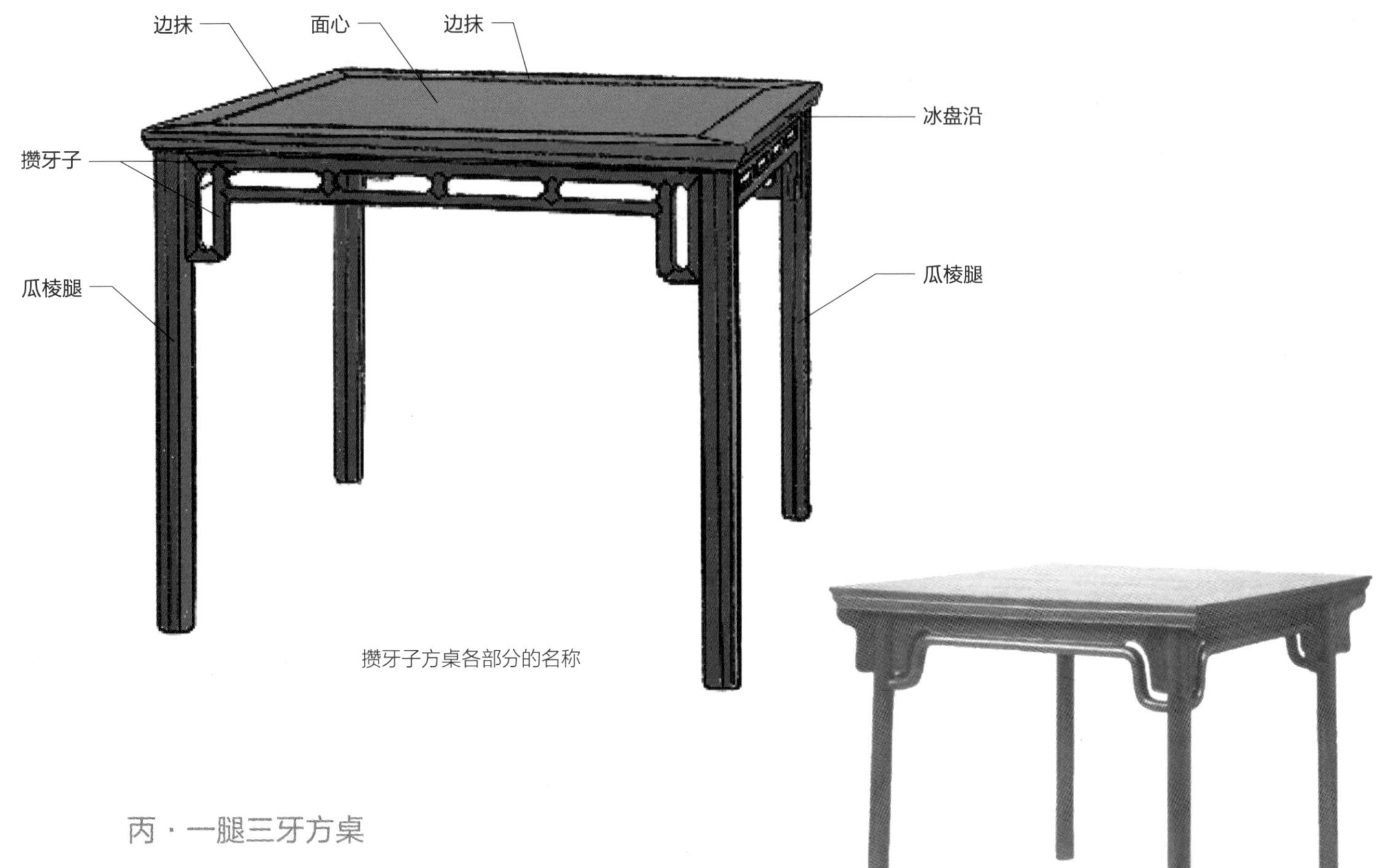

攒牙子方桌各部分的名称

素一腿三牙方桌

丙·一腿三牙方桌

一腿三牙方桌也是方桌的常见造型之一，之所以称作一腿三牙是指方桌每条腿足与相邻两个牙子相接，同时在腿所对应的桌角下出一角牙与腿相接，形成一腿连接三个牙子的造型；一般在一腿三牙的腿下部设一高罗锅枨，罗锅枨或直顶桌面下牙条，或者与桌面下牙条以卡子花连接。方桌的腿部有圆腿、扁圆加线脚，也有瓜棱状线脚，故称作瓜棱腿。

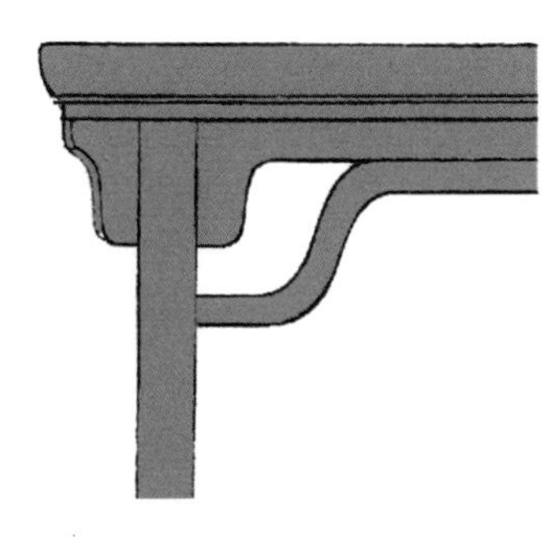
简素的一腿三牙方桌

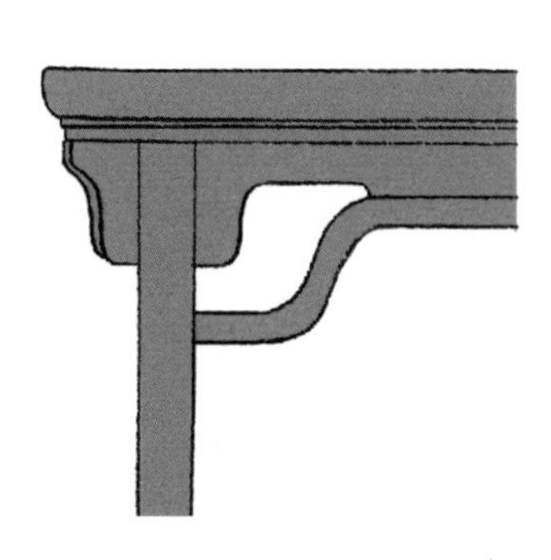
牙条下拉与罗锅枨相接的一腿三牙方桌

云头牙子一腿三牙方桌

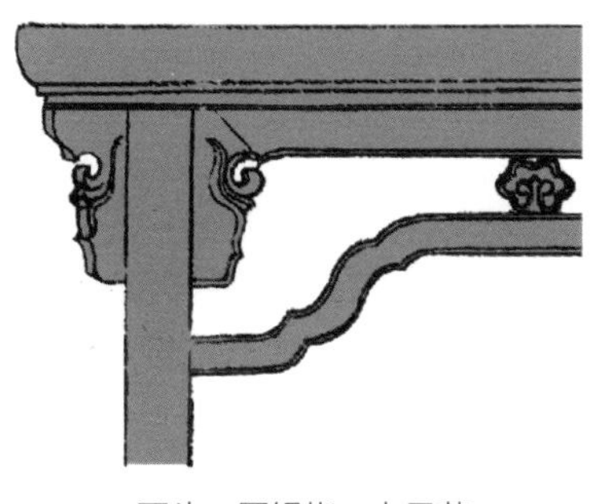

牙头、罗锅枨、卡子花
做装饰的一腿三牙方桌

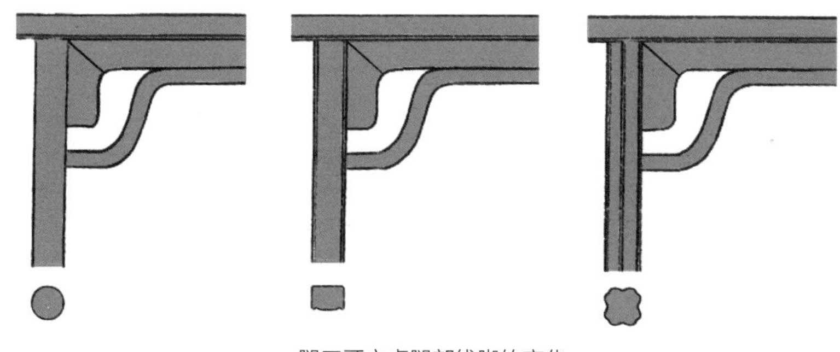

一腿三牙方桌腿部线脚的变化

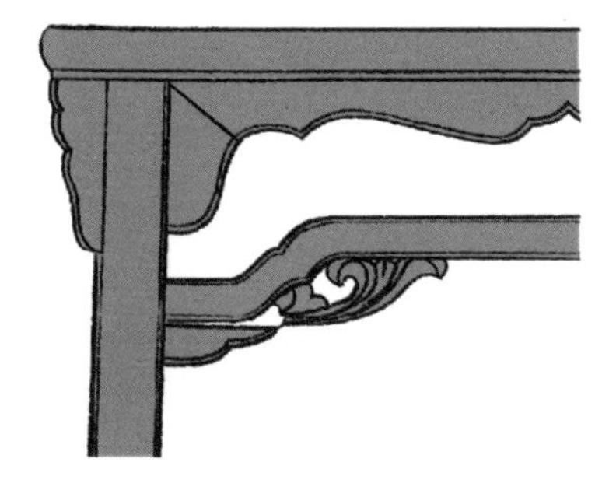

牙子、罗锅枨做装饰的
一腿三牙方桌

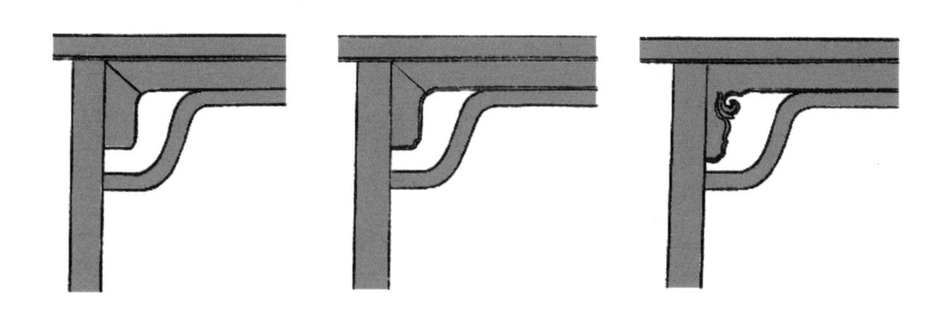

一腿三牙方桌牙子的变化

一腿三牙方桌各部分的名称

丁 · 裹腿枨方桌、半桌和条桌

裹腿枨方桌、半桌和条桌的主要造型特点是四腿之间的横枨在腿部同一高度，相邻两枨子和腿相交处采用裹腿枨连接，产生四枨高于腿部表面，四面交圈，好像是四枨将腿足缠裹起来的感觉，是模仿竹制家具中将竹材烘烤煨出弧度的做法。为了使桌面的边抹线脚与裹腿枨呼应，多在边抹看面上使用跺边和劈料的两种做法，做成两个或多个平行混面并列排列，从而使桌面与裹腿枨紧密连成一体。在桌面与裹腿枨之间则使用矮老、卡子花、绦环板等连接。

直枨矮老双环卡子花半桌

罗锅枨双环卡子花半桌

霸王枨半桌

裹腿枨方桌各部分的名称

直枨矮老方桌

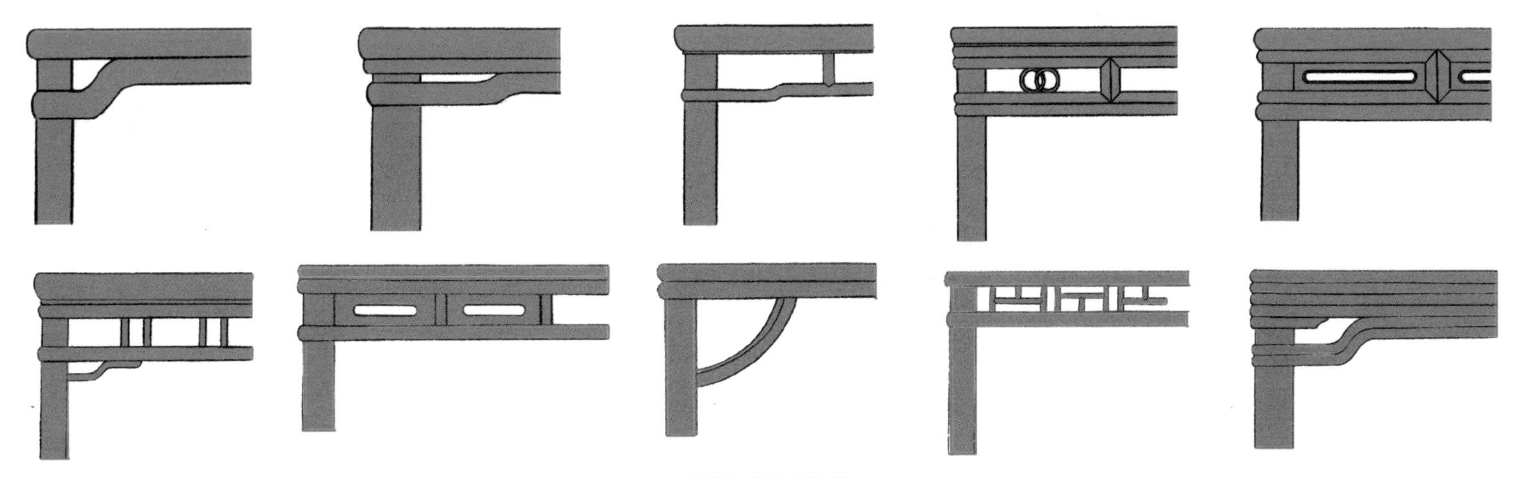

裹腿枨桌处理细节

戊·四面平方桌、半桌和条桌

四面平方桌、半桌和条桌的主要造型特点是桌四角与四腿连接之处皆呈直角，三面平直。四面平方桌早期做法为桌面之下设牙条，牙条首先与方腿格角相接，然后腿再与桌面高低榫相接。后期的做法则在桌面边抹和腿之间直接使用综角榫连接。四面平桌连接方腿多以内翻马蹄着地，有的桌面和腿足之间不用任何枨加固，这种做法虽然简洁，但不坚固，所以也有些会在桌面和腿足之间增加霸王枨、罗锅枨、角牙等构件用以加固。

马蹄腿四面平条桌

马蹄腿罗锅枨四面平条桌

马蹄腿云纹角牙四面平条桌

攒牙子四面平方桌

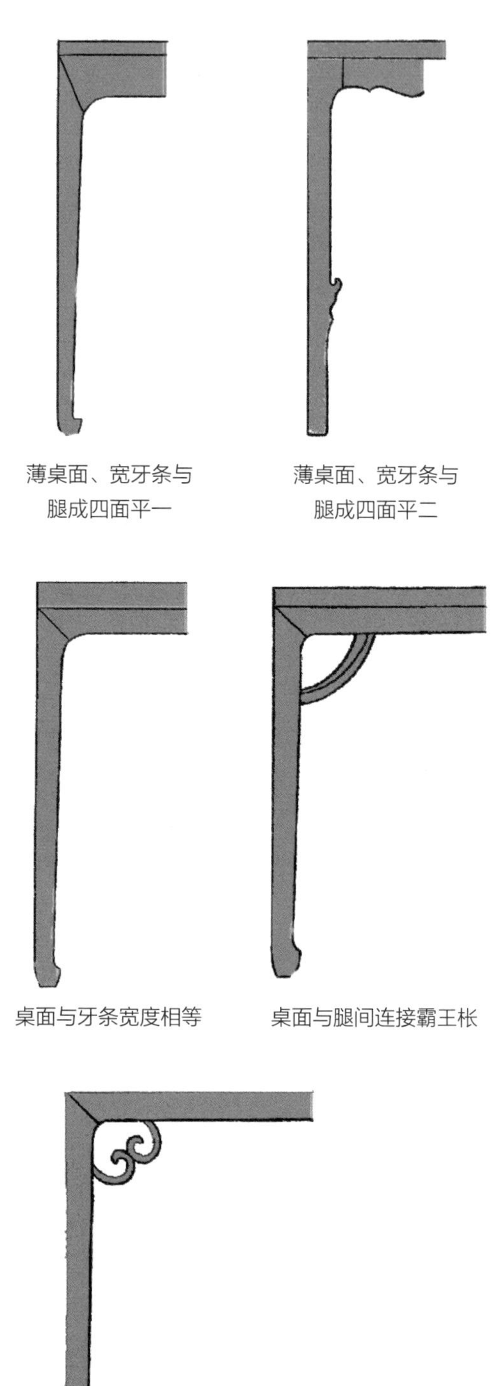
薄桌面、宽牙条与腿成四面平一

薄桌面、宽牙条与腿成四面平二

桌面与牙条宽度相等

桌面与腿间连接霸王枨

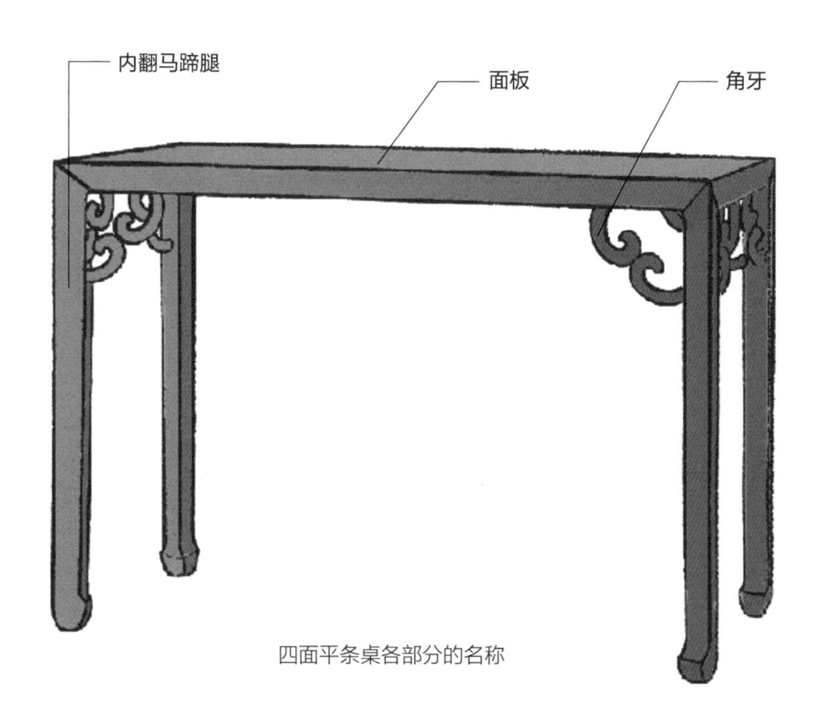

四面平条桌各部分的名称

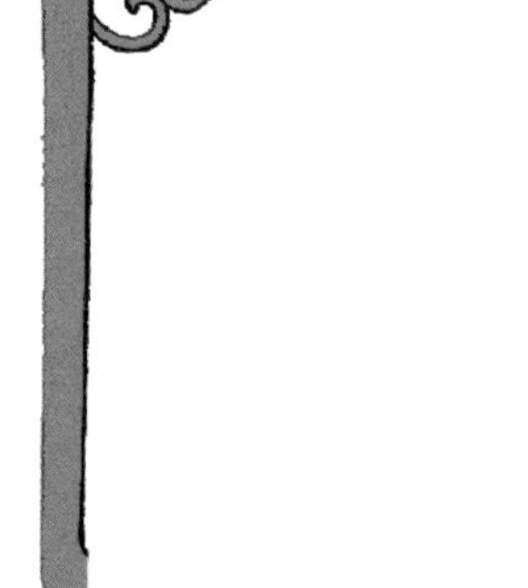
桌面与腿间连接角牙

己·展腿方桌

展腿方桌为中国古典家具中比较特别的家具造型，是有束腰家具和梁柱式家具的结合。其造型特点是桌面下收束腰，束腰之下为矮三弯腿，外翻小马蹄，牙子一般为壶门牙子，与矮三弯腿曲线相呼应。此方桌不仅可以做炕桌，还可以在三弯腿之下接圆形长直腿，使方桌成为高桌。此外圆腿与桌底下以榫卯插接，以便拆卸。圆腿安装上后就是普通的方桌，拆下后就可以做炕桌使用，因为是一高一低两种用法，所以也被称为高低桌。后来，可拆卸圆腿的高低桌演变成不可拆卸的高桌，矮三弯腿和圆腿一木连做，仅取三弯和圆腿的造型，已经没有拆卸的功能，但其腿仍然有伸展之势，也称作展腿方桌。展腿方桌在四腿之间也有横枨、梯子枨、霸王枨等构件连接。圆腿可拆卸的高低桌，腿间一般为梯子枨连接侧面两腿，成为一体。三弯腿和圆腿一木连做的方桌，则腿间用枨比较自由，可以使用横枨、梯子枨、霸主枨等。

梯子枨展腿方桌

霸王枨展腿方桌

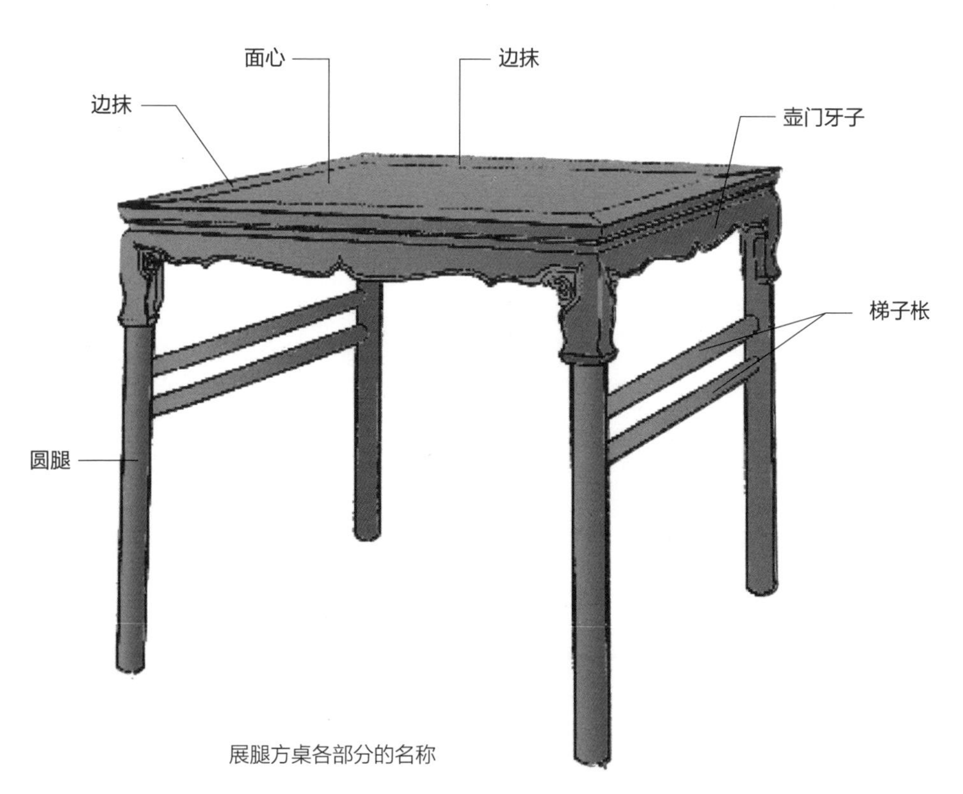

展腿方桌各部分的名称

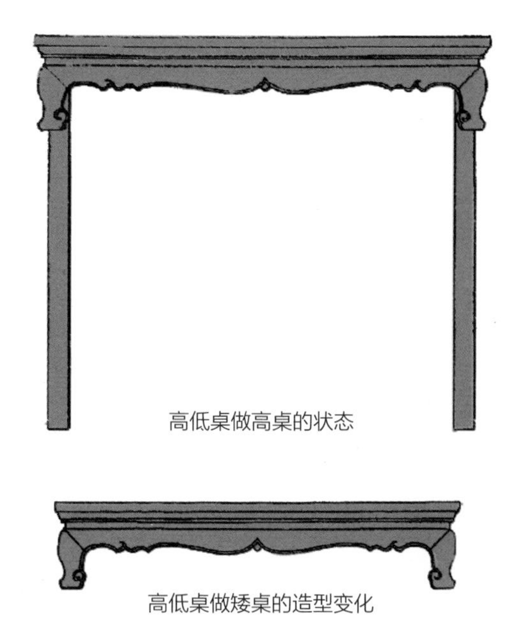

高低桌做高桌的状态

高低桌做矮桌的造型变化

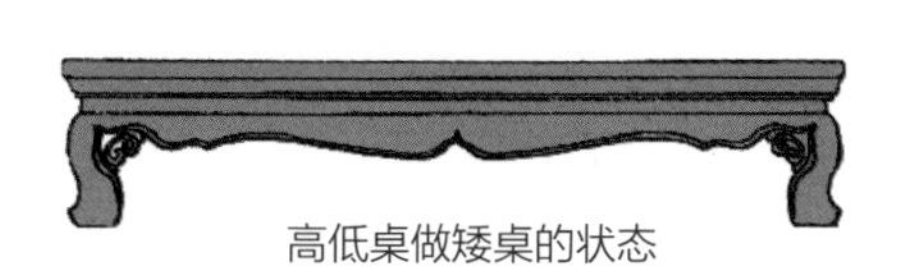

高低桌做矮桌的状态

肆·炕桌

炕桌是北方炕上使用的矮桌，亦可放在罗汉床中间，两边坐人供会客使用。炕桌桌面有正方形和长方形之分。正方形炕桌一般放在炕上，炕桌四面都可坐人，而长方形炕桌则仅长边面可坐人。炕桌的造型也有束腰和梁柱式之分，两者因结构不同而造型迥异，每一种又有丰富的造型变化。

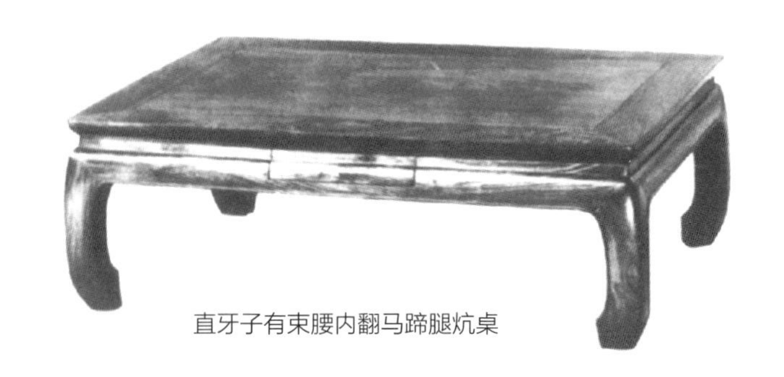

直牙子有束腰内翻马蹄腿炕桌

甲·有束腰内翻马蹄腿炕桌

有束腰内翻马蹄腿炕桌的主要造型特点是桌面下收束腰，束腰下接牙子和内翻马蹄腿。有束腰内翻马蹄腿炕桌设计的细节包括炕桌整体的长宽高比例，桌面边抹、束腰、牙条的宽窄，牙条的曲线和纹饰以及内翻马蹄腿的兜转曲线等。例如牙条的曲线变化就有直牙条、洼堂肚、壶门等，其上也可雕琢纹样做装饰。内翻马蹄腿可以很轻巧秀气，也可以粗硕有力。另外，也有在四腿之下安装托泥的例子。

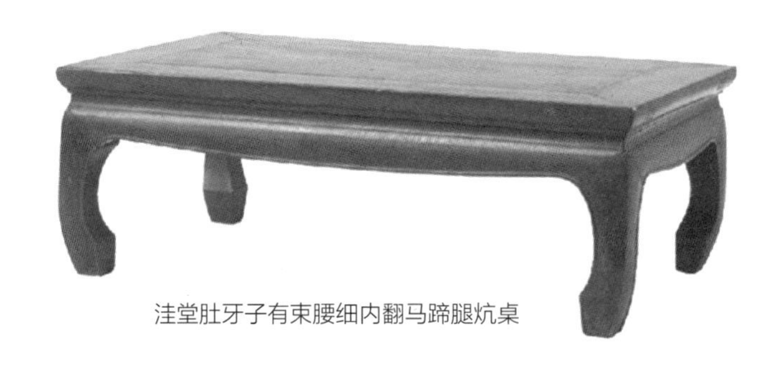

洼堂肚牙子有束腰细内翻马蹄腿炕桌

直牙子有束腰细内翻马蹄腿炕桌

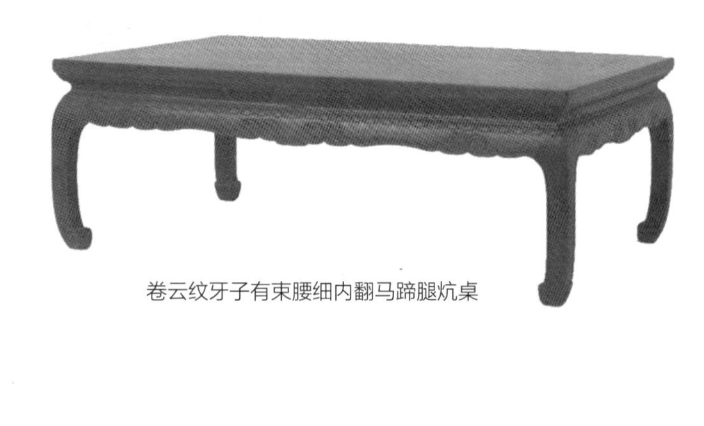

卷云纹牙子有束腰细内翻马蹄腿炕桌

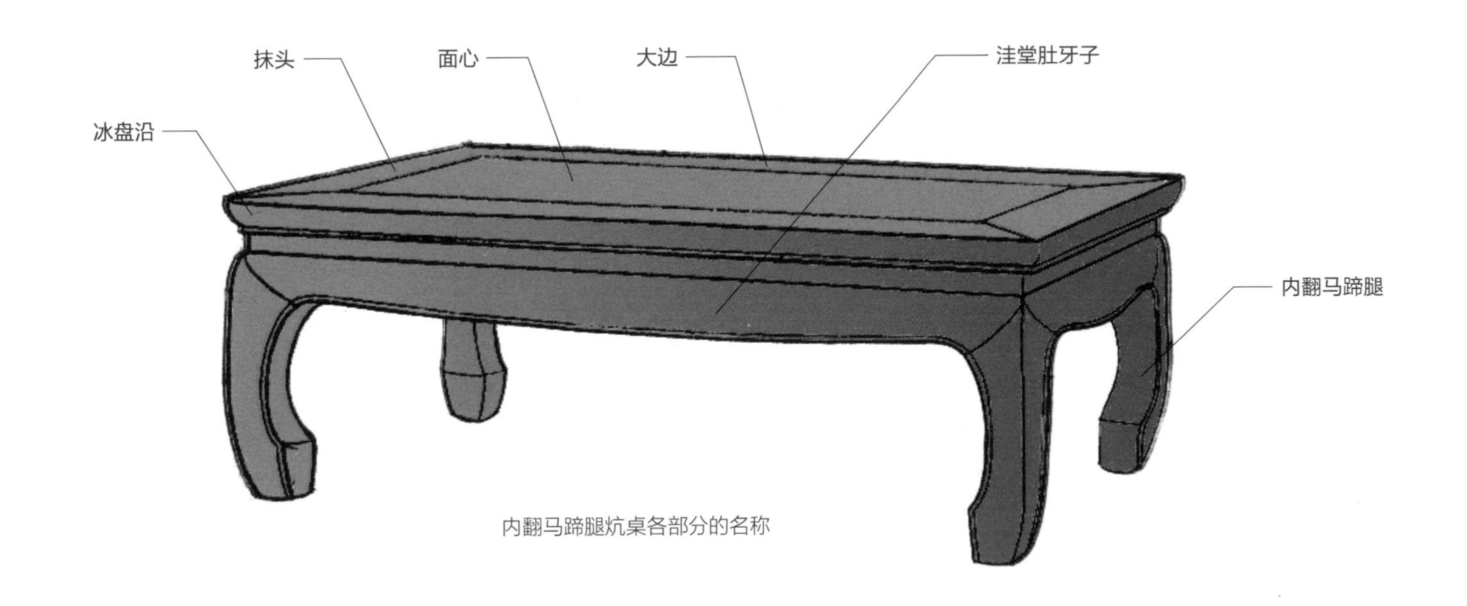

内翻马蹄腿炕桌各部分的名称

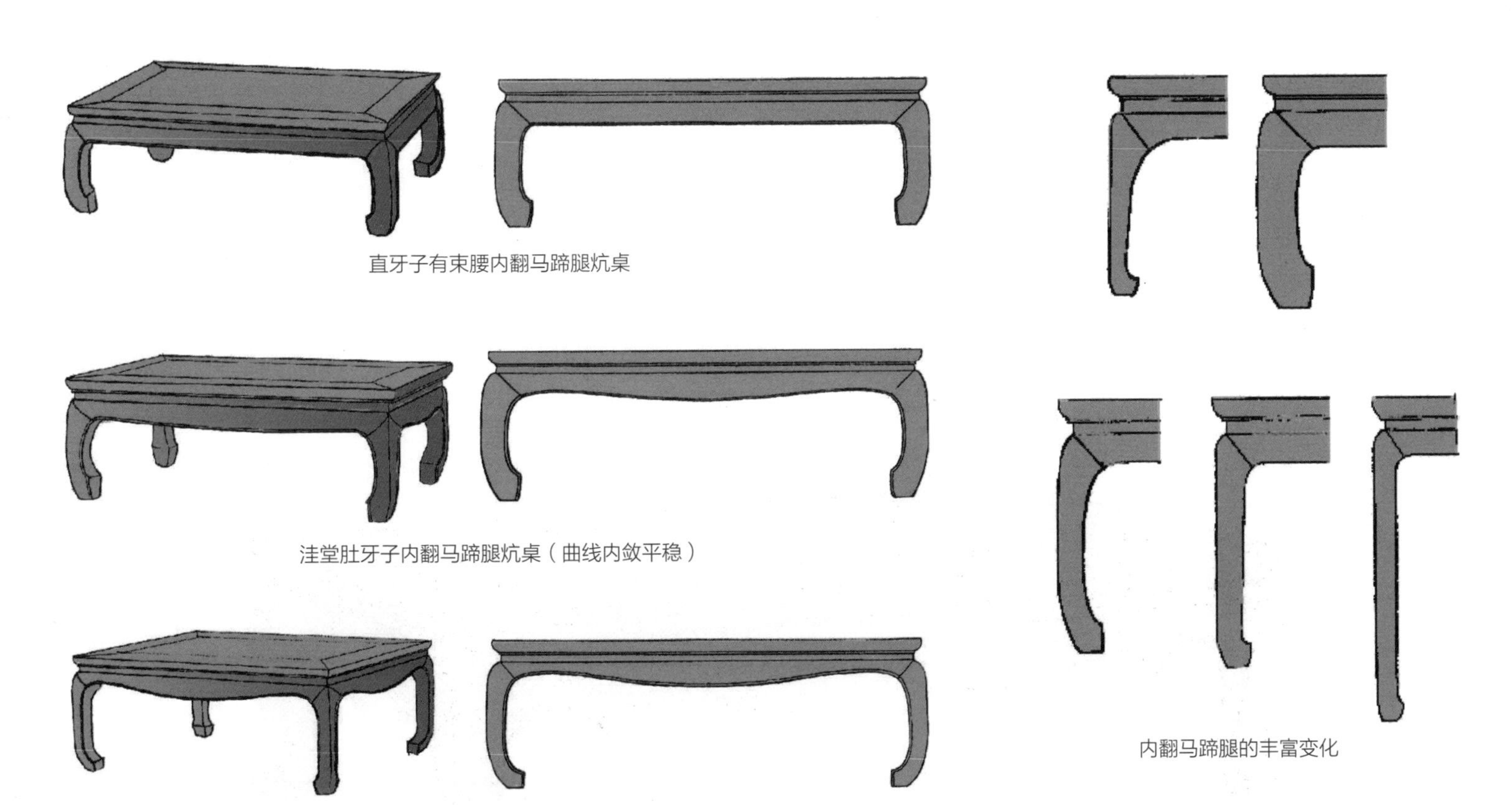
直牙子有束腰内翻马蹄腿炕桌

洼堂肚牙子内翻马蹄腿炕桌（曲线内敛平稳）

洼堂肚牙子内翻马蹄腿炕桌
（桌腿较上例更轻灵纤细，曲线灵动活泼）

内翻马蹄腿的丰富变化

乙·有束腰三弯腿炕桌

有束腰三弯腿炕桌的主要造型特点是桌面下收设束腰，束腰下接牙子和三弯腿。因为三弯腿多曲线，在牙条的处理上也一般做壶门曲线与三弯腿的曲线呼应为整体。牙条曲线和三弯腿曲线可以舒展，也可以内敛，曲线的不同处理也会对造型产生很大的影响。

有些有束腰三弯腿炕桌光素无雕饰，只在牙条曲线和三弯腿曲线的细节上做创意，这是此类炕桌的设计重点。有些有束腰三弯腿炕桌多在牙条上做浅浮雕装饰，或卷草，或螭龙；也有的在腿足肩部做兽面纹，腿足下端则做兽爪踩球状造型。

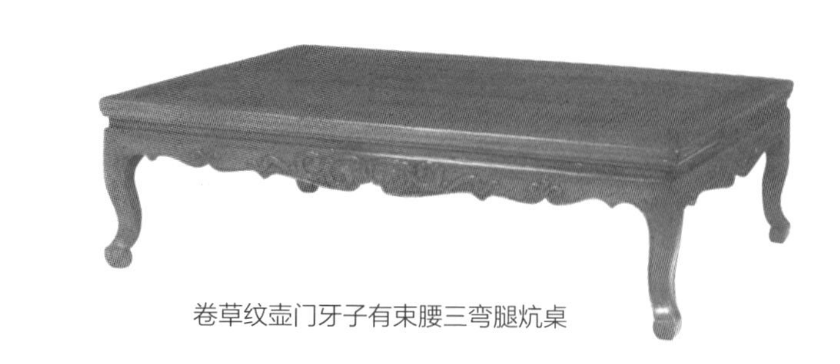

卷草纹壶门牙子有束腰三弯腿炕桌

双螭纹牙子有束腰三弯腿炕桌

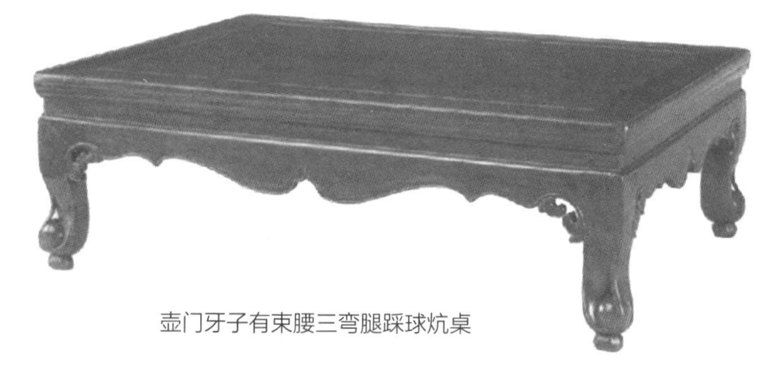

壶门牙子有束腰三弯腿踩球炕桌

直牙子有束腰内翻马蹄腿炕桌

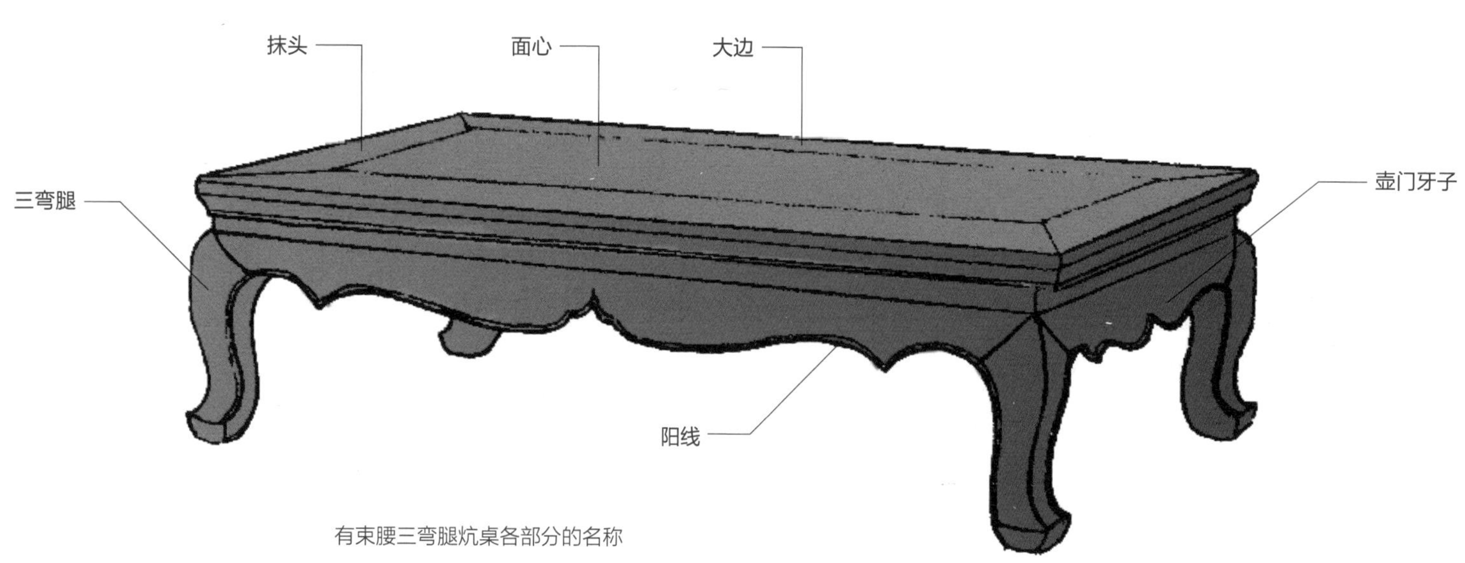

有束腰三弯腿炕桌各部分的名称

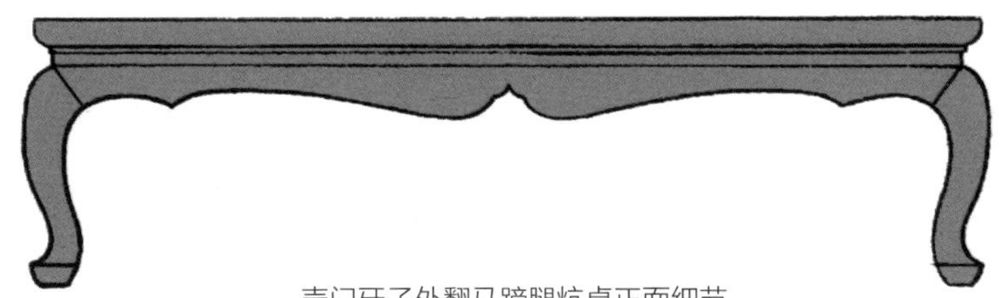

壶门牙子外翻马蹄腿炕桌正面细节

（壶门牙子曲线和外翻马蹄腿曲线结合成活泼的正面曲线）

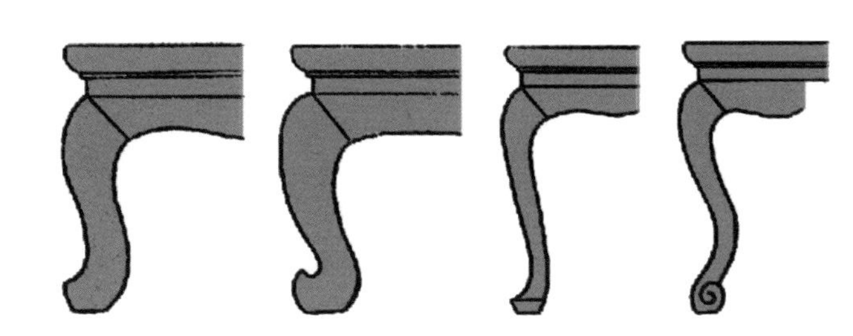

炕桌外翻马蹄腿的丰富变化

丙·梁柱式炕桌

梁柱式炕桌在桌面下连接四腿足，腿足之间、腿足与桌面之间常使用牙子、直枨、霸王枨、罗锅枨、罗锅枨加矮老、罗锅枨加卡子花等构件加固其连接。炕桌的整体比例和腿足之间、腿足与桌面之间连接构件的处理是梁柱式炕桌设计的重点。在腿足之间、腿足与桌面之间连接构件的设计上有不少可创新的空间，使炕桌产生更多新的造型。

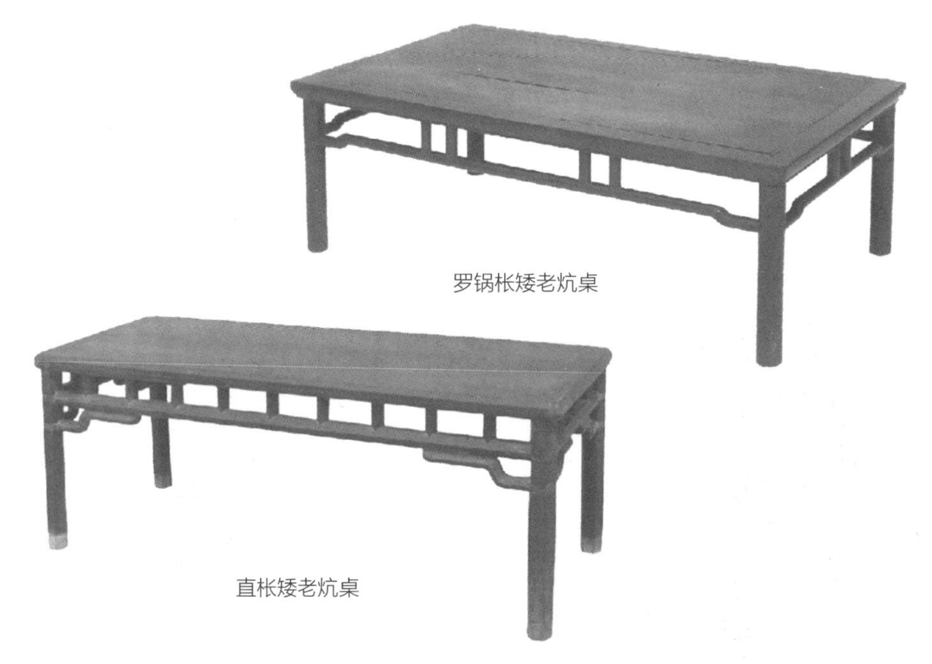

罗锅枨矮老炕桌

直枨矮老炕桌

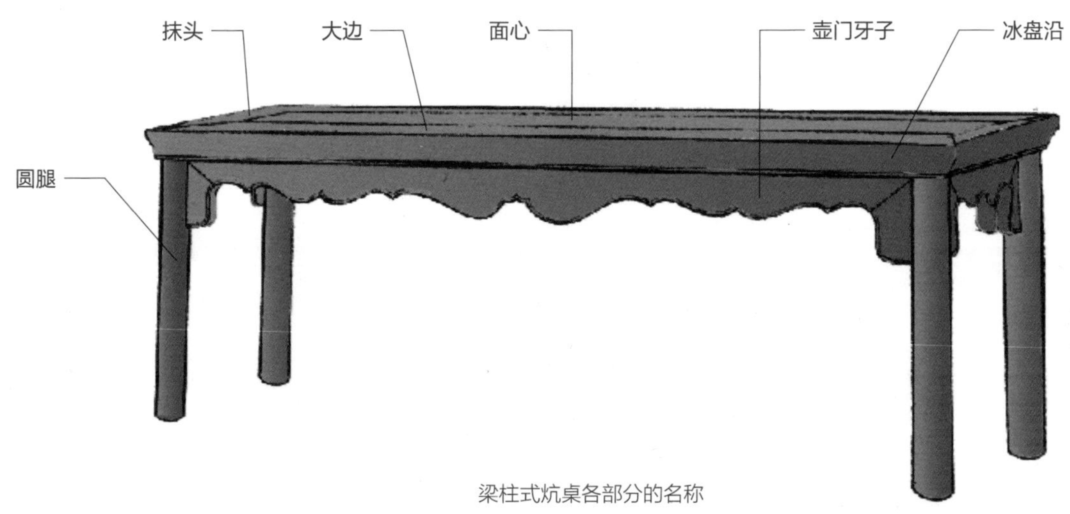

梁柱式炕桌各部分的名称

丁·炕几、琴几

炕几是在炕上或罗汉床上使用的矮几，具有几的板足。琴几泛指长而窄的“冖”形的几，狭义之意是专为弹琴而制。炕几的几面和板足一般为独板榫接，几的装饰意味多于实用，一般不会承重太大，所以常在几面和板足之间使用连接构件，偶用小角牙做连接。几面与板足连接处抹角圆润下转，板足下部或直接落地，或向内向外翻卷成卷书。板足之上或光素无饰，或浮雕透雕纹饰。

长圆形开光琴几

长圆形开光带角牙琴几

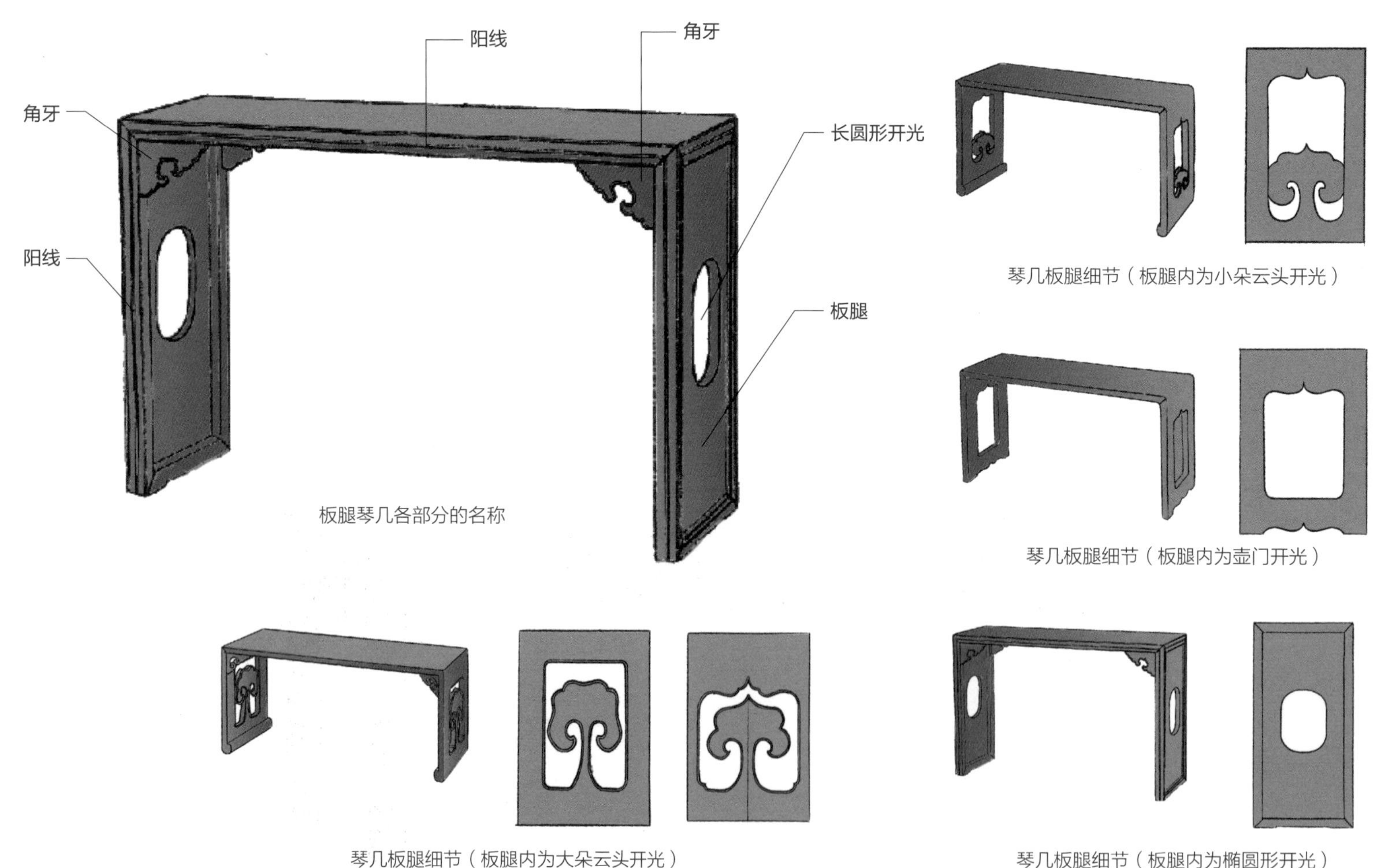

板腿琴几各部分的名称

琴几板腿细节（板腿内为小朵云头开光）

琴几板腿细节（板腿内为壶门开光）

琴几板腿细节（板腿内为大朵云头开光）

琴几板腿细节（板腿内为椭圆形开光）

戊 · 圆桌、半圆桌

圆桌是指桌面为圆形的桌子。半圆桌也称为月牙桌，两张半圆桌可以拼成一张圆桌。圆桌和半圆桌比较少用，一般放在园林亭榭的厅堂等休闲娱乐的场合中使用。与半圆桌拼接类似的还有七巧桌，即整张桌子是由七张异形桌子组成，可以拼成方桌。

半圆桌也分有束腰和梁柱式两种，一般为四足。有束腰半圆桌的做法是在半圆桌面下收束腰，束腰下接牙子和四足，四足下或装半圆形托泥。因为半圆桌有拼接的需要，所以半圆桌直径两侧的两条腿一般为半腿，这样就可以与成套的另一半圆桌的半腿拼接，成为一条完整的腿。梁柱式半圆桌则是桌面下直接连接腿足，直腿着地，腿间多使用直枨、罗锅枨、罗锅枨加矮老、罗锅枨加卡子花等构件加固。

直牙子马蹄腿半圆桌

壶门牙子半圆桌

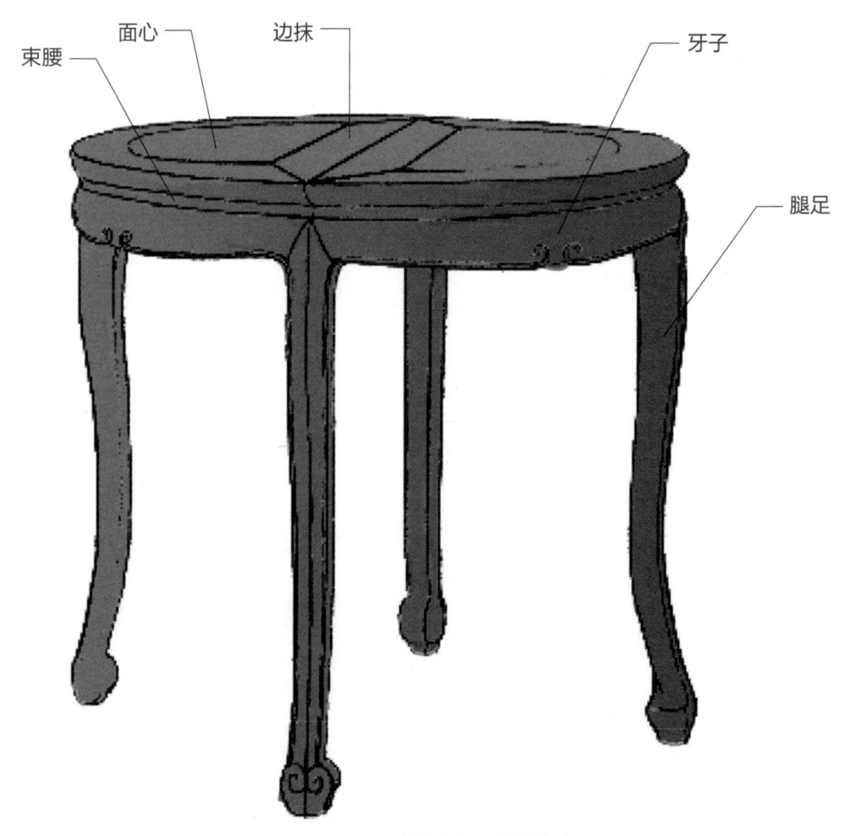

半圆桌各部分的名称

己 · 香几

香几以放置香炉为主要用途，香炉置于几面，焚香其上。因承重不大，所以对结构限制也较少，因此香几的造型变化较多。香几多为圆形几面，也有正方形、长方形、六边形、异形等。香几的基本造型特点是几面下收束腰，束腰下连接各式弯腿，或内翻马蹄腿，或外翻马蹄三弯腿。三弯腿是翻转成“S”形成三道曲线的腿足，腿足从束腰处起，首先向外翻，然后内收，最后以外翻马蹄收尾。三弯腿在香几中使用较为普遍，工匠把一些形态独特的三弯腿形象地称作蜻蜓腿、蚂蚱腿等。

有束腰三弯腿三足香几

有束腰三弯腿五足香几

壶门牙子有束腰方形香几

有束腰带托泥长方形香几

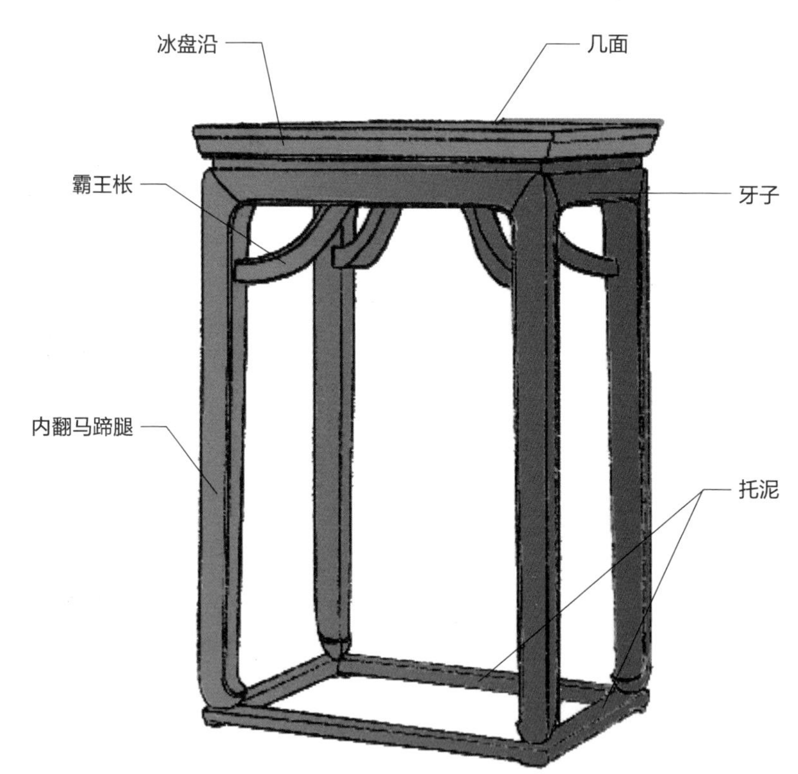

霸王枨有束腰方形香几各部分的名称

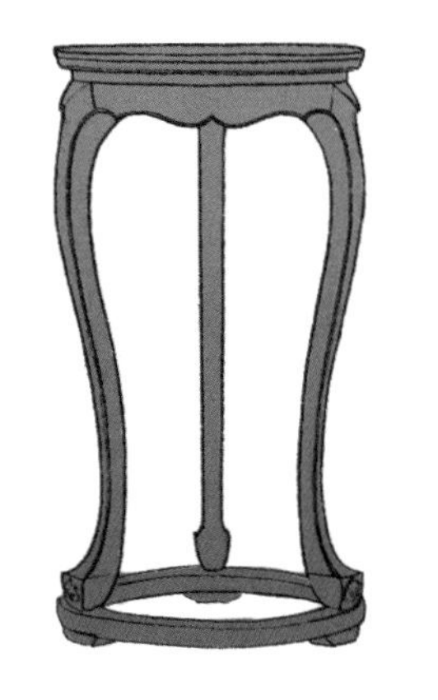

有束腰三弯腿带托泥三足香几

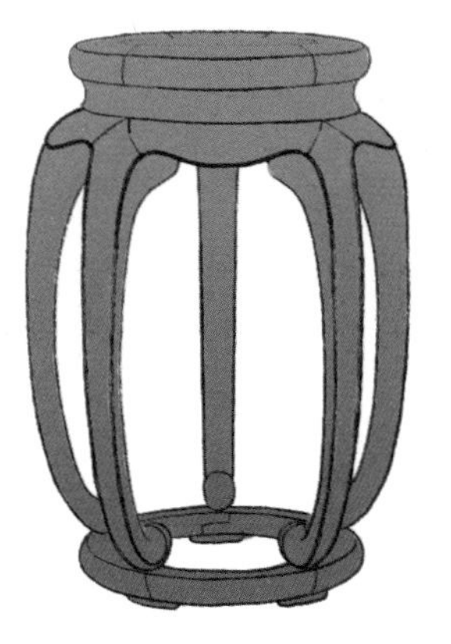

有束腰内卷腿五足香几

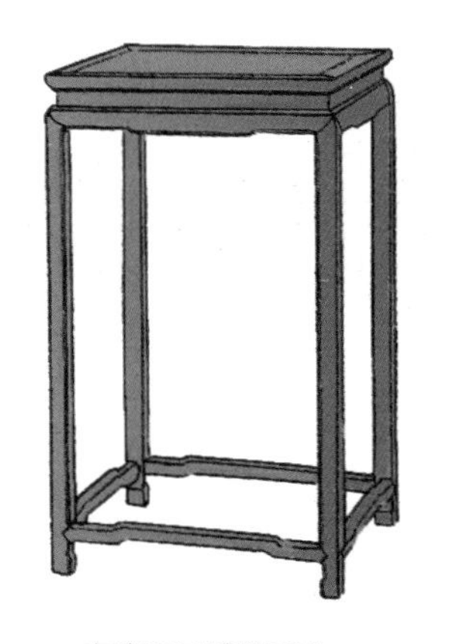

有束腰马蹄腿香几

香几腿有三腿、四腿、五腿、六腿等变化，腿下承托泥，托泥形状一般与几面相似做呼应，托泥下设小足。香几的造型创意空间较大，可在整体造型比例、几面形状、束腰、腿足以及托泥等方面进行创新设计。

庚·脚踏、滚凳

脚踏是置于床前或宝座前供人踏脚的家具，因为作用是承接脚足，又称作承足。脚踏与坐具上的踏脚枨有相似功能，不同之处在于脚踏是从家具中独立出来承接脚足使用的。脚踏一般与家具成套制作，造型多与成套的床或宝座相似。

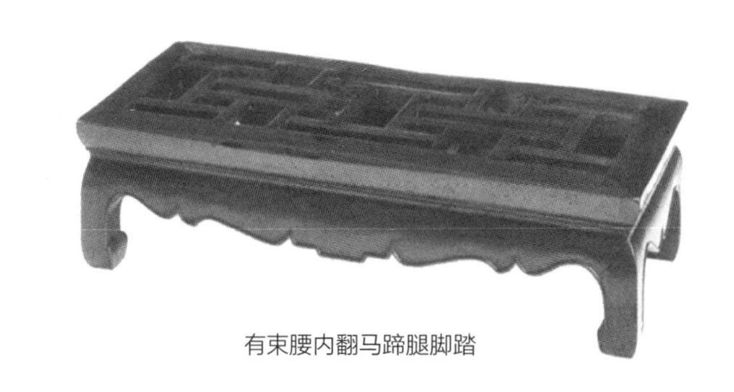

有束腰内翻马蹄腿脚踏

有束腰内翻马蹄腿滚凳

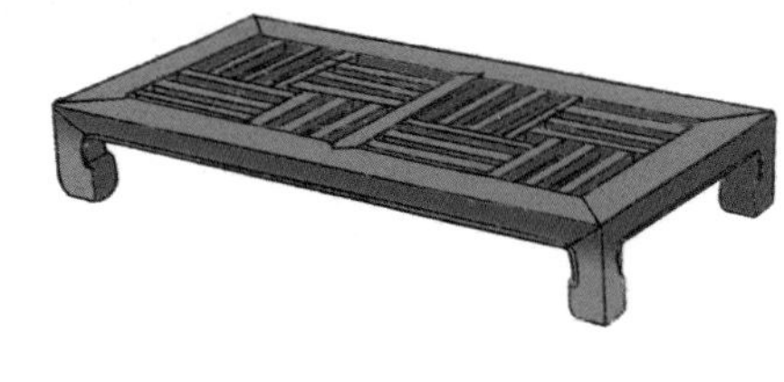

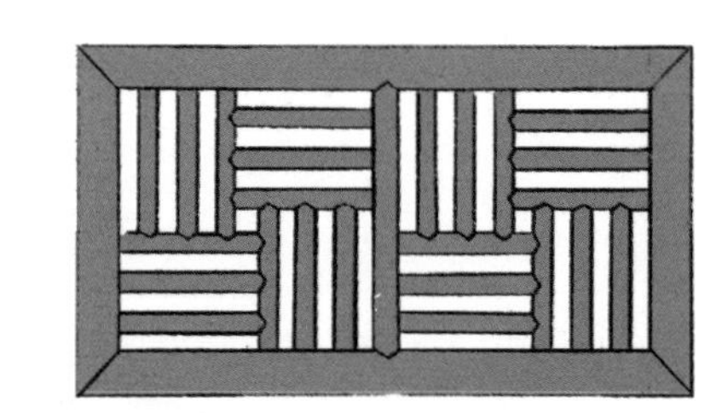

四面平脚踏（踏面以横竖材攒成风车形）

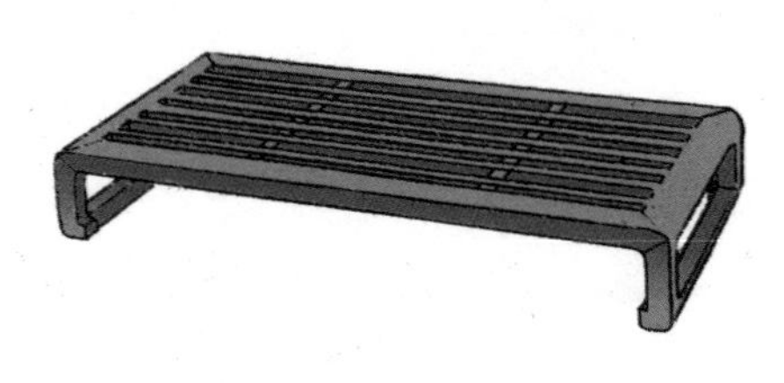

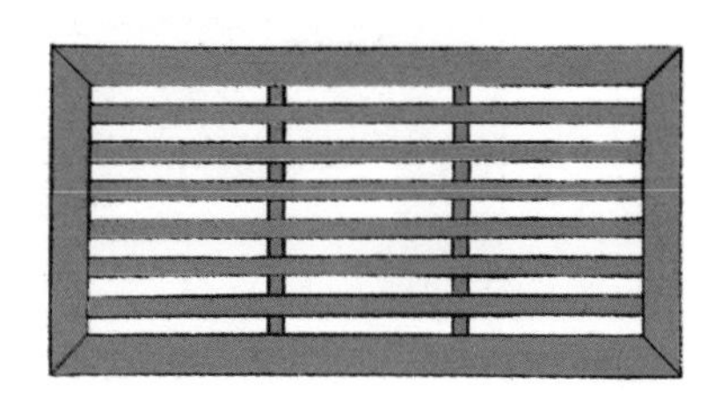

内翻马蹄腿脚踏（踏面以横竖材攒成）

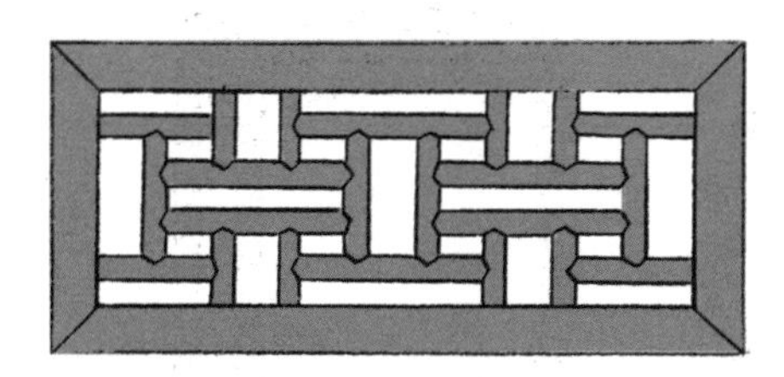

有束腰内翻马蹄腿脚踏（踏面以横竖材攒成灯笼锦）

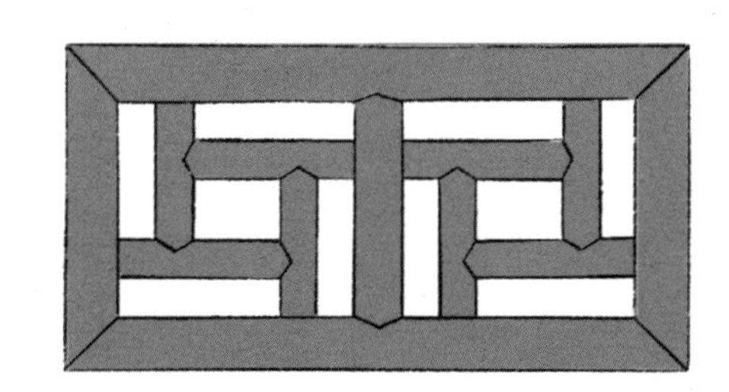

有束腰内翻马蹄腿脚踏（踏面以横竖材攒成风车形）

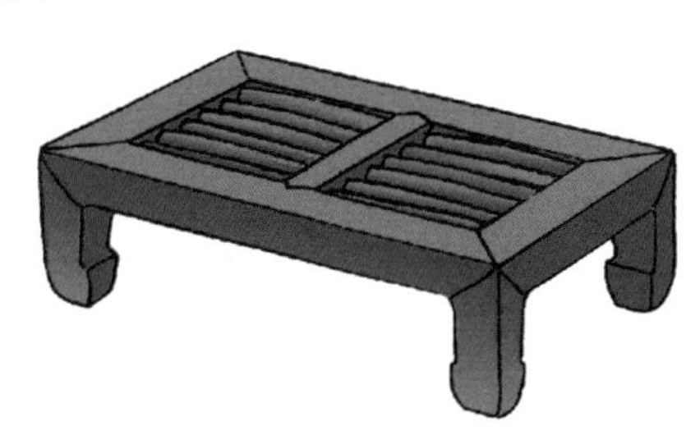

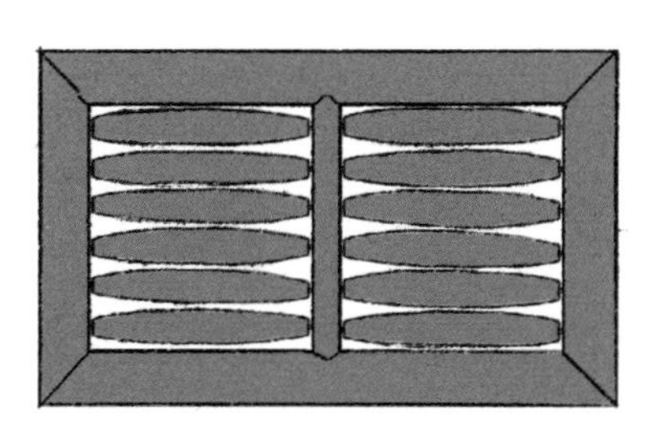

四面平滚凳（凳面上有十二根滚轴）

滚凳是指一种特殊的脚踏，在踏面安装一根或多根活动滚轴。从古人们就注重养生，这种设计是为了让人将脚踩在上面，通过滚轴转动来按摩脚底，达到保健作用。从这个角度看滚凳也属于一种医疗保健家具。

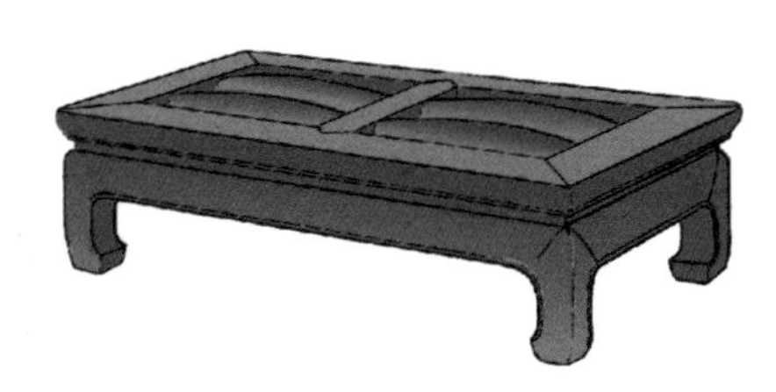

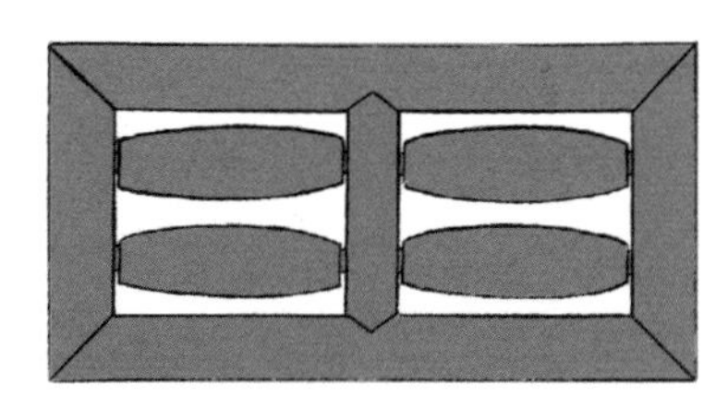

有束腰内翻马蹄腿滚凳（踏面有四根滚轴）

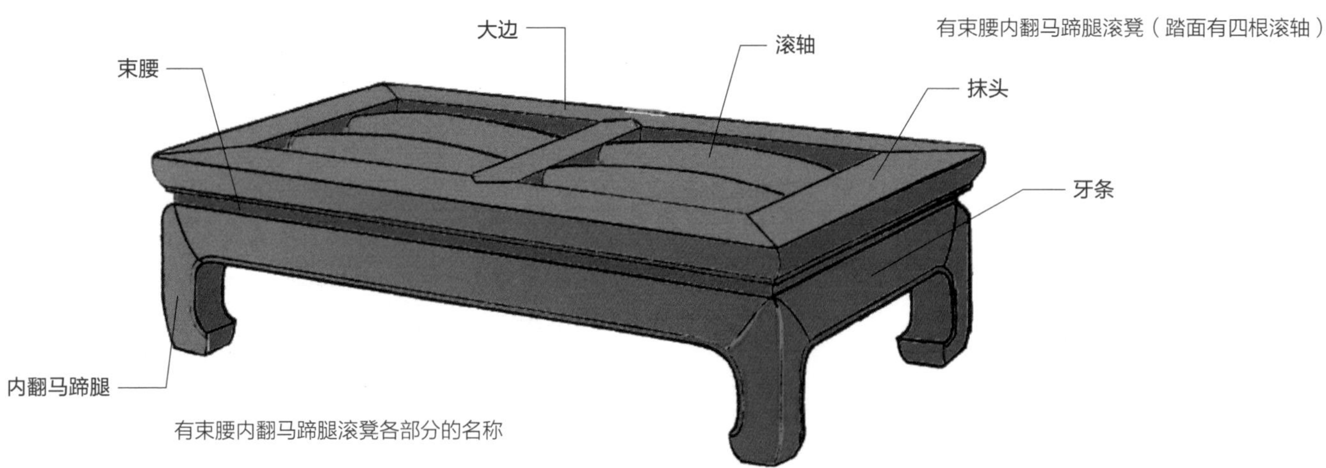

有束腰内翻马蹄腿滚凳各部分的名称

庋具

庋具是指用于储藏使用的橱柜类家具，主要特征为可将物品存放在围合空间中，常设门或抽屉，便于存取使用。根据不同的造型和内部空间的设置，用于存放不同类型的物品，例如圆角柜、方角柜、顶箱柜及四件柜等主要用来储藏衣物；官皮箱因为体型比较小巧，一般用于存放金银细软等贵重物品；亮格柜则用于存放文房书卷，其下设柜门，上部为开敞架格，兼顾陈列与展示功能。而闷户橱不仅可以储藏物品，也可以在橱面之上摆放物品。

素单抽屉闷户橱

壹・闷户橱

闷户橱是指抽屉下有闷仓的橱柜，所谓闷仓是指抽屉之下的封闭空间，存取物品时需要拿下抽屉，伸手拿取物品之后安装抽屉封住。这种构造的好处在于若抽屉上锁，就等于闷仓也上锁，因此闷户橱多用来存放贵重物品，隐匿安全。根据抽屉的多少闷户橱又可分为单抽屉闷户橱、联二橱和联三橱。

甲・单抽屉闷户橱

单抽屉闷户橱是指只有一个抽屉的闷户橱。单抽屉闷户橱造型小巧，主要的造型特点是橱面下设分挓明显的四腿，留吊头，橱面下腿间设抽屉，中间为闷仓，下部为牙子，橱面两吊头下贴着腿足设挂牙。

闷户橱抽屉脸的处理方法多样，多是与整体家具配合，上贴壶门券口或圈口装饰，壶门券口下设铜饰件，铜饰件上的锁销可以上推，插入橱面大边下的销眼内，将销子上的管状结构与面叶上的曲曲对齐，用锁或穿钉横枨就可以锁住抽屉。

透雕卷草龙纹单抽屉闷户橱

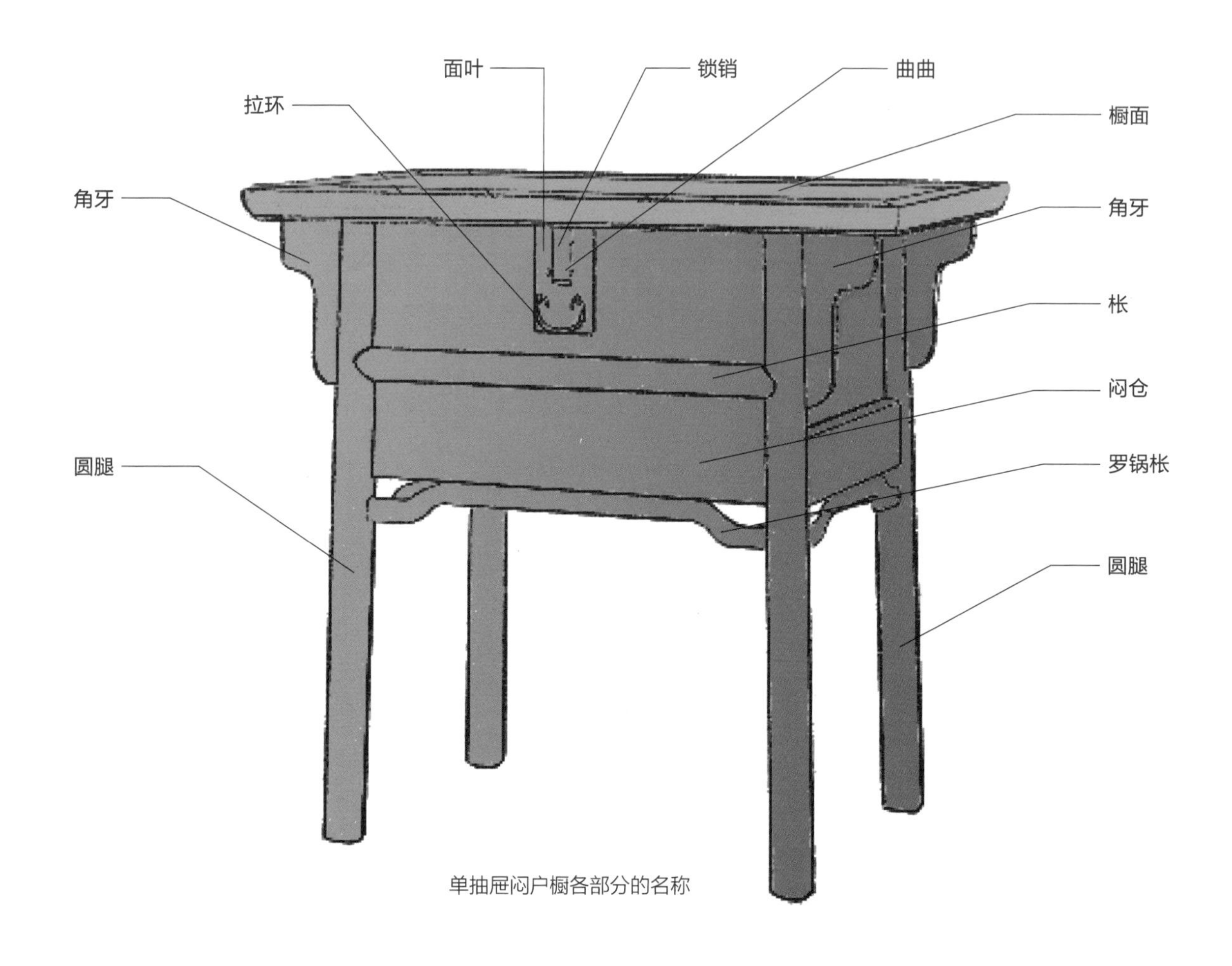

单抽屉闷户橱各部分的名称

抽屉脸的丰富变化

乙 · 联二橱

联二橱是指有两个抽屉的闷户橱，较单抽屉闷户橱而言稍长。联二橱的整体造型特征主要包括橱面上是否有翘头、翘头形状、橱面边抹冰盘沿线脚、抽屉脸和铜饰件、吊头下的挂牙、闷仓下的牙子等。联二橱橱面下连接四腿，留吊头，橱面下与腿间两抽屉并列设置，两抽屉下为闷仓，闷仓下设牙子。闷户橱或整体光素无饰，只在抽屉脸和牙子上做少量曲线处理，或在挂牙、闷仓下牙子上稍做纹饰，或满雕纹饰，在抽屉、闷仓、牙子和挂牙上浮雕相应纹饰。

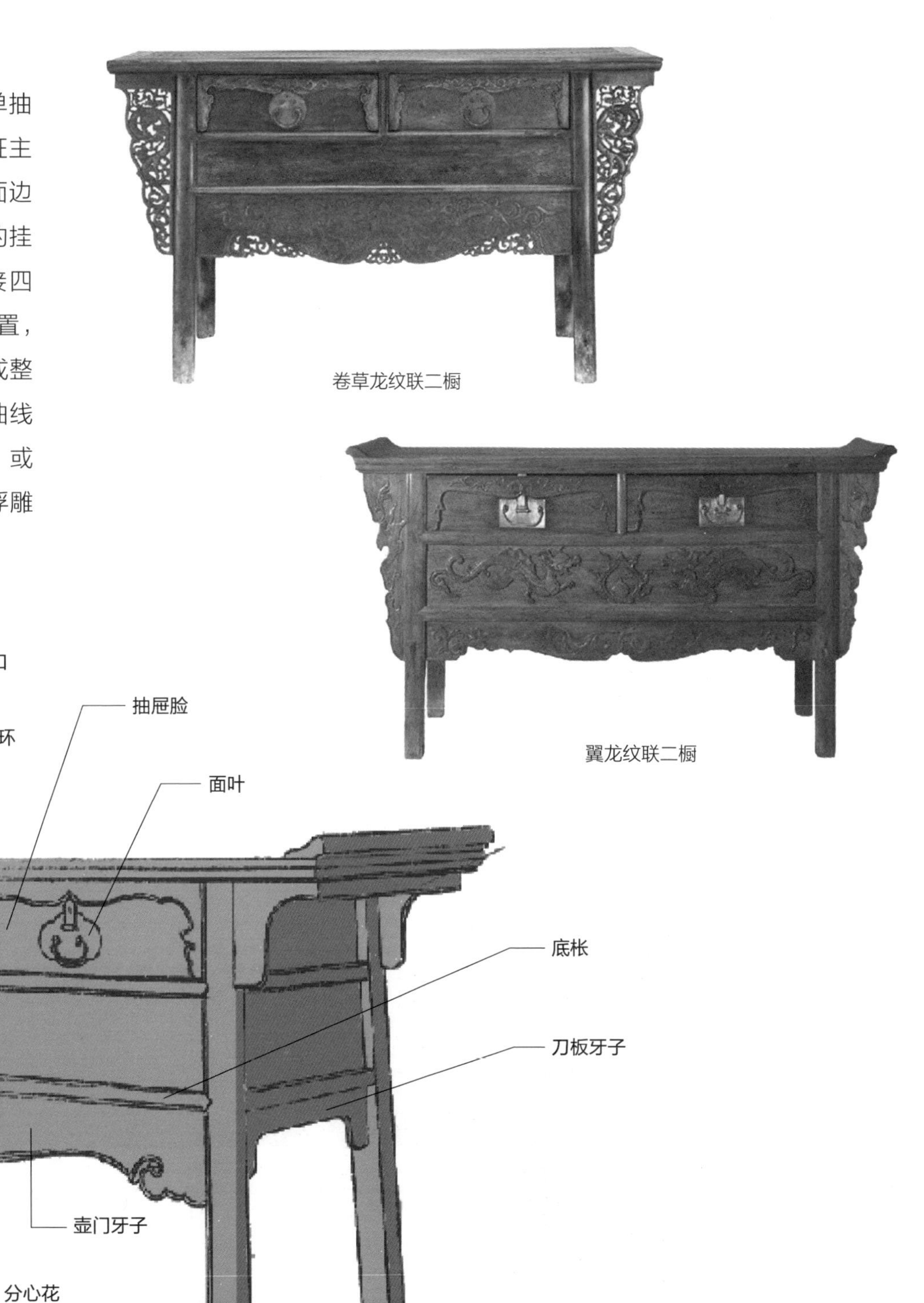

卷草龙纹联二橱

翼龙纹联二橱

联二橱各部分的名称

丙·联三橱

联三橱是指有三个抽屉的闷户橱，抽屉下的闷仓因为太长，多在中间装竖材界成两闷仓。

素联三橱

龙纹联三橱

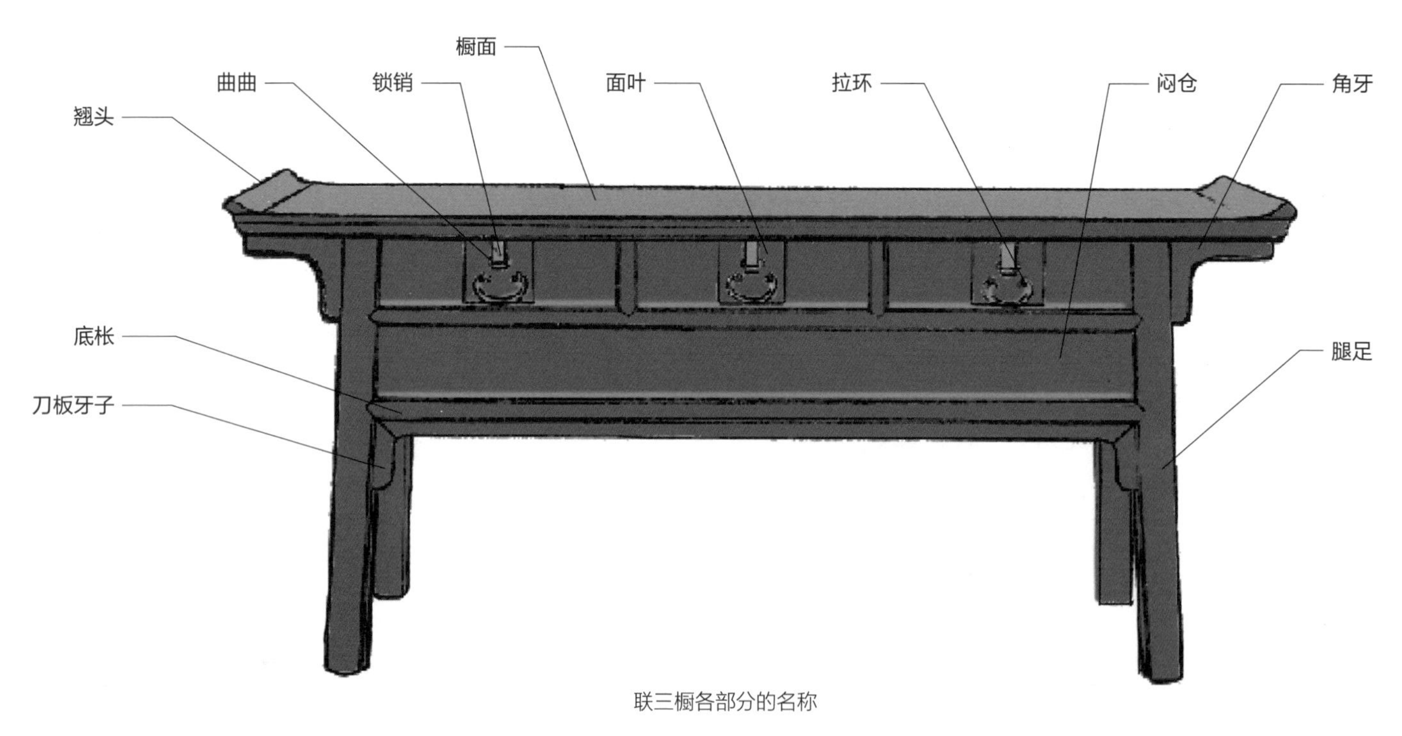

联三橱各部分的名称

贰 · 圆角柜

圆角柜是指柜帽成圆转角的柜子，多为木轴门，侧脚明显。圆角柜柜身有“有柜膛”和“无柜膛”之分，犹如闷户橱里的闷仓，可以修饰圆角柜的比例，又可以增加圆角柜的容量。圆角柜的尺度变化很大，有很小巧的矮柜，也有很高大的大柜；有瘦长的柜子，也有矮阔的柜子，比例权衡全在微妙之间。

带柜膛圆角柜

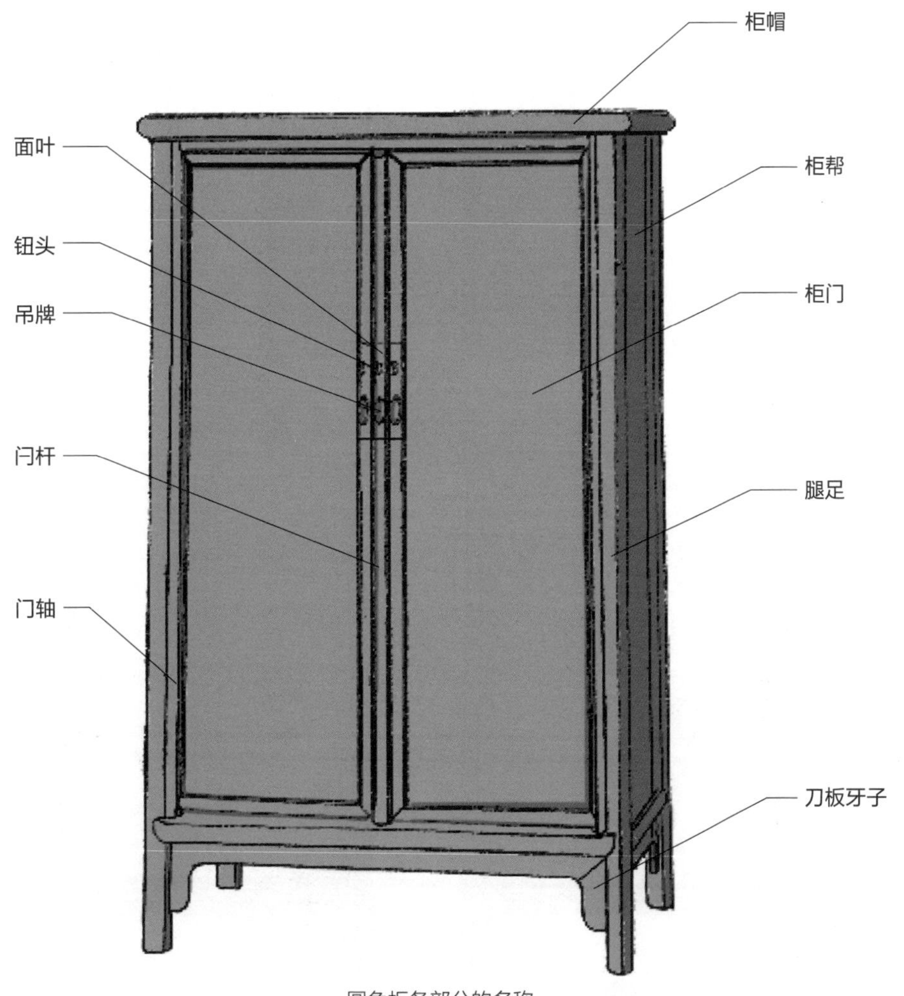

圆角柜各部分的名称

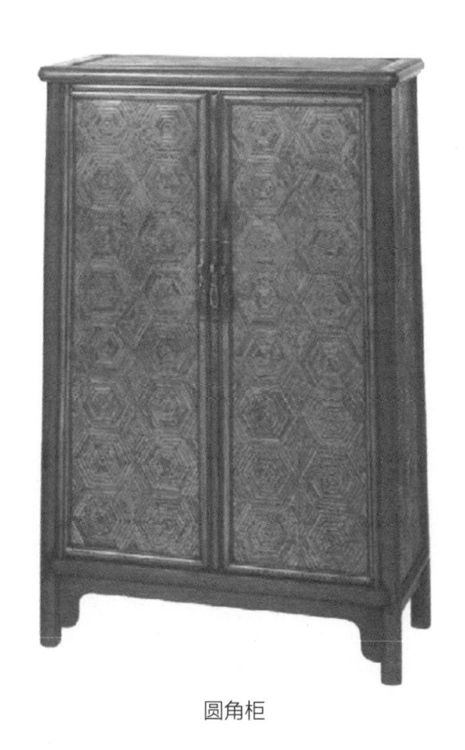

圆角柜

圆角柜的不同尺度

圆角柜的柜门多为通长装板，门扇光素无饰，芯板多为纹理优美的独板或拼板，或光素，或做圈口装饰；柜门或三抹，或四抹，或五抹分段装板。

圆角柜四腿多用圆材或外圆内方材，柜门攒框整体看来也多为圆材做成，多起混面压边线，风格统一。柜门之间可设有闩杆，这样柜门和闩杆在中间形成三根竖向圆材，配以条形面叶，穿钉通过面叶上的钮头把柜门和闩杆锁在一起。也可不设闩杆，柜门在中间形成两根竖向圆材，也配条形面叶，关门的时候是两门对在一起，向里一挤就关上了，木匠称“硬挤门”。

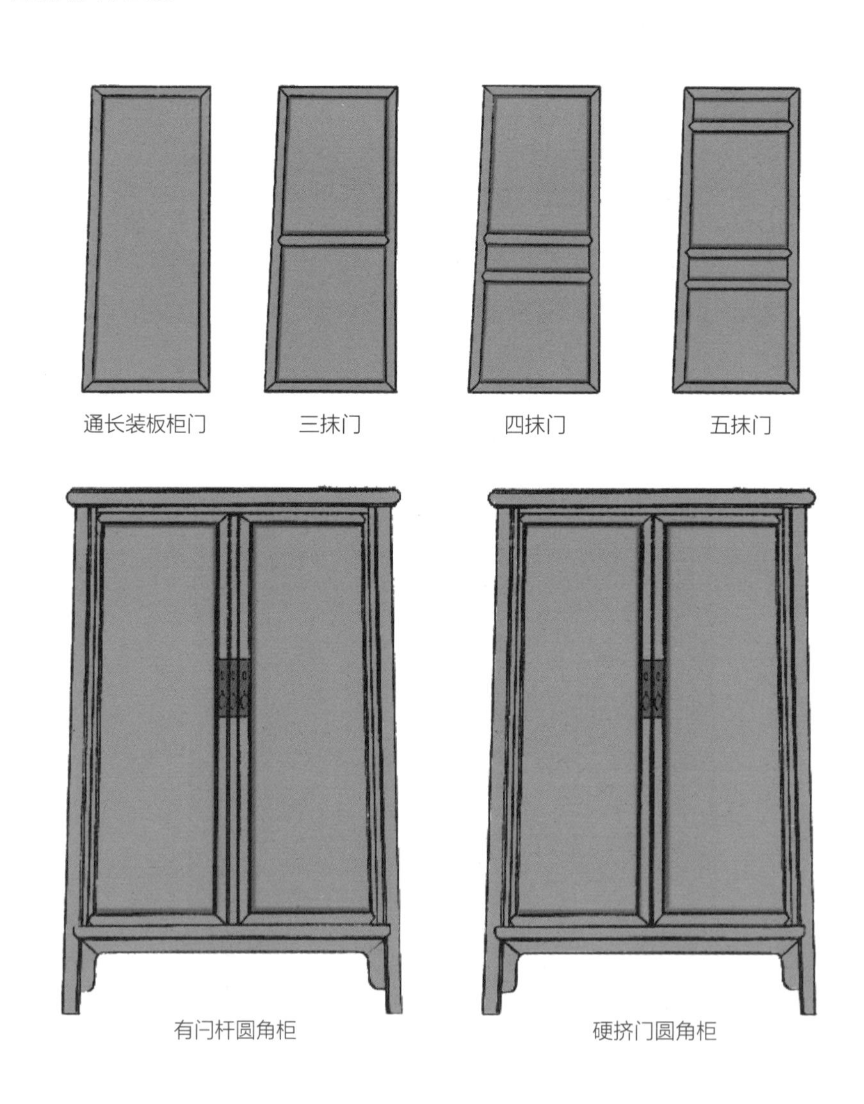

通长装板柜门　三抹门　四抹门　五抹门

有闩杆圆角柜　硬挤门圆角柜

叁 · 方角柜

方角柜是指上顶方正、四角被综角榫连接成 90 度的柜子，此柜子不设侧脚。方角柜尺度各有不同，有单独无顶箱的方角柜，也有带顶箱的顶箱柜。将两对顶箱柜合在一起，称作四件柜，有时也会将顶箱做成两个，两对顶箱柜合成一套六件柜。

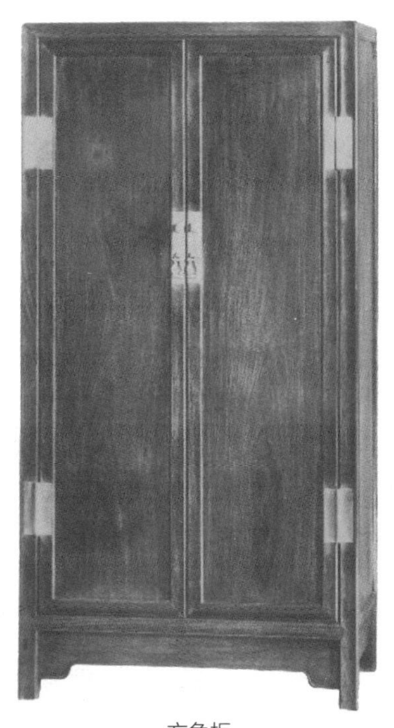

方角柜

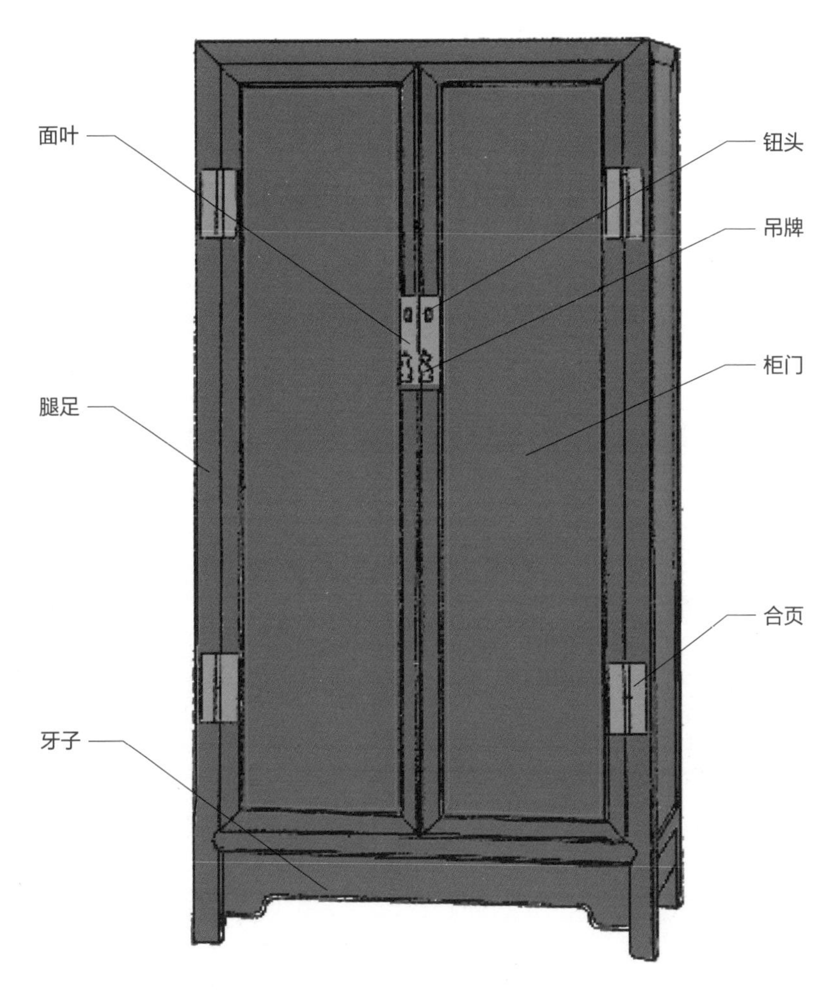

方角柜各部分的名称

漆方角柜

无顶箱方角柜的整体造型方正，柜顶四角皆成 90 度且没有侧脚。四腿和柜门的攒边都是由方材做成，柜门与四腿的连接使用合页。其中方角柜有有闩杆和无闩杆之别，闩杆和柜门立柱多设方形面叶，与方形合页相呼应。无顶箱方角柜多光素无饰，若有装饰，也仅在下部牙子上做浮雕纹样或蜿蜒的曲线面。

方角柜下的牙子变化

肆 · 顶箱柜

顶箱柜是由一件立柜和一件顶箱组成的。顶箱柜可以是一立柜一顶箱的单独成套形式，也可以是一对顶箱柜合成的四件柜形式。当顶箱柜尺寸较宽时，工匠为了避免柜门过宽导致合页负担过重，会将门改窄并在门两侧另攒边装板，称为“余塞板”。而顶箱柜尺寸较高时，也会在下部做“柜膛”。余塞板和柜膛使顶箱柜的尺度有了更大的变化自由，设计者只需考虑整体比例的合理性即可。

有柜膛和余塞板的顶箱柜

方合页顶箱柜

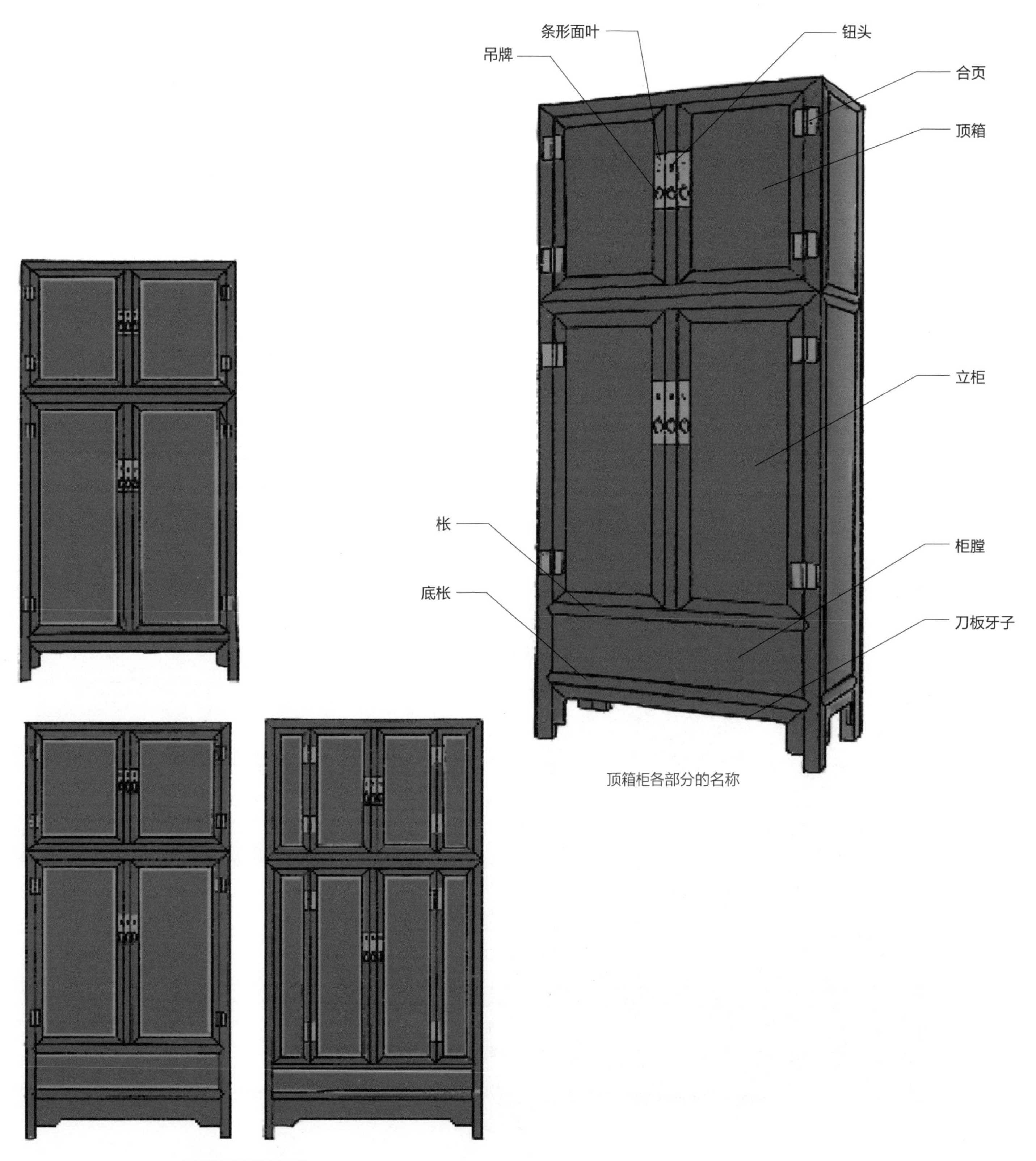

顶箱柜各部分的名称

顶箱柜的造型变化

伍·四件柜

四件柜由一对顶箱柜组成，即由两件顶箱加两件立柜组成，故此而得名。四件柜一般简洁无雕饰，多采用铜饰件做装饰，铜饰件或为简单的长方形面叶和合页，或为圆形、方形抹角、方形委角、葵花形、六边形抹角、八边形抹角等面叶和合页。也有一些四件柜在牙子、腿足、柜膛、立墙等处做雕琢装饰。

有柜膛四件柜

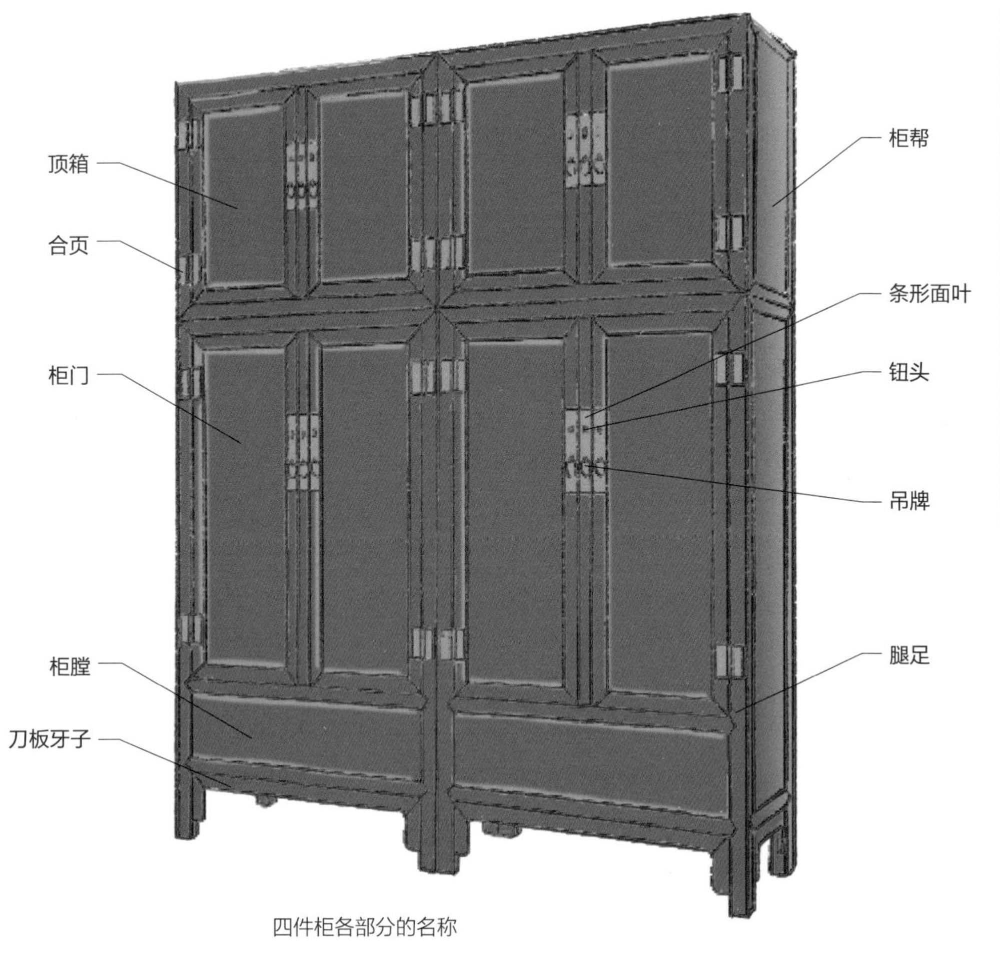

四件柜各部分的名称

四件柜铜饰件的细节变化

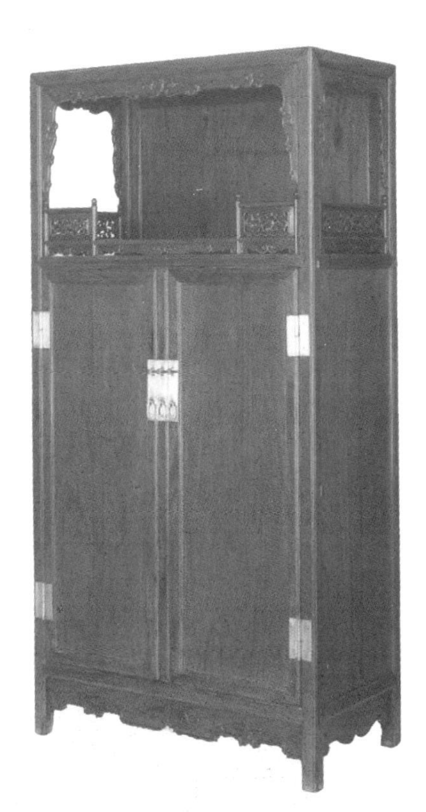

壶门券口牙子亮格柜

陆·亮格柜

亮格柜是指上部为亮格，下部为柜的家具，其兼具储藏和展示的两种功能。其中常提及的万历柜也是亮格柜的一种，是指下设有矮几的亮格柜，即上部为亮格，中部为柜子，下部为矮几。

亮格柜在造型上的特征是封闭的储藏空间和开敞的展示空间并存。一般上部为展示空间，常见的形式为前面和两侧面开敞，后设背板，前面和两侧面或设圈口牙子、或设券口牙子，下围栏杆。下部为封闭空间，有两柜门开合，使用合页将其与腿连接。

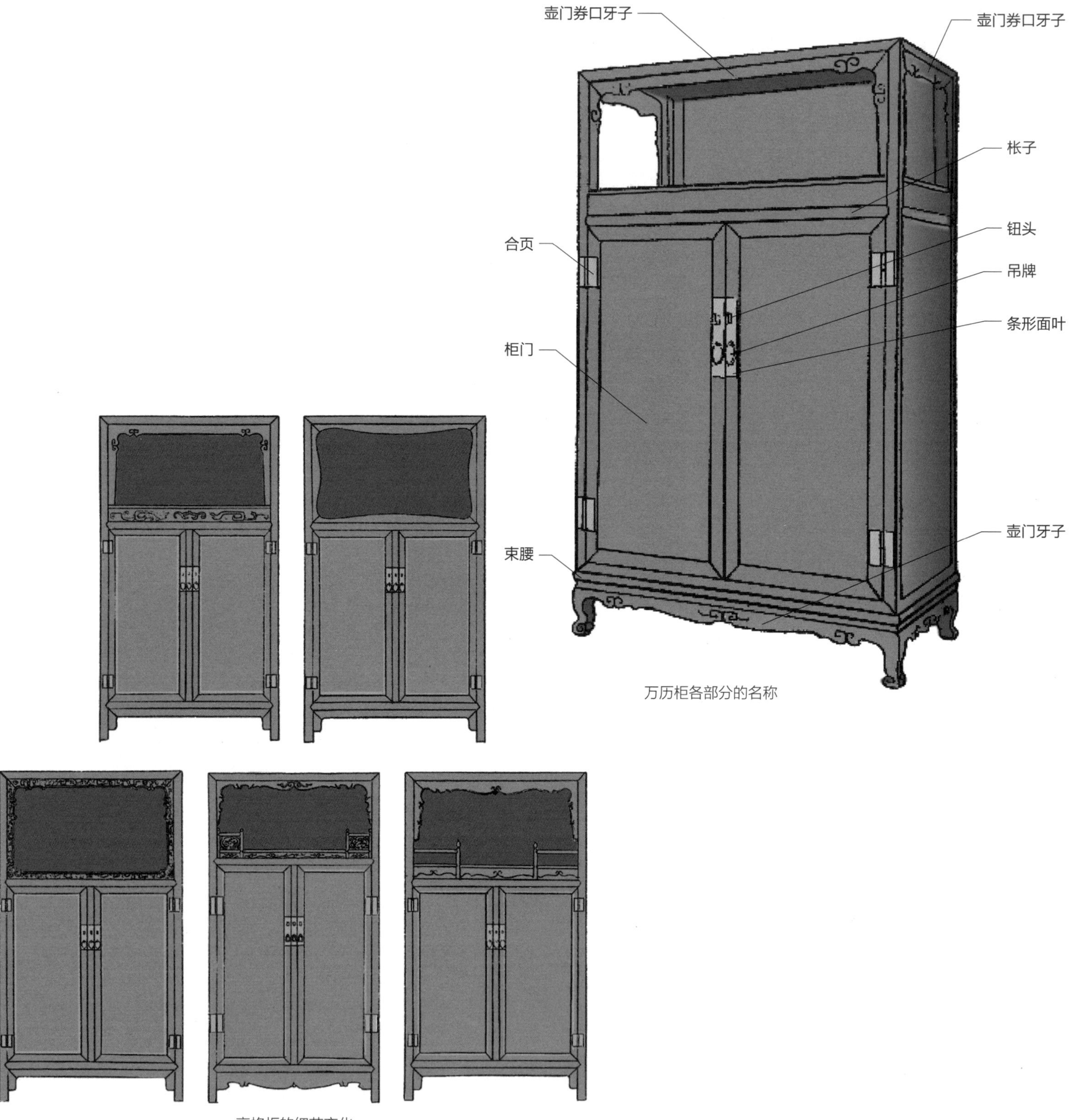

万历柜各部分的名称

亮格柜的细节变化

柒·架格

架格是四足间设横板做隔层的家具，架格一般具备存放与陈设两种功能。其常见造型有两种：一种是上部为开敞隔层，下部为封闭柜仓；另一种是只设隔层没有柜仓结构。架格设计的关键，是处理好封闭空间与开敞空间之间的协调关系，也就是封闭空间形成的实空间与开敞空间形成虚空间，虚实配合相互呼应的设计。

卡子花栏杆架格

十字纹栏杆架格

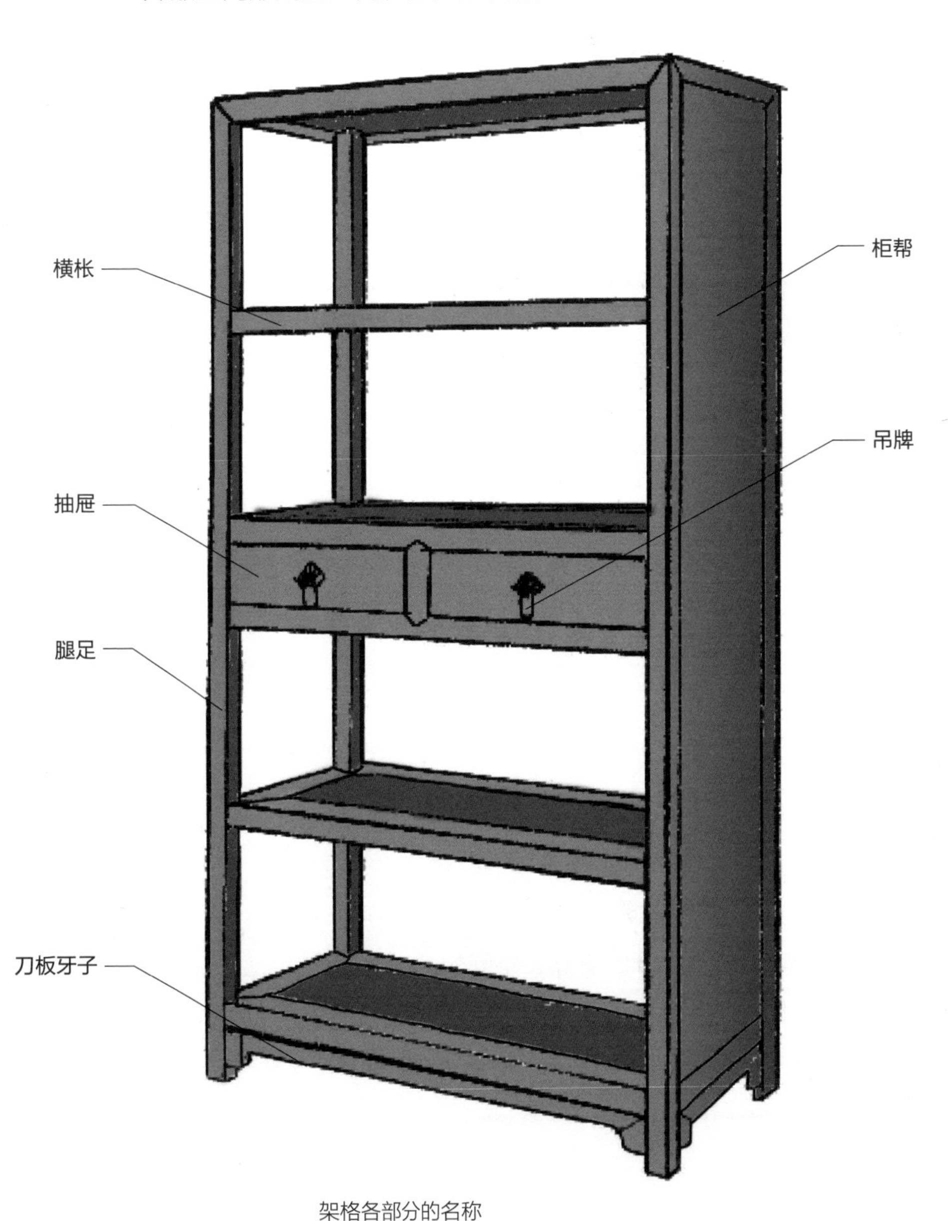

架格各部分的名称

架格的丰富变化

捌 · 多宝格

多宝格是可陈置多种文玩器物的家具，一般有两种基本造型，一种是没有柜仓，只有开敞的横竖隔层的造型；另一种是上为开敞的横竖隔层，下为封闭式柜仓的造型。多宝格以开敞的横竖隔层作为展示功能使用，横竖隔层的设计是多宝格设计的重点，空间的分割与连接，空间的对立与呼应，局部的处理与整体的统一，都在不同造型的横竖隔层的处理中予以展现。

博古纹多宝格

浅浮雕云龙纹多宝格

多宝格的空间设计一

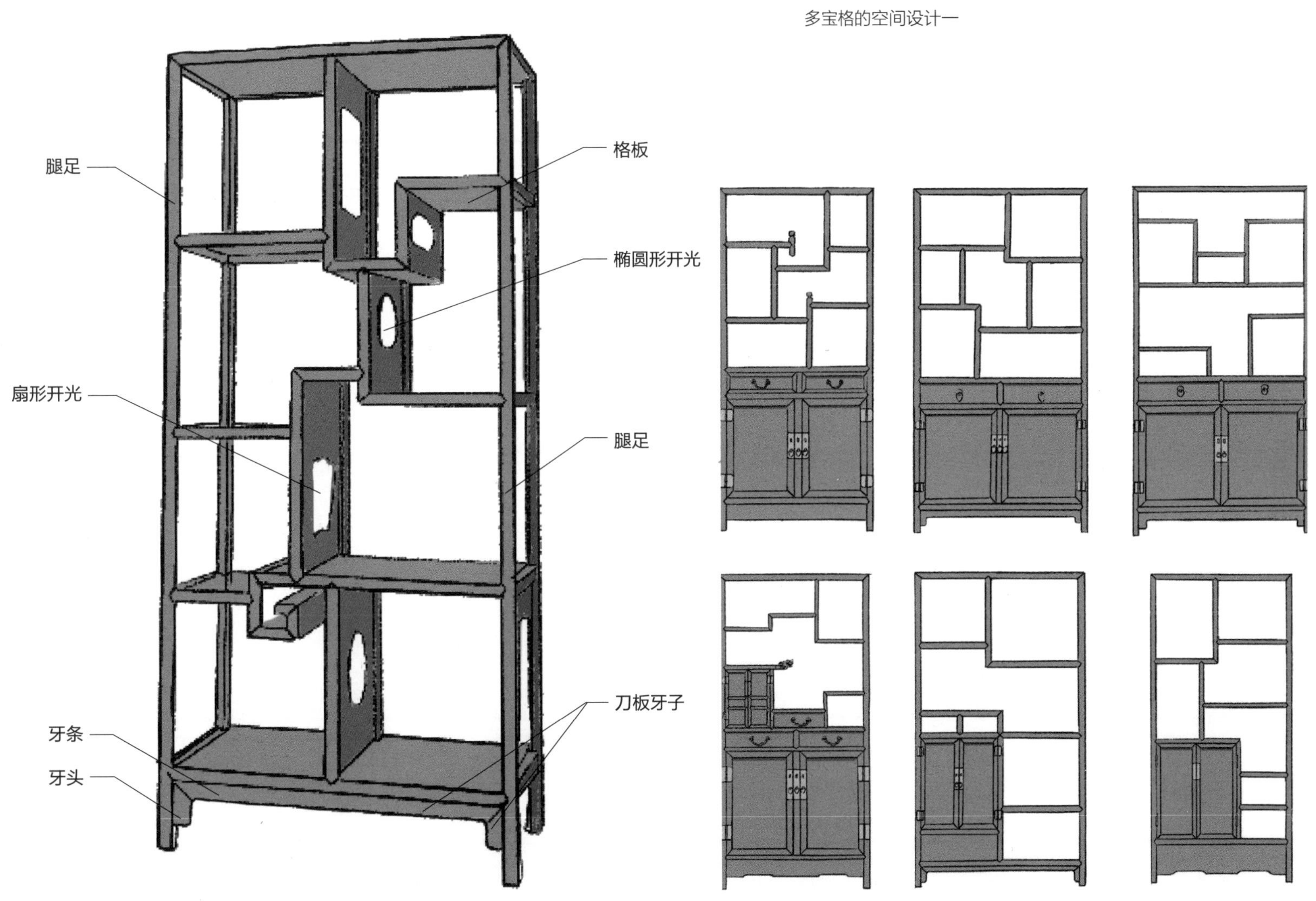

多宝格各部分的名称

多宝格的空间设计二

榫卯

传统工艺的秘密

第八章

传统榫卯工具

《论语·卫灵公》：『子贡问为仁。子曰：工欲善其事，必先利其器。』工匠想要将他的工作做好，一定要先让工具锋利。因为没有专门的木工制作工具便无法制作出严丝合缝的榫卯结构。

木工的工具

《论语·卫灵公》：子贡问为仁。子曰：工欲善其事，必先利其器。工匠想要将他的工作做好，一定要先让工具锋利。在工业革命之前生产无法完全机械化，所以一件得心应手的工具对于木工来说是至关重要的，同时，没有专门的制作工具，木工也无法制作出严丝合缝的榫卯结构。

传统的木工工具主要包括锯、斧、刨、凿、锤、尺等，其中刨、锯的主体部分和凿柄、斧柄、墨斗、曲尺等均使用硬木做成。木匠对工具十分讲究，这些工具中凡是木制部分大都是由工匠自己制作而成。常言称“工具一半，人也一半”，这也说明了木工的工具是不可或缺的。

当下随着现代化的发展，木工机械化程度也在不断提高，目前常用的木工机械工具有压刨机、平刨机、圆盘锯机、手电刨、打眼机、带锯及起线机等，这也给批量制作木工器具提供了便利条件和质量保证，尽管如此，在一些传统木工厂中，老手艺人还在使用传统的手工工具制作木制品，这也是一种匠人精神的传承。

各类木工工具

壹 · 墨斗

墨斗大多用不易变形、不易开裂的干燥木料制作而成。墨斗多用于木材下料，从事家具制作的木工墨斗可做得小些，从事大木作榫卯结构制作的木工墨斗可做得大些。木材下料时可以用墨斗为圆木锯材弹线，或为调直木板边棱弹线，也可以用墨斗为选材拼板打号、弹线等。此外在为木板打号或弹线中，墨斗有时还能用于吊垂线，衡量放线是否垂直与平整。

不同造型的墨斗

鲁班尺细节

墨斗的内部结构为将墨线绕在活动的轮子上，墨线经缠绕后，将端头的线拴在一个定钩上。墨斗弹线的方法为左手拿墨斗，先用少量的清水把线轮浇湿，再用墨汁把墨盒内的棉花团染黑。使用时左手拇指按压住墨盒中的棉花团，利用手掌靠住线轮或是放开线轮来控制轮子停止或转动，此时右手先把墨斗的定钩固定在木料的一端点，左手放松轮子拉出沾墨的细线，拉紧靠在木料的面上，右手在中间捏沾墨的细线向上垂直木面提起，松手轻轻一弹，便可弹出笔直的墨线用以标记。

贰 · 鲁班尺

鲁班尺是传统工匠使用的一种测量工具，它主要是用来校验刨削后的木板、枋材以及结构之间是否垂直和边棱成直角的木工工具，据说鲁班尺是由工匠鲁班设计而成。

古代的鲁班尺长为 46.08cm，而现代的鲁班尺长度则有两种，分别是 42.9cm 和 50.4cm。鲁班尺从左到右共分为四排，其分别是传统的寸、鲁班尺、丁兰尺、厘米四种标尺。

叁 · 规矩

木工所用的角尺大多为 90 度直角尺，古时人们把角尺（或称为方尺）与圆规统称为“规矩”。规，圆规。圆的规范，画出轨迹靠的是圆规。矩，矩形。矩形的方正靠的是角尺。利用圆规和角尺可以完善方形与圆形的家具造型，就像俗语所说：“没有规矩，不成方圆”。

角尺是木工画线的主要工具，其规格是以尺柄与尺翼的长短比例而确定的。角尺可用于下料画线时的垂直吊线，结构卯眼、榫肩的平行画线，也可以用于衡量角度是否正确、加工面板是否平整等。

角尺有木制的、有钢制的，也有铝制的。木制角尺大多选取干燥和纹理顺直、不易变形的木料。尺柄常选用质地较硬的木材制作，如红木、檀木、枣木、柞木及核桃楸木等。尺翼则常选用如红松、锻木等干燥的软木制作。

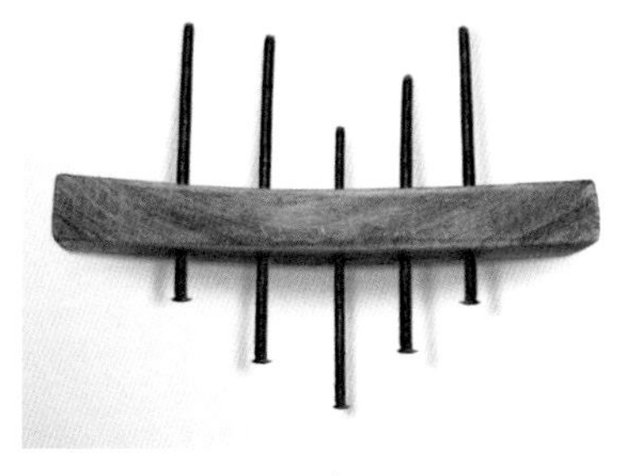

圆规

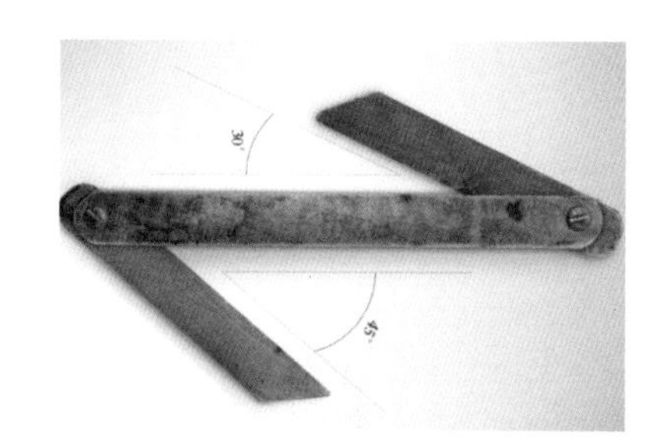

角尺

肆 · 锯

锯是由钢片制作的多齿刃切割工具，是不可或缺的榫卯结构制作工具之一，根据形状的不同，条状的称为锯条，片状的称为锯片。锯可以将木材切割成各种形状，使其达到榫卯制作需要的尺寸。锯片的制作需要极高技术，一把好锯往往是刚柔兼备。锯的刚性在于坚硬耐用，锯的柔性在于韧性省力。

传统木工工具中的锯，直接影响匠人的手艺，因此一把锯是否得手适用，匠人们各有诀窍。虽然同样的锯工具，样式和大小相差不多，但工匠们一般不会互相乱用。甚至有些工匠不愿出借自己顺手的工具，生怕其损坏。俗语有云：“没有金刚钻，不要揽瓷器活”“好锯好刨省着用”。所以我们有必要介绍一下锯到底有哪些种类、各有什么用途。

框锯

框锯又称为常用锯。形式为锯梁支撑上下锯拐，受张紧钢丝的拉力将锯条张紧。

板锯

板锯常用于将圆木锯成板材，使用时可以双人上提下拉。其锯条宽厚，锯齿较大。

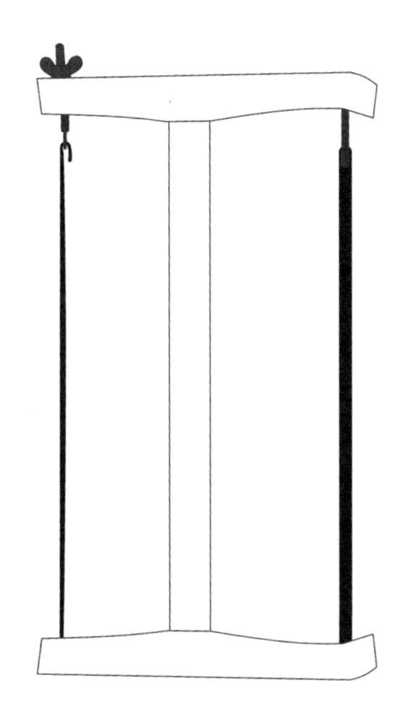

大锯

大锯是传统木工早期的工具，使用时会将圆木倒竖起来，捆绑扎实，而后双人推拉锯割。

龙锯

龙锯锯片较厚，常为弧形，锯齿由中间齿开始向两端斜向分开。两人拉动，锯断树木，所以称其为龙锯。

大刀锯

大刀锯形状如同大刀一般，主要用于锯断树枝。

大弯锯

大弯锯锯条略长，锯齿略大，也称为削锯。主要用于锯割大型的圆弧和曲线构件。

平板锯

平板锯一般用于锯割宽木板。

小刀锯

小刀锯锯齿略小，两面开齿，一面粗齿，另一面细齿。

搜锯

搜锯有大小之分，一般专门用于搜作燕尾槽使用，俗称“穿带”结构的专用工具。锯割厚木板时使用大搜锯，锯割薄木板时使用小搜锯。

伍 · 刨

刨是木匠作为平木和修边的重要工具之一，因为制作榫卯结构时要求每个构件做到平整合缝，其中各种线条制作的规整与否，都表现在木工刨使用的熟练程度上。

刨，选用坚硬的木材制作刨床、锋利的金属制作刀锋。刨的种类有很多，长刨用以刨长木，短刨用以刨短木，还有各种不同形式的刨作为制作线脚和榫卯的工具。刨的使用需要很丰富的经验，木匠在使用刨的过程中会敏锐地感受木材表面的平滑程度并使用不同的力度进行刨制。常见的刨根据不同的宽度规格分成不同的种类。

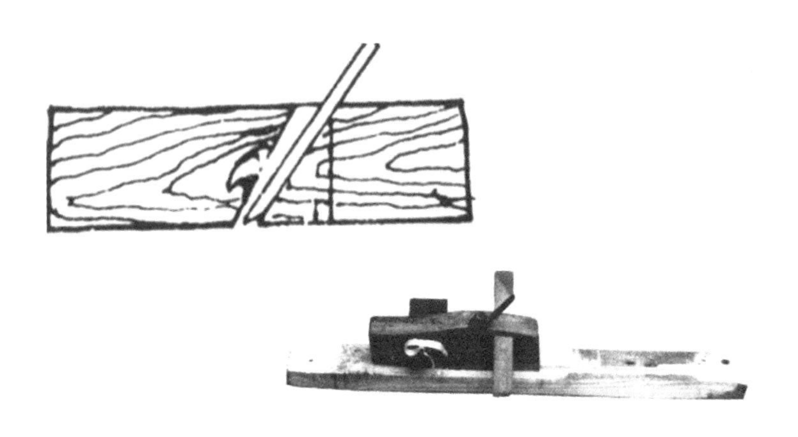

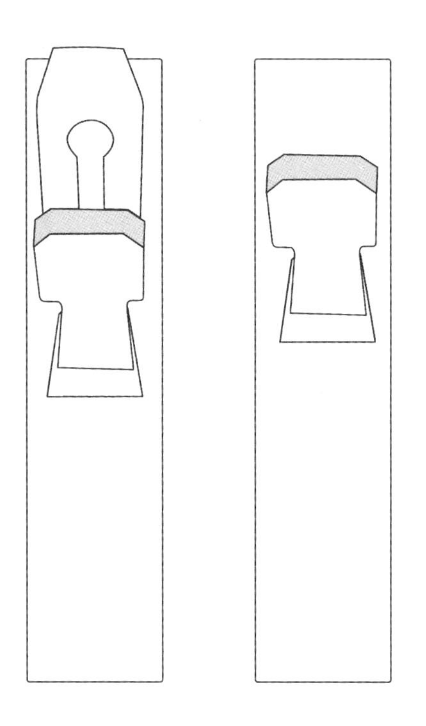

名称	宽度规格 /mm	作用和用途
寸刃	33	多用于线刨、内外圆刨
寸二刃	40	多用于圆刨、小推刨
寸四刃	44	常用于粗刨、细刨、长刨、短刨
寸六刃	51	常用于粗刨、净料的短刨
一分槽刨刃	3.3	多用于柜桌面的装心板、装玻璃刨槽
二分槽刨刃	5	多用于装心板、装玻璃刨槽
三分槽刨刃	8~10	多用于柜桌镶装板的刨槽
三分拆台刃	8~10	多用于企口、拆台
三～七分线刨刃	8、10、12、15、18、20、23	多用于装饰线条的制作

名称	规格 /mm
一分凿	3
二分凿	6
三分凿	8
四分凿	10
五分凿	12
六分凿	16
七分凿	20
八分凿	23

陆 · 凿

手工凿是传统木工工艺中木结构结合的主要工具，凿眼、挖孔、剔槽、铲削都离不开凿的使用。凿会和锯制作的榫的松紧相联系，和刨料的方正相关联。凿常用于凿卯眼，是榫卯结构制作的重要工具。

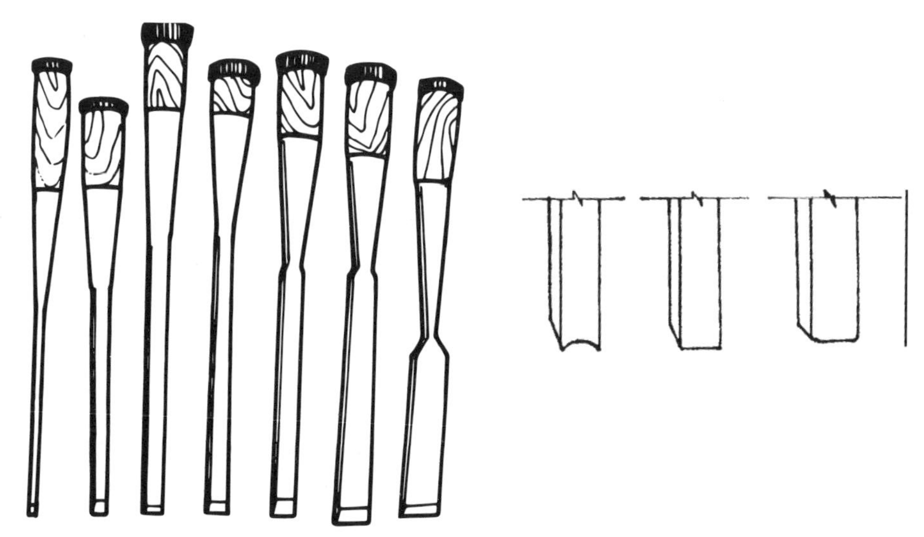

柒 · 锤

传统木工使用的锤可用于榫卯结构的拆装，根据样式锤可以分为鸭嘴锤、羊角锤和木锤。羊角锤适用于钉入钉子和拔出钉子。鸭嘴锤则常用于配合敲击铲凿。

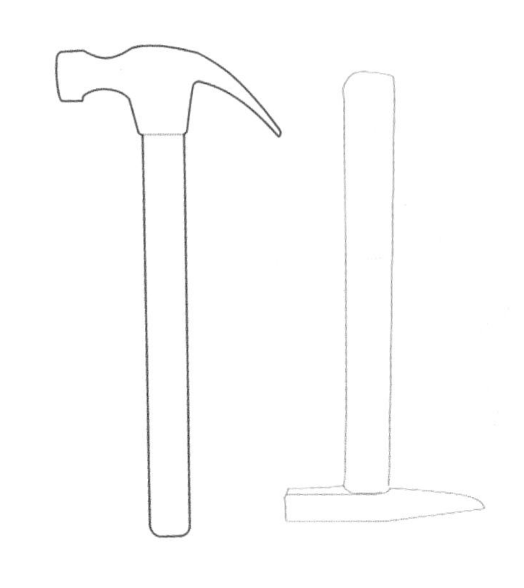

捌 · 锛

锛，是砍削的工具，常用于大木料的锛砍，随着现代机械锯刨的大量使用，锛已经渐渐走出历史舞台。

锛要比斧的砍削量大，一般遇到宽大的木板平面中间突起的情况时用斧难以砍削，就会选用锛。

玖 · 斧

斧，分为双刃斧和单刃斧，是传统木工的常用工具之一。双刃斧可以用作正反面砍削，宜做粗加工使用；单刃斧则能易于保证砍削的平直性，宜做细加工使用。

木匠常说“三斤半的斧头”，斧达到了这个重量就可以方便省力。有些木匠也会使用斧的头部敲击木构件以使得卯销相结合。

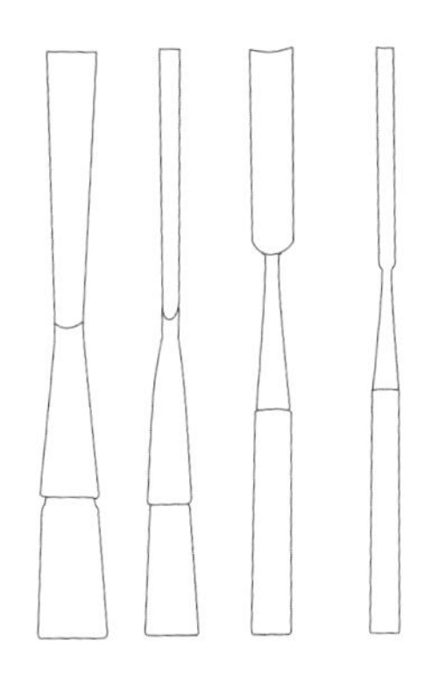

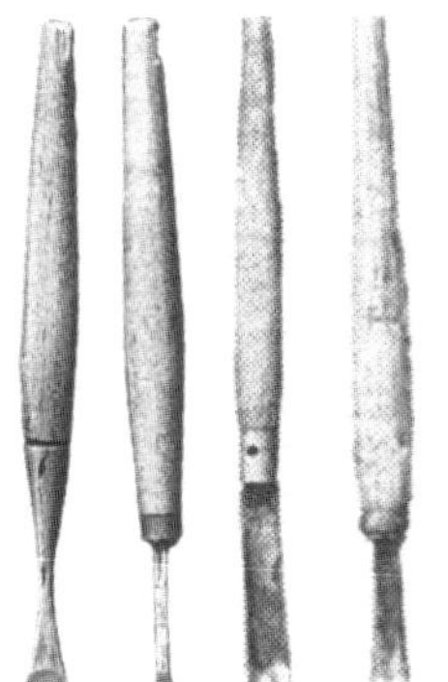

拾·铲

铲是铲削或挖剔木料时使用的工具。铲是由铲身和铲柄组成的。铲柄的安装和凿柄安装一样，只是铲柄的长短可根据工匠自己的爱好和使用习惯自行制作。

铲不仅可以对木材轮廓进行修整，也可用于镂铲雕刻加工。铲可配合雕刀对雕刻件进行玲珑剔透的细加工，如镂空雕刻、顺逆雕刻、剔雕、细雕等。

铲的使用方式一般有两种，一是用手握铲柄，借助背力向前推进行铲削，二是用木锤敲打铲柄进行铲削。

种类	规格 /mm							
	1 分	2 分	3 分	4 分	5 分	6 分	7 分	8 分
平铲	3		10	12	16	20	23	26
圆铲	3	6	10	12	16	20	23	26
双面铲					16	20	23	
斜铲			10	12	16	20		
翘头铲		6		12	16	20		

榫卯

传统工艺的秘密

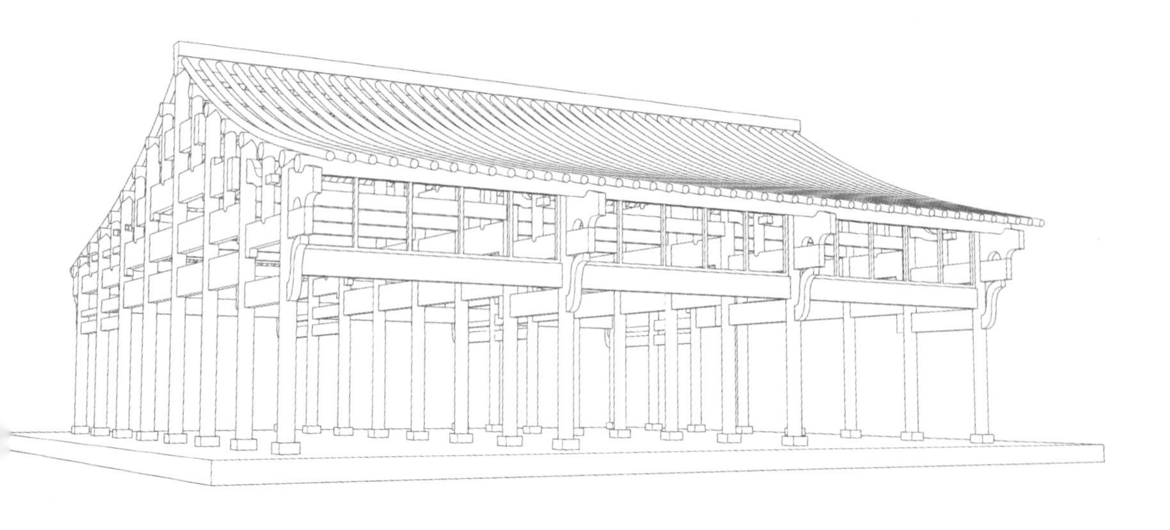

第九章

传统榫卯材料

中国传统榫卯结构以木材为主要的制作材料，木材因为具备容易获得、加工方便及相对坚固等优点，受到人们的青睐。

木作材料

中国传统家具以木材作为主要的制作材料，因为其具备容易获得、加工方便、相对坚固等优点，受到人们的青睐。人们使用榫卯结构、表面髹漆及披麻挂灰等方法，使家具更加坚固结实，这种木材加工制作的方法一直沿用了数千年。随着木工技术的不断成熟、硬木资源的不断丰富、人们审美水平的不断提高，形成了制作家具的硬木材料体系。

传统家具制作以实木为主，主要有硬木和软木之分。在不同历史阶段和不同地域，还使用过铜、铁、藤、竹、瓷、陶等材料。此外实木制作的家具中，出于功能、结构和装饰的考虑，还会使用一些辅助饰件。硬木材料大多质地致密坚实，木性稳定均匀，色泽温润雅静，纹理生动优美，工匠使用硬木制作家具时表面处理一般不髹大漆，只使用蜂蜡或清漆稍作处理即可，这种做法也可以保留硬木自身的色泽与纹理。硬木材料大多数量稀少、生长缓慢、出材率低，因此是昂贵的家具制作材料，在古代一般只有统治阶级、富豪贵胄才会使用，普通百姓只是使用就地取材的软木（也称为柴木）制作家具，也因不同地区生长的木种不同，生活和文化的差异，各地的家具制作呈现出独特的地域风格。

壹·硬木

硬木，主要是指生长于热带、亚热带地区的阔叶树种，其特征为生长周期较长，树干中心色彩深沉、质地细致、硬度较高，外部颜色浅淡、质地松软、硬度较低等。硬木材料指的就是树干内部的心材，因其木性稳定、质地坚实、色彩沉穆及纹理美观，多用来制作臻美的家具。

紫檀细节

甲 · 紫檀

紫檀，学名为檀香紫檀，俗称小叶紫檀等，为豆科紫檀属，主要产于印度南部，在我国的云南、两广等地亦有生长，数量极少。紫檀木木质坚硬、呈深红色，入水即沉。紫檀生长缓慢，非数百年不能成材，所以极为珍贵。其中小叶紫檀为紫檀中的精品，密度大棕眼小是其显著的特点，且木性非常稳定，不易变形开裂。

“紫檀”一词，早在晋代崔豹《古今注》就有著录。唐代已有匠人使用紫檀材料制造器物，日本正仓院就藏有数件唐代紫檀制家具器物。元代时紫檀的使用就更加频繁，多作为小手工艺品、艺术品的重要原材料，也用作皇宫寝殿的建筑材料。明代时就有用紫檀制作器物的记载，明刘若愚《酌中志》载：“凡御前所用围屏、床榻诸木器，及紫檀、象牙、乌木、螺钿诸玩器，皆造办之。”至清代，紫檀木更得统治阶级的青睐，特别是康乾时期，紫檀家具也曾盛极一时。

工匠根据紫檀的表面特征将其划分为金星紫檀、牛毛紫檀和鸡血紫檀。金星紫檀的形成是因紫檀木的导管充满橘红色树胶及紫檀素而使木质表层的棕眼里产生肉眼可见的金星金丝，其油性较大，为紫檀中的上品。牛毛紫檀则是因紫檀木表层的导管密集卷曲，似牛毛纹而得名。鸡血紫檀是指木材表面少或没有纹理及金星，常带浅色和紫黑条纹，时间越久，颜色则越深沉。紫檀木性稳定，质地坚硬，制作的家具不易变形。也因其质地细致坚实，适合雕刻，紫檀家具多雕琢繁复，这种雕刻特点被工匠誉为“紫檀工”。

乙 · 黄花梨

黄花梨，学名降香黄檀，色金黄而温润，成材缓慢、木质坚实、花纹漂亮、纹理清晰。心材颜色较深呈红褐色或深褐色。因为黄花梨木的木性极为稳定，

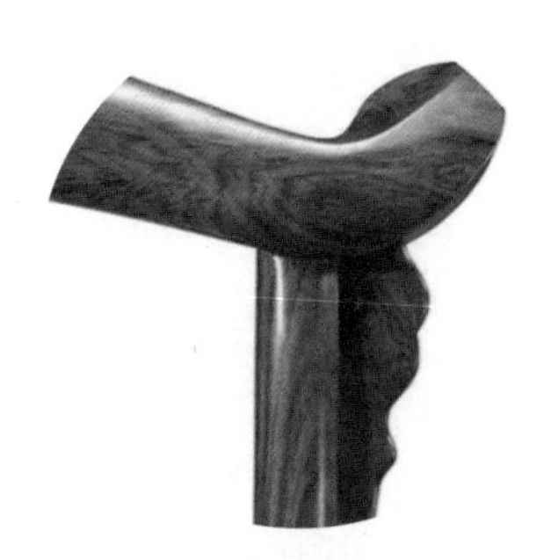

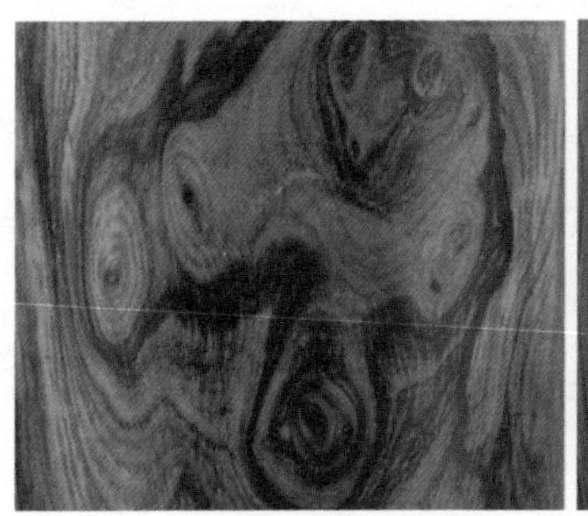

黄花梨细节

不管寒暑都不易变形、不易开裂，有一定的韧性，故用于制作各类异形家具，也是非常名贵的木材。

黄花梨早在唐代就已用作制作家具的材料，明代时用黄花梨制作家具、文房用具成为当时的一种潮流。明末清初谷应泰（1620—1690）的《博物要览》中有载："花梨产交（越南）、广、溪硐，一名花榈树，叶如梨而无花实，木色红紫而肌理细腻，可做器具、桌、椅、文房诸具。"

黄花梨的颜色呈黄色或金黄色，也有颜色较深至红褐色或深咖啡色。颜色金黄、直纹的黄花梨家具多出现于明末或清初，而红褐色、深咖啡色的黄花梨家具一般产生于晚清或中华民国。黄花梨纹理交错，有"麦穗纹"，活节处常有纹理独特的"鬼脸"，具有更高的收藏价值。

黄花梨因颜色素雅深得文人雅士的喜爱，因此海南的黄花梨自清中晚期就被砍伐过度，数量锐减，近代黄花梨木材更是所剩无几。今人为寻找其替代品，于 20 世纪晚期开始进口越南黄花梨。

越南黄花梨，为豆科黄檀属，产于越南与老挝交界的长山山脉东西两侧。越南黄花梨心材有浅黄、黄及红褐至深褐色，夹带深色条纹。越南黄花梨颜色、纹理与海南黄花梨相似，但木质发干，缺少油性，纹理略晦涩，不够流畅，但却仍不失为黄花梨较好的替代品。

红酸枝花纹

丙 · 红酸枝

红酸枝，豆科檀属木材，因其新切面有特有的酸香气，故称之为酸枝。一般可为黑酸枝、红酸枝和白酸枝，其中黑酸枝最为稀有珍贵。主要产自东南亚、南亚各国。颜色从浅黄至深褐色，带深色条纹，棕眼细长，表面较紫檀、黄花梨相对粗糙。

红酸枝是清中期后才从东南亚国家进口而来的家具木材，因其颜色深沉，纹理较好，且资源丰富，被用来作为补充或替代黄花梨、紫檀的硬木材料，多用于清中晚期、中华民国时期制作家具，直至今日家具厂中仍在频繁使用。

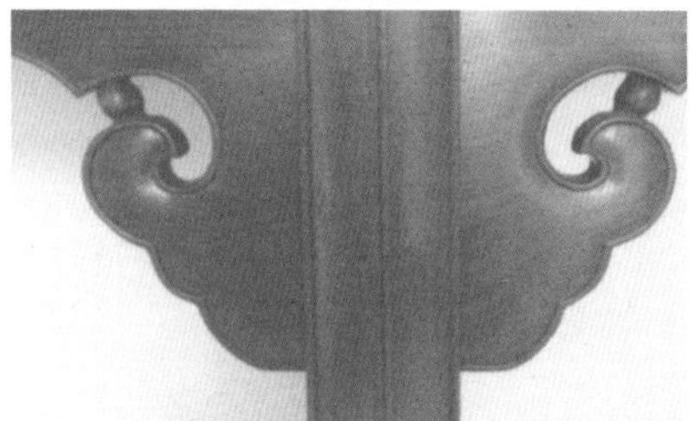

花梨木花纹

丁 · 花梨

花梨为豆科紫檀属，紫檀属有七十个树种，除檀香紫檀为紫檀木外，其他六十九种均为花梨木。现在市场上较受欢迎的花梨是"大果紫檀"，产地为缅甸、老挝等，其心材一般为黄或浅黄色，常带深色条纹。"越柬紫檀"产于越南、柬埔寨，入水即沉，其心材一般为红褐至紫红褐色，常带黑色条纹。"鸟足紫檀"产地是以老挝、泰国为主的中南半岛热带地区，其心材为红褐至紫红褐色，常带深色条纹。“印度紫檀”主要产于南亚、东南亚、所罗门群岛及巴布亚新几内亚，其心材一般为红褐、深红褐或金黄色，常常带有深浅相间的深色条纹。

因花梨颜色、纹理与黄花梨相似，硬度较大，至今仍被大批量用于制作家具。

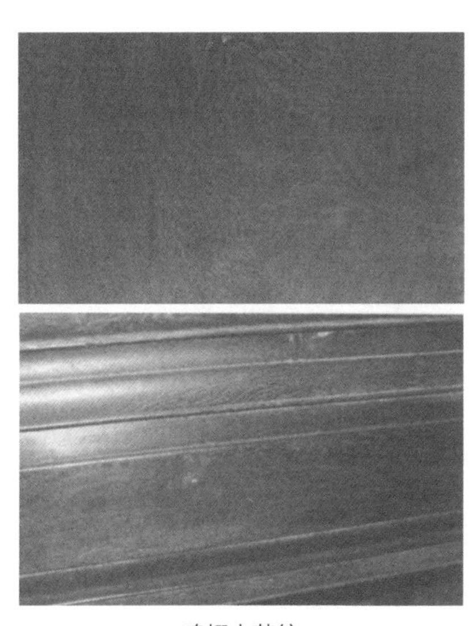

鸡翅木花纹

戊・鸡翅木

鸡翅木又称作“鸂鶒木”或“杞梓木”，豆科。鸡翅木不是以植物学角度命名的木材，而是匠人根据木材表面的纹理而起的俗称。鸡翅木呈黑褐或栗褐色，表面上有鸡翅花纹，名即由此来。明曹昭《格古要论》载:“鸂鶒木出西番，其木一半紫褐色，内有蟹爪纹，一半纯黑色，如乌木。”屈大均《广东新语》载:“有曰鸡翅木，白质黑章如鸡翅，绝不生虫。”

鸡翅木有新老两种，老鸡翅木肌理致密，紫褐色深浅相间成纹，纤细浮动，给人羽毛灿烂闪耀的感觉；新鸡翅木则木质粗糙，紫黑相间，纹理浑浊不清，而且木丝有时容易翘裂起茬。

鸡翅木因其质地较硬、容易打磨及表面纹理优美等特征，经常被用来制作家具。用鸡翅木制作的家具大多光素无饰，木匠在制作家具时也会反复衡量每一块木料，尽可能把纹理优美的部分用在显眼的部分，此以展现木材自然流畅的纹理。

铁梨木细节

己・铁梨木

铁梨木，又称为铁力木、铁栗木，材质坚硬耐久，心材为暗红色，髓线细美，在热带多用于建筑，广东等地区常用于制造桌椅等家具，经久耐用。明王佐《新增格古要论》载:“铁力木出广东，色紫黑，性坚硬而沉重，东莞人多以作屋。”《南越笔记》载:“铁力木理甚坚致，质初黄，用之则黑。黎山中人以为薪，至吴楚间则重价购之。”

铁梨木多产于广东、广西地区，木质坚硬而沉重，呈紫黑色，为当地百姓制作家具的主要木材之一。因铁梨高大，多用铁梨木的大板材制作大案等大件家具。铁梨木可细分为粗丝铁梨木与细丝铁梨木，粗丝铁梨木是家具制作的主要材料，色彩呈黑褐色、纹理粗长、表面粗糙容易起钺茬，不易打磨光滑；细丝铁梨木材色呈红褐色，纹理稀疏细长，手感光滑。

庚・乌木

乌木属柿科，主要产于中国广西、海南、云南等地，南亚、东南亚各国也有生长。乌木坚实如铁、光亮如漆、色黑、材质脆。乌木是由于地震、洪水、泥石流将地上植物、生物等全部埋入古河床等低洼处，埋入淤泥的树木在缺氧、高压状态下，经过细菌等微生物作用，经长达上千万年的炭化过程最终形成，故又称“炭化木”。

《南越笔记》载：“乌木，琼州诸岛所产。土人折为箸，行用甚广。《志》称出海南，一名‘角乌’，色纯黑，甚脆。有曰‘茶乌’者，自番舶，质坚实，置水则沉。其他类乌木者甚多，皆可做几杖，置水不沉，则非也。”

乌木细节

贰・软木

软木也称为柴木，是相对于有深色心材的硬木而言。软木生长于世界各地，不同地区有不同的树种，生长周期较快，树干心材、边材区分不明显，或没有心材、边材之分。软木是我国制作家具、建筑的主要木材资源之一。

甲・楠木

楠木，是樟科中楠属（或称桢楠属）及润楠属木材之统称，多数微带绿色，有特殊气味。楠木是中国一种古老的木种，早在战国时期就有关于楠木的记载。楠木产自我国四川、云南、广西、湖北、湖南等地。

楠木因颜色淡雅、纹理流畅、木质细腻光滑、略有清香，有书香文人之气，多被用来做书架、书箱、书匣、册页套板等。宫廷建筑中多以楠木做柱梁，皇家殿堂多用楠木做结构部件，并以楠木家具陈设室内。现存较好的楠木殿堂有承德避暑山庄的澹泊敬诚殿、明长陵的祾恩殿、北海公园北岸西天梵境内的大慈真如宝殿等。

明末清初谷应泰的《博物要览》中载：“楠木有三种：一曰香楠，二曰金丝楠，三曰水楠。南方者多香楠，木微紫而香清，纹美；金丝者出川涧中，木纹有金丝，向明视之，闪烁可爱，楠木之至美者。”

金丝楠为楠木中最珍贵的品类，金丝楠一般颜色黄中带浅绿，或呈黄红褐色，略带清香，木材表面金丝浮现，在阳光下金光闪闪。香楠多生于海南、云南等地。水楠颜色灰白、材质较轻，没有金丝楠的金光金丝。

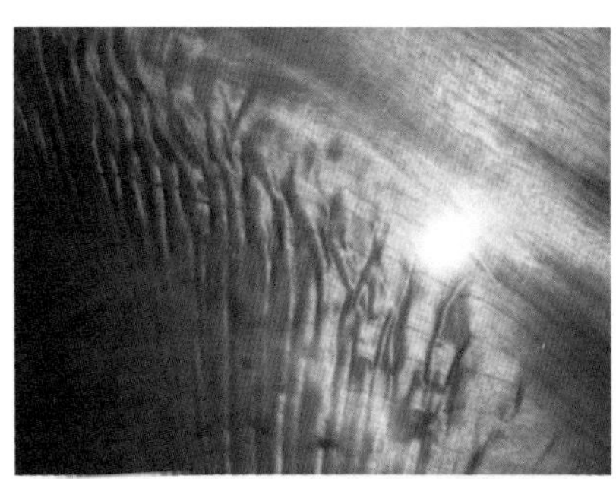

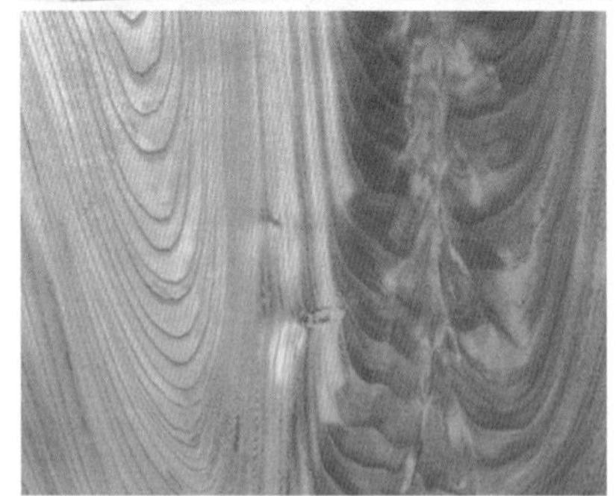

金丝楠木细节

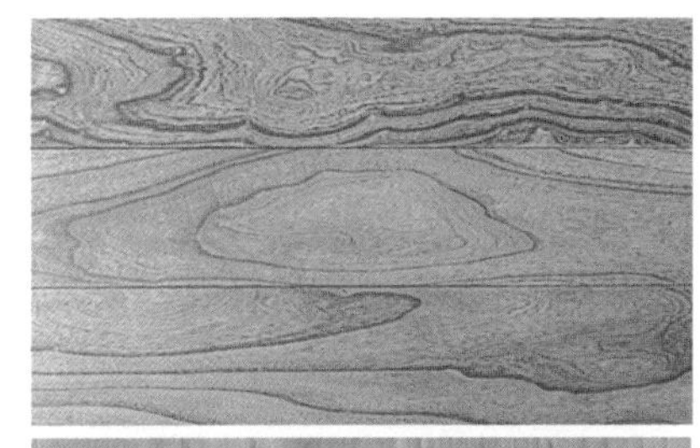

榆木细节

乙・榆木

榆木，属榆科榆属，多产于华北地区，如山西、河北、山东等地，当地人因榆木坚实厚重而以“榆木脑袋”来讥讽人思想顽固。榆木木性坚韧，纹理通达清晰，硬度与强度适中，刨面光滑，弦面花纹美丽，纹理通直，花纹清晰，木材弹性好，耐湿，耐腐。木质硬度适中，易烘干，不易变形不易开裂，是制作家具首选木材。

因榆木资源丰富、生长迅速、木质坚实、木性稳定，当地人建造房屋、制作家具多就地取材，因此榆木家具在民间非常常见。现代市场上制作家具所用的老榆木就多是老房拆下来的建筑构件，这样的老榆木因为历久而稳定，不易变形，非常适合用于制作家具。北方制作榆木家具多在表面进行擦漆处理，称作“榆木擦漆”。

丙・榉木

榉木，属榆科榉属，主要产于我国南方，北方称此木为南榆，亦有“南榉北榆”之称。榉木边材呈黄褐色，心材通常为浅栗褐色带黄，也有的为黄褐至浅红褐色，坚韧细致。榉木纹理优美，多呈宝塔纹，亦有少数呈鸡翅纹。

《中国树木分类学》载:“榉木产于江浙者为大叶榉树，别名‘榉榆’或‘大叶榆’。木材坚致，色纹并美，用途极广，颇为贵重。其老龄而木材带赤色者，特名为血榉。”

榉木按颜色可分为：血榉、黄榉、白榉。血榉的颜色为红褐色，主要产于云南文山、江浙及安徽、陕西南部等地；黄榉心材呈浅黄色或浅栗色带黄，多产于江浙、广西、贵州、四川、湖南等地；白榉心材呈浅淡黄色，产于湖南湘西、重庆酉阳、贵州等地，尤以湘西为最佳。

榉木细节

丁・樟木

樟木，亦称香樟木，属樟科樟属，主要产于长江流域及以南各省区，最佳

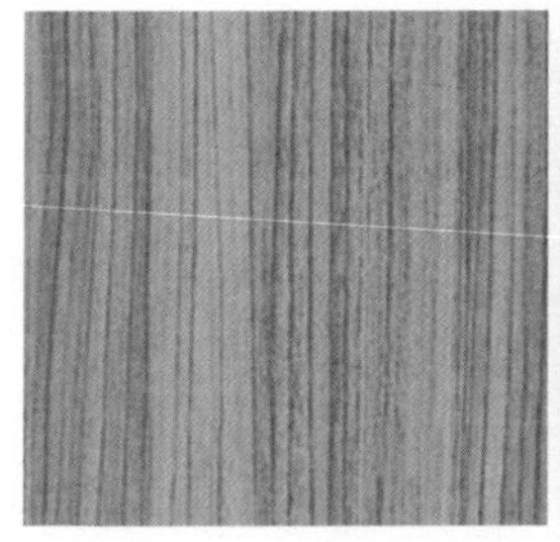

樟木细节

者产于江西九江、湘西及贵州铜仁等地区。

樟木心材以红褐色或咖啡色者为上品，目前市场上的樟木多为白色或浅灰色。樟木有刺激的气味，可以驱虫避蚊，古时多用来制作书箱、衣箱、衣柜等储藏类家具，以木材气味驱虫。因气味过重，若满彻做家具，多以漆类封面，留出上面部分放味，或者仅在家具的背板、抽屉板等小部分使用。

戊·核桃木

核桃木，属核桃科核桃属，多产于华北、西北、华中地区，特别是山西。核桃木心材新切面呈红褐至暗红褐色，久则呈咖啡色，特别是年代久远的旧家具，表面略带浅白灰色，稍加擦拭，则显露咖啡色。核桃木油性很大，表面有光泽，手感油润光滑。核桃木纹理宽窄不一，常带深色条纹，纹理清晰。

山西盛产核桃树，当地百姓就地取材，多使用核桃木制作家具，且造型独具风格。

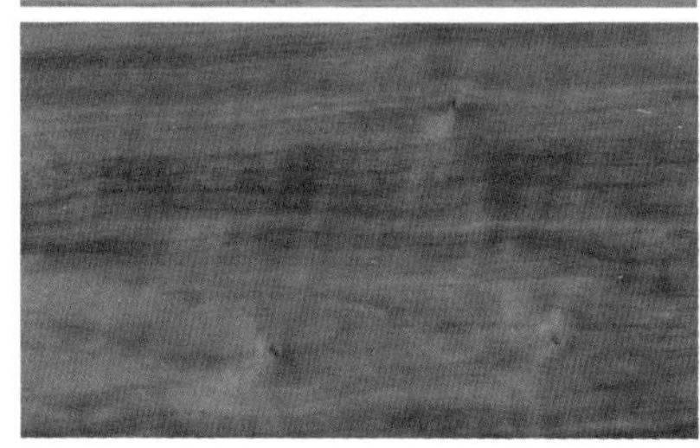

核桃木细节

己·柏木

柏木亦称香柏，属柏科圆柏属，主要产于云南西北部。柏木心材呈暗红褐至紫红褐色，木材光泽强，柏木香气浓，生长轮明显，黄色条纹明显。匠师认为制作家具的柏木以南柏为佳，其颜色橙黄，肌理细密匀整，近似黄杨。

柏木细节

庚·柞榛木

柞榛木产于长江中下游及长江以南地区，高大粗硕者以苏北居多。苏北特别是南通地区柞榛木家具较多，柞榛木颜色呈深褐色，年久泛白，有浅黄色条纹，纹理通直清晰，与榉木纹理类似。

辛·黄杨木

黄杨木，属黄杨科黄杨属，主要产于贵州、云南、陕西、甘肃、湖北、浙江、山西、安徽等地。黄杨木心边材不明显，新切面呈鲜黄色，年久则呈淡黄色，俗称“象牙黄”。黄杨木生长缓慢，有“千年矮”一说，故无大料。

李时珍《本草纲目》载:“黄杨生诸山野中，人家多栽插之。枝叶攒簇上耸，叶似初生槐芽而青厚，不花不实，四时不凋。其性难长，俗说岁长一寸，遇闰则退。今试之，但闰年不长耳。其木坚腻，作梳剜印最良。按段成式《酉阳杂俎》云：世重黄杨，以其无火也。用水试之，沉则无火。凡取此木，必以隐晦，夜无一星，伐之则不裂。”

柞榛木细节

黄杨木质坚致细腻，多为小料，用来制作木梳和刻印之用，或为雕琢文玩，因其颜色淡黄，或用于家具器具上作镶嵌材料，很少用整料黄杨制作家具。

壬 · 核桃楸木

核桃楸，属核桃科核桃属，主要产于我国东北及华北地区。核桃楸木纹理通直，硬度适中，颜色呈浅褐至栗褐色，表面纹理优美，有的核桃楸木拥有似黄花梨的颜色和纹理。一般用来制作衣箱、书箱、书函等家具。

癸 · 柞木

柞木，属大风子科柞木属，产于我国辽东各地，朝鲜亦多，故北京老匠师过去称之为“高丽木”。其木性坚韧，浅色质地，有深色条纹。

子 · 瘿木

瘿木亦称影木，不是专指一个木种，而是因木质纹理特征得名。瘿木多取自树之瘿瘤，为树木生病所致，故数量稀少。

瘿木表面木纹、花纹奇丽，有瘿木花中结小细葡萄纹及茎叶之状，被誉为“满架葡萄”或“满面葡萄”。瘿木本身质地松软，花纹满密，不能承重，不能用来做家具的结构部件，而多用于家具看面不承重的部分，如面芯、绦环板等，四周以其他木材镶边，亦可将瘿木作镶嵌装饰使用。瘿木有楠木瘿、桦木瘿、花梨木瘿、榆木瘿等。《格古要论 异木论》瘿木条中载：“瘿木，出辽东、山西，树之瘿有桦树瘿，花细可爱，少有大者。柏树瘿，花大而粗。”

黄杨木细节

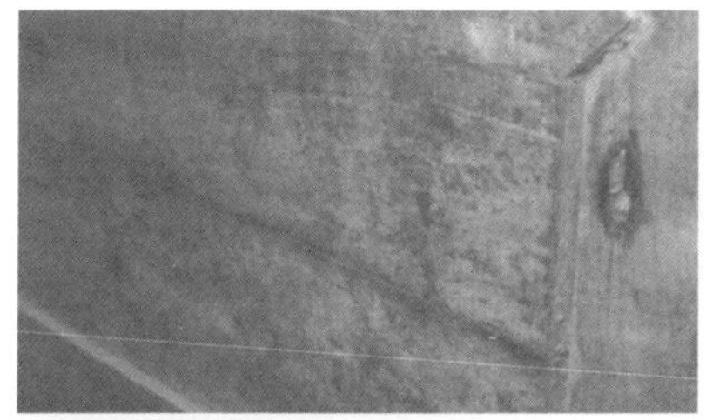

核桃楸木细节

柞木细节

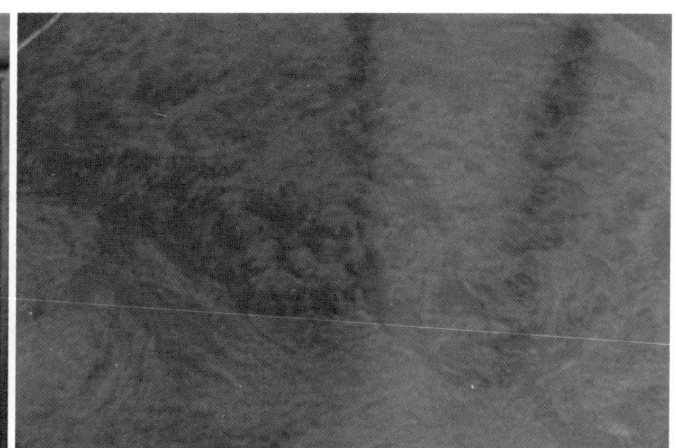

瘿木细节

参考文献

[1]王世襄．髹饰录解说［M］．北京：文物出版社，1988：136.
[2]王世襄．明式家具珍赏［M］．香港：生活·读书·新知三联书店，1985：138.
[3]王世襄．明式家具研究［M］．香港：生活·读书·新知三联书店，1989.
[4]王世襄．呼吁抢救古代家具［J］．文物参考资料，1957（6）：64.
[5]杨耀．明式家具研究［M］．北京：中国建筑工业出版社，1986：25.
[6]吴山．中国工艺美术大辞典［M］．南京：江苏美术出版社，1989：1.
[7]丁文父．中国古代髹漆家具［M］．北京：文物出版社，2012.
[8]刘敦桢．中国古代建筑史［M］．北京：中国建筑工业出版社，1984：4.
[9]梁思成．中国建筑史［M］．天津：百花文艺出版社，1998.
[10]梁思成．梁思成全集：第六卷［M］．北京：中国建筑工业出版社，2001：241.
[11]梁思成．营造法式注释［M］．北京：中国建筑工业出版社，1983.
[12]胡适．中国哲学史大纲［M］．上海：上海古籍出版社，1997：3.
[13]王国维．古史新证——王国维最后的讲义［M］．北京：清华大学出版社，1994：2.
[14]赵林．赵林谈——文明冲突与文化演进［M］．北京：东方出版社，2006：5.
[15]谭旦冏．中国艺术史论［M］．台北：光复书局，1980：10.
[16]李永革，郑晓阳．中国明清建筑木作营造诠释［M］．北京：科学出版社，2018.
[17]姚大中．古代北西中国［M］．台北：三民书局，1992：36.
[18]姚大中．南方的奋起［M］．台北：三民书局，1981.
[19]STEIN A．斯坦因西域考古记［M］．向达，译．上海：中华书局，1946.
[20]向达．唐代长安与西域文明［M］．石家庄：河北教育出版社，2001：10.
[21]翁同文．中国坐椅习俗［M］．北京：海豚出版社，2010：34-35.
[22]敦煌研究院．敦煌石窟全集［M］．北京：中国纺织出版社，1999：34-35.
[23]傅芸子．正仓院考古记［M］．沈阳：辽宁教育出版社，2000：15.
[24]敦煌研究院．敦煌石窟鉴赏丛书：第二辑 第六分册 第332窟［M］．兰州：甘肃人民美术出版社，1992：29.
[25]敦煌研究院．敦煌石窟全集：25民俗画卷［M］．上海：上海人民出版社，2001：66.
[26]冯至．论歌德．冯至全集：第8卷 论歌德 冯至学术论著自学集［M］．石家庄：河北教育出版社，1999：144.
[27]戴吾三．考工记图说［M］．济南：山东画报出版社，2003：20.

[28]扬之水. 明式家具之前[M]. 上海：上海书店出版社，2011.
[29]朱家溍. 明清室内陈设[M]. 北京：紫禁城出版社，2004.
[30]朱家溍. 明清家具（上）[M]. 上海：上海科学技术出版社，2002：166.
[31]朱家溍. 雍正年的家具制造考[J]. 故宫博物院院刊，1985（3）：105.
[32]王国维. 王国维遗书：第五册[M]. 上海：上海古籍书店，1983：70.
[33]陈寅恪. 唐代政治史述论稿[M]. 上海：上海古籍出版社，1997：1.
[34]陈寅恪. 隋唐制度渊源略论稿：唐代政治史述论稿[M]. 北京：生活·读书·新知三联书店，2001：88.
[35]《北京文物精粹大系》编委会，北京市文物局. 北京文物精粹大系：家具卷[M]. 北京：北京出版社，2003.
[36]常任侠. 中国美术全集：绘画编 18 画像石画像砖[M]. 上海：上海人民美术出版社，1988：176.
[37]中国美术全集编辑委员会. 中国美术全集：绘画编 1 原始社会至南北朝绘画[M]. 北京：人民美术出版社，1986：133.
[38]山西省考古研究所. 平阳金墓砖雕[M]. 太原：山西人民出版社，1999：133.
[39]河南省文物研究所. 信阳楚墓[M]. 北京：文物出版社，1986：42.
[40]湖北省荆沙铁路考古队. 包山楚墓：上册[M]. 北京：文物出版社，1991：118.
[41]中国美术全集编辑委员会. 中国美术全集：绘画编 2 隋唐五代绘画[M]. 北京：人民美术出版社，1988：128.
[42]中国国家博物馆. 简约·华美：明清家具精粹[M]. 北京：中国社会科学出版社，2007.
[43]阮长江. 新编中国历代家具图录大全[M]. 南京：江苏科学技术出版社，2001.
[44]田家青. 明清家具鉴赏与研究[M]. 北京：文物出版社，2003.
[45]王受之. 白夜北欧：行走斯堪迪纳维亚设计[M]. 哈尔滨：黑龙江美术出版社，2006.
[46]萧默. 中国建筑艺术史[M]. 北京：文物出版社，1999.
[47]胡德生. 明清宫廷家具二十四讲[M]. 北京：紫禁城出版社，2007.
[48]吴美凤. 盛清家具形制流变研究[M]. 北京：紫禁城出版社，2007.
[49]周默. 木鉴[M]. 太原：山西古籍出版社，2006.
[50]方海，陈红. 现代家具设计中的“中国主义”——对椅子原型的研究[J]. 装饰，2002（3）：61-62.
[51]吴功正. 论宋代美学[J]. 南京大学学报（哲学·人文科学·社会科学版），2005（1）：112-119.
[52]李经泽. 果园厂小考[J]. 上海文博论丛，2007（1）：33-39.
[53]刘勇，徐军平. 明鲁王墓出土红漆木桌的髹漆工艺分析[J]. 科技世界，2015（1）：396-397.
[54]黄瀚东. “鲁王墓”朱漆石面长方桌的分析、修复与保护[J]. 中国博物馆，2012（2）：111-115.
[55]李久芳. 明代漆器的时代特征及重要成就[J]. 故宫博物院院刊，1992（3）：3-10.
[56]苏州市博物馆. 苏州虎丘王锡爵墓清理纪略[J]. 文物，1975（3）：51-57.
[57]王世襄. 明式家具的“品”[J]. 文物，1980（4）：74-81.
[58]王世襄. 明式家具的“病”[J]. 文物，1980（6）：75-80.
[59]朱光潜. 论美是客观与主观的统一[J]. 哲学研究，1957（4）：9-35.

［60］李泽厚．论康有为的“大同书”［J］．文史哲，1955（2）：10.
［61］费孝通．从反思到文化自觉和交流［J］．读书，1998（11）：3-9.
［62］洛水．地球村时代民族文化的出路［J］．人与自然，2013（9）：118.
［63］胡德生．明式家具的科学性［J］．故宫博物院院刊，1993（2）：45-54.
［64］王世襄．明式家具实例增补［J］．故宫博物院院刊，1993（1）：44-54.
［65］陈增弼．明式家具的功能与造型［J］．文物，1981（3）：83-91.
［66］陈增弼．明式家具的类型及其特征［J］．家具，1982（4）：24-27.
［67］陈增弼．艾克与明式家具［J］．建筑学报，1992（3）：58-60.
［68］李泽厚．美的客观性和社会性［N］．人民日报，1957-1-9.
［69］赵琳．元明工艺美术风格流变［D］．上海：复旦大学，2011.
［70］李伟华．中国书法艺术对明式家具的影响［D］．南京：南京林业大学，2005.
［71］姚健．意匠、意象与意境——明式家具的造物观研究［D］．北京：中央美术学院，2014.
［72］邱志涛．明式家具的科学性与价值观研究［D］．南京：南京林业大学，2006.
［73］赵慧．宋代室内意匠研究［D］．北京：中央美术学院，2009.
［74］邵晓峰．中国传统家具和绘画的关系研究［D］．太原：太原理工大学，1998.
［75］朱力．崇实厚生·回归自我［D］．北京：中央美术学院，2007.
［76］李学勤．十三经注疏：礼记正义［M］．北京：北京大学出版社，1999：48.
［77］许慎．说文解字注［M］．段玉裁，注．上海：上海古籍出版社，1981：399.
［78］班固．汉书·匈奴传：第六十四卷上［M］．颜师古，注．北京：中华书局，1962：3746.
［79］司马迁．史记：卷四十三［M］．北京：中华书局，1959：1806.
［80］杨炫之．洛阳伽蓝记校注［M］．范祥雍，校注．上海：上海古籍出版社，1978.
［81］杨炫之．洛阳伽蓝记［M］．尚荣，译注．北京：中华书局，2012：174-237.
［82］杜兰．世界文明史：东方的遗产［M］．幼师文化公司，译．北京：东方出版社，1998：449-482.
［83］范晔．后汉书：第十一册［M］．李贤，等注．北京：中华书局，1965：3274.
［84］干宝．搜神记［M］．北京：中华书局，1979：94.
［85］姚思廉．梁书：第三册［M］．北京：中华书局，1973：862.
［86］魏收．魏书：第八册［M］．北京：中华书局，1974：3025.
［87］释僧祐．出三藏记集［M］．苏晋仁，萧炼子，点校．北京：中华书局，1995：227.
［88］房玄龄，等．晋书：第八册［M］．北京：中华书局，1974：2486.
［89］司马光．资治通鉴：第17册［M］．胡三省，音注．北京：中华书局，1956：7822.
［90］王溥．唐会要［M］．北京：中华书局，1955：1312.
［91］李昉，等．太平广记：第七册［M］．北京：中华书局，1961：2391.

［92］欧阳修．新五代史：第一册［M］．北京：中华书局，1974：322.

［93］义净．南海寄归内法传校注［M］．王邦维，校注．北京：中华书局，1995：32.

［94］脱脱，等．宋史［M］．北京：中华书局，1977：12940.

［95］刘熙．释名［M］．北京：中华书局，1985：93.

［96］吴兢．贞观政要［M］．北京：中华书局，2009：170.

［97］黄朝英．靖康缃素杂记［M］．台北：台湾商务印书馆，1986.

［98］曹昭．格古要论［M］．台北：台湾商务印书馆，1986：112.

［99］文震亨．长物志校注［M］．陈植，校注．杨超伯，校订．南京：江苏科学技术出版社，1984：244.

［100］张廷玉，等．明史：第五册［M］．北京：中华书局，1974：1427.

［101］安小兰．荀子［M］．北京：中华书局，2007：182.

［102］陶宗仪．南村辍耕录［M］．北京：中华书局，1958：379-380.

［103］申时行，赵用贤，等．大明会典［M］．上海：上海古籍出版社，1995：268.

［104］王士性．广志绎［M］．北京：中华书局，1981：33.

［105］刘若愚．酌中志［M］．北京：北京古籍出版社，1994：102.

［106］司空图．诗品二十四则及其他二种［M］．上海：商务印书馆，1939.

［107］柳宗元．柳宗元集［M］．北京：中华书局，1979：730.

［108］马可乐，柯惕思．可乐居选藏山西传统家具［M］．太原：山西人民出版社，2012.

［109］李约瑟．中国科学技术史：第一卷 导论［M］．北京：科学出版社，上海：上海古籍出版社，1990：131.

［110］麦克卢汉．理解媒介：论人的延伸［M］．何道宽，译．北京：商务印书馆，2000：2.

［111］亨廷顿．文明的冲突与世界秩序的重建［M］．周琪，刘绯，张立平，等译．北京：新华出版社，1999：24-25.

［112］喜多俊之．给设计以灵魂：当现代设计遇见传统工艺［M］．郭菀琪，译．北京：电子工业出版社，2012.

［113］原研哉．设计中的设计［M］．纪江红，译．桂林：广西师范大学出版社，2010.

［114］夏皮罗．艺术的理论与哲学：风格、艺术家和社会［M］．沈语冰，王玉冬，译．南京：江苏凤凰美术出版社，2016.

［115］PANOFSKY E. 造型艺术的意义［M］．李元春，译．台北：远流出版事业股份有限公司，1996：19.

［116］盖格尔．艺术的意味［M］．艾彦，译．北京：华夏出版社，1999：212.

［117］艾克．中国花梨家具图考［M］．薛吟，译．北京：地震出版社，1991.

［118］于德华，姬勇．中国古典家具设计实务［M］．北京：北京理工大学出版社，2013.

［119］姬勇，于德华，阿尔伯特．中国古典家具设计基础［M］．北京：北京理工大学出版社，2013.

［120］庄贵仑．庄氏家族捐赠上海博物馆明清家具集萃［M］．香港：两木出版社，2007：1.

［121］HANDLER S.Ming Furniture in the Light of Chinese Architecture［M］.Berkely：The Speed Press，2005.

［122］ELLSWORTH R H.Chinese Hardwood Furniture in Hawaiian Collection［M］. San Francisco：Asian Art Museum of San Francisco，1996.

[123] HANDLER S. Austere Luminosity of Chinese Classical Furniture [M] . Berkely：University of California Press，2001.

[124] ECKE G.Chinese Domestic Furniture in Photographs and Measured Drawings [M] . New York：Dover Publications，Inc.，1986：8-20.

[125] BERLINER N. Beyond the screen：Chinese furniture of the 16th and 17th centuries [M] . Boston：Museum of Fine，1996：21-40.

[126] PANOFSKY E. Meaning in the Visual Arts [M] .New York：Doubledays& Company，Inc.，1955：22.

[127] HOLZMAN D.à propos De L'Origine De La Chaise En Chine [J] .T'oung Pao，1967：279-292.

[128] MCLUHAN M.Understanding Media：The Extensions of Man [M] . New York：McGraw-Hill，1964.

[129] SHAPIRO M. Theory and Philosophy of Art：Style，and Society，Selected Papers [M] .New York：George Braziller，Inc.，1998.

[130] KATES G N.Chinese Household Furniture [M] . New York：Dover Publications，Inc.，1984.

[131] ELLSWORTH R H.Chinese Furniture：Hardwood Examples of the Ming and Early Ch'ing Dynasties [M] .New York：Random House，1971.

名词索引

J

K

L

M

N

P

Q

R

S

T

W

X

Y

Z